TURCOLOGICA

Herausgegeben von Lars Johanson

Band 66

2006
Harrassowitz Verlag · Wiesbaden

Ingeborg Hauenschild

Botanica und Zoologica im Babur-name

Eine lexikologische und kulturhistorische Untersuchung

2006
Harrassowitz Verlag · Wiesbaden

Bibliografische Information Der Deutschen Bibliothek:
Die Deutsche Bibliothek verzeichnet diese Publikation in der Deutschen Nationalbibliografie; detaillierte bibliografische Daten sind im Internet über http://dnb.ddb.de abrufbar.

Bibliographic information published by Die Deutsche Bibliothek:
Die Deutsche Bibliothek lists this publication in the Deutsche Nationalbibliografie; detailed bibliographic data is available in the internet at http://dnb.ddb.de.

Informationen zum Verlagsprogramm finden Sie unter
http://www.harrassowitz-verlag.de

Gedruckt auf alterungsbeständigem Papier.
Druck und Verarbeitung: Hubert & Co., Göttingen
Printed in Germany

ISSN 0177-4743
ISBN 3-447-05303-8 ab 1.1.2007: 978-3-447-05303-7

INHALT

Einführung

Allgemeine Anmerkungen

Die Vielzahl der im *Bābur-nāme* erwähnten Pflanzen und Tiere macht deutlich, daß der Autor Ẓahīr ad-Dīn Muḥammad Bābur (1483–1530) sowohl in seiner Heimat wie in den von ihm eroberten Ländern die regionale Flora und Fauna sehr bewußt wahrgenommen hat. Insbesondere die Beschreibungen der exotischen Pflanzen und Tiere zeugen von einer bemerkenswerten Beobachtungsgabe, denn sie beeindrucken nicht nur durch die Fülle der Details, sondern gleichfalls durch eine erstaunlich präzise Darstellung selbst ungewöhnlicher pflanzlicher oder tierischer Phänomene. Dies ist umso beachtlicher, als Bābur vor allem in Hindustan mit ihm völlig unbekannten Vertretern der Pflanzen- und Tierwelt konfrontiert wurde. Trotzdem gelingt es ihm, anhand vertrauter Vergleichsobjekte dem Leser ein realistisches Bild der geschilderten Sujets zu vermitteln. Bāburs Erläuterungen beruhen weitgehend auf eigenen Beobachtungen; wenn ihm Fakten lediglich vom Hörensagen bekannt sind, gibt er sie mit Vorbehalt wieder oder distanziert sich von ihrer Glaubwürdigkeit.

Bāburs Interesse für Pflanzen und Tiere ist zum einen in seiner Naturliebe begründet, zum andern durch seine Erziehung angeregt worden. Gemäß der Familientradition wurde er schon als Kind in den schönen Künsten unterwiesen, und zwar auf hohem Niveau. Hierdurch hat er gelernt, seine Umwelt stets mit großer Aufmerksamkeit zu betrachten und nach ästhetischen Gesichtspunkten zu beurteilen. Von wesentlicher Bedeutung war dabei die Einflußnahme von vier Frauen – seiner Mutter Qūtlūġ-nigār Ḫānïm, den beiden Großmüttern Isān-dawlat Begīm und Sulṭān Begīm und der fünf Jahre älteren Schwester Ḫān-zāda Begīm.

Im Hinblick auf Bāburs eingehende Deskription der indischen Flora und Fauna wirft Beveridge die Frage auf, für wen oder für welches Land seine Memoiren bestimmt waren, und resümiert: "Not for Hindūstān where what he writes is patent; hardly for Kābul; perhaps for Transoxania" (S. 489, Fn. 3). Ein eindeutiger Hinweis auf den Leserkreis, den Bābur erreichen wollte, ergibt sich aus der Anmerkung, daß die Dattelpalme zwar kein für Hindustan eigentümlicher Baum ist, aber von ihm beschrieben wird, weil sie in 'diesen Ländern' (ol vilāyatlar), d.h. in seinen ehemaligen Herrschaftsgebieten, nicht vorkommt. Auch wenn er berichtet, daß man Rhesusaffen und Alexandersittiche in 'diese Länder' bringt, oder feststellt, daß eine dort gehegte Vorstellung über das Nashorn unzutreffend ist, kann er nur Fergana und Transoxanien meinen; von der Provinz Kabul spricht er als *bizing vilāyat* oder *bizing yer* 'mein Land'. In den folgenden Wörterlisten steht für *ol vilāyat(lar)* bzw. *ol yerlär* stets 'Länder jenseits der Berge'.

Zur Benennung der Pflanzen und Früchte sowie der Tiere benutzt Bābur aus dem Türkischen, Persischen, Afghanischen und Hindi stammende Termini, zitiert jedoch auch Dialektausdrücke und arabisierte Formen. Gemeinhin führt er die landesüblichen oder lokal gebräuchlichen Bezeichnungen an; im Vergleich greift er aber meist auf türkische Begriffe zurück. Er erfaßt z.B. die Früchte der Ölweide, die in Kabul feilgeboten werden, mit persisch *sinǰid*, während er bei der Beschreibung der Früchte des in Hindustan heimischen *kirnī*-Baumes das türkische Pendant *čigdä* anstelle von *sinǰid* verwendet.

Botanica im *Bābur-nāme*

Die Gewächse, die im *Bābur-nāme* behandelt werden, gehören den gemäßigten und den subtropischen Breiten an. Eine ähnliche Unterscheidung trifft Bābur, wenn er in Entsprechung zu der im Distrikt Kabul herrschenden klimatischen Divergenz Weintrauben (üzüm), Granatäpfel (anār), Aprikosen (ürük), Äpfel (alma), Quitten (bihi), Birnen (amrūd), Pfirsiche (šaftālū), Hauspflaumen (ālū), *sinǰid*, Mandeln (bādām) und Walnüsse (yangaq) als Früchte des kalten, Orangen (nāranǰ), Zitronen (turunǰ), Dattelpflaumen (amlūk) und Zuckerrohr (nayšakar) hingegen als Früchte des heißen Klimas einordnet.

Bābur macht äußerst exakte Angaben zum natürlichen Pflanzenvorkommen in Fergana, Transoxanien, Afghanistan und Hindustan; er vermerkt die Dichte des Bestands, die Nutzung der Gewächse zu Nahrungs- und Heilzwecken sowie ihre Verwendung als Brennstoff oder Fischgift. Außerdem zeigt er auf, welche Obstarten und Feldfrüchte man an der Wende vom 15. zum 16. Jahrhundert in diesen Regionen kultiviert hat, wie hoch der Ertrag war und wohin die Produkte exportiert worden sind. Mit Befremden stellt er fest, daß man in Hindustan keine Bewässerungsgräben kennt, sondern das nötige Naß für junge Bäume oder Gemüse mühsam mit Eimern aus Brunnen herbeischafft und sich beim Getreide auf die Niederschläge verläßt. Zweimal glaubte Bābur, auf Pflanzen gestoßen zu sein, die er nur von ihrer Effizienz her kannte; ein in den Bergen um Yeti Kent wachsendes Gewächs (ayïq otï) hielt er für die sagenumwobene Alraune und den im Pandschab vorkommenden *sumbul*-Strauch für den vielgepriesenen Nardenbaldrian.

Das vornehmliche Interesse Bāburs galt Getreide und Früchten, d.h. Pflanzen, die als Nahrung dienten und sich als Proviant für die Truppen eigneten. Allerdings wird ihm Beveridges Anmerkung "Bābur's interest in fruits was not a matter of taste or amusement but of food" (S. 3, Fn. 3) wenig gerecht, denn er wußte selbst unter widrigen Umständen eine Frucht nach ihrer Qualität zu würdigen und sie mit Behagen zu verzehren. Da er ein leidenschaftlicher Melonenesser war, regte es ihn auf, daß manche Leute die Mango (amba) überschwenglich gelobt und sie – natürlich mit Ausnahme der Melone (qawun) – allen anderen Früchten vorgezogen haben. Er war aber exotischem Obst gegenüber durchaus aufgeschlossen, wie die ausführliche Erörterung der diversen Zitrusfrüchte zeigt. Zu deren Definition wurde vor allem die 1890 publizierte, für das *Bābur-nāme* bisher noch nicht ausgewertete

Monographie *The cultivated oranges and lemons etc. of India and Ceylon* von Emanuel Bonavia benutzt. Der Verfasser, ein englischer Arzt und Botaniker, lebte viele Jahre in Indien und erforschte speziell die Zitrusfrüchte des Landes. Er hat die von Leyden & Erskine aus dem Persischen ins Englische übertragenen *Memoirs of Baber* (1826) gekannt und sämtliche Passagen über Orangen sowie orangenähnliche Früchte in seine Untersuchung einbezogen – nicht ohne klarzustellen, daß die Übersetzung der botanischen Termini häufig die subjektive Ansicht der Autoren wiedergibt.

Ein entscheidendes Kriterium bei der Einschätzung von Früchten war für Bābur der Geschmack, den er meistens sehr dezidiert beschreibt. Früchte können *bemaza* 'unschmackhaft' wie die Myrobalane (āmlā) oder *ġarīb bemaza* 'eigentümlich unschmackhaft' wie die wilde Feige (gūlar) sein. Die *sadāfal* genannte Zitrusfrucht ist *čüčük* 'süß', aber nicht *dil-ašur čüčük* 'widerlich süß' wie die Jackfrucht (kadhal). Eine Jambolanapflaume (ǰāman) schmeckt *turšraq* 'säuerlich', die Batokopflaume (paniyālā) *turšqïna* 'ein wenig sauer', *karnā*, eine Orangen-Spezies, *turš* 'sauer', die *badhal*-Frucht *turš turš* 'sehr sauer', die Karambole (kamrak) hingegen *mayhoš turš* 'angenehm sauer' und der *sangtāra*, eine orangenähnliche Frucht, *ḫūb turš* 'köstlich sauer'. Bābur selbst verabscheute die von ihm mit *dil-ašur* charakterisierte Süße; er bevorzugte angenehm saure oder säuerlich-süße Nuancen.

Auch der Duft einer Pflanze oder einer Frucht war für Bābur ein faszinierendes Moment. Der Oleander (kaner) hat einen schwachen, aber sehr anheimelnden Duft, der Arabische Jasmin (čampā) verströmt indessen einen starken Wohlgeruch. Eine wilde Tulpe, deren Duft ein wenig dem der roten Rose glich, taufte Bābur auf den Namen *lāla-i gulboy* 'Rosendufttulpe'. Die *ǰambīrī*, eine Zitrusfrucht, hat zwar die Form einer Orange, jedoch den Geruch der Zitrone. Ein Duft ganz eigener Art geht von den weißen Hüllblättern am männlichen Blütenkolben der Schraubenpalme (keorā) aus; Bābur kennzeichnet ihn – im Gegensatz zu der vom Moschushirsch gewonnenen und in getrockneter Form gehandelten Droge – als 'feuchten Moschus' (mušk-i tar). Wie empfänglich Bābur für Düfte war, ergibt sich aus einem während des Feldzugs gegen Sultan Maḥmūd Lūdī an Ḫwāǰa Kalān geschriebenen Brief, in dem er exakte Instruktionen hinsichtlich der weiteren Ausgestaltung eines in der Nähe von Kabul erstellten Belvederes erteilt: *munda ham yaḫšï nihāllar tikmäk keräk; ṭarḥ bilä čamanlar qïlïp čamanlar aṭrāfïda ḫošrang u ḫošbū gul u riyāḥīn ekmäk keräk* 'Dort müssen noch kräftige junge Bäume gesetzt werden; es müssen geometrisch geplante Rasenflächen angelegt und an deren Rändern farbenprächtige, wohlriechende Blumen sowie Duftkräuter eingesät werden'.

Um das Aussehen einer Pflanze zu veranschaulichen, verweist Bābur nicht nur auf ähnliche zentralasiatische Gewächse, sondern verwendet auch – besonders für die Form der Blüten und Früchte – Metapher von beeindruckender Bildhaftigkeit. Die große violette Knospe der Banane (kelā) vergleicht er mit einem Schafsherzen und die Jackfrucht mit einem gestopften Schafsmagen. An ein Hühnerei erinnert ihn der *līmū*, der *galgal līmū* hingegen an ein abgeplattetes Gänseei; die *Ismā'īl Šayḫī-*

Melone fühlt sich seiner Meinung nach so weich wie Handschuhleder an. Im Hinblick auf den Bananenbaum (kelā diraḫtï) konstatiert Bābur, daß man ihn eigentlich nicht als Baum bezeichnen kann, weil er ein Mittelding zwischen Kraut und Baum ist, d.h. eine Staude.

Bāburs Farbensinn wurde vornehmlich von gelben und roten Nuancen angesprochen; bei einem Ausflug ins Barikao-Tal faszinierte ihn die herbstliche Farbenpracht einiger Euphratpappeln (toraq) und in dem unterhalb von Istarghidsch gelegenen *Pādišāhī Bağ* bewunderte er das rotgelbe Herbstlaub eines jungen Apfelbaumes; nach seiner Überzeugung konnte kein Maler dieses Bild wiedergeben. Desgleichen erfreute er sich im *Čār-bāġ* bei Adinapur an dem herrlichen Anblick der reifenden Orangen im dunklen Blattgrün und an den im Herbst tiefgelb gefärbten Blättern der Granatapfelbäume, von denen das leuchtende Rot ihrer Früchte abstach. Rot war zweifellos Bāburs Lieblingsfarbe; er schätzte die rote Bengalrose (qïzïl gul), den dunkelscharlachroten Roseneibisch (ǰāsūn) und eine in tiefem Rot blühende Oleanderart. Am meisten bezauberten ihn aber die purpurroten Blüten des Judasbaums (arġawān), der nur in der Nähe von Istalif vorkam, wo es unterhalb der Chwadscha Seyaran-Quelle einen Judasbaumhain gab; zudem wuchs dort *sarïġ arġawān*, eine Schnurbaumspezies, die zur gleichen Zeit wie der Judasbaum blüht. Dieselben Farbtöne nahm Bābur wahr, als er von einer Anhöhe aus die Frühlingslandschaft rund um Peschawar betrachtet hat; unter der Einwirkung von Madschun, einer psychedelischen Droge, sah er Blumenfelder in Purpurrot (arġawānī) und Gelb (sarïġ), die sich auf allen Seiten unendlich weit in die Ferne erstreckten.

Ein wesentlicher Faktor im Leben Bāburs war die Gartenkultur; in den von ihm eroberten Gebieten ließ er zahlreiche Gärten (bāġlar) anlegen, einschließlich seines Begräbnisgartens allein elf in Kabul. Die von ihm geschaffenenen *Čār-bāġ*s, die sowohl privaten wie repräsentativen Zwecken dienten, stellten Meisterwerke der Gartenkunst dar. Sie bestanden aus vier aufsteigend angeordneten und symmetrisch bepflanzten Ebenen; den Mittelpunkt der Parterres bildete oft ein marmornes Wasserbecken. Diverse Steinbauten – Galerien, Pavillons, Empfangshallen und Wohnkomplexe – setzten die architektonischen Akzente. Bereits kurz nach seinem Einzug in Agra suchte Bābur nach dem passenden Gelände für einen *Čār-bāġ*; obwohl der zur Verfügung stehende Grund weder attraktiv noch geeignet war, ging er sofort ans Werk. Das größte Hemmnis bestand in dem für Hindustan typischen Mangel an fließenden Gewässern (aqar sular), d.h. an Bewässerungskanälen. Bevor Bābur mit der Anlage des Gartens begann, ließ er daher zunächst einen Brunnen bauen, dessen Wasser man dann über Kanäle in die Teiche der Parterres und in das Badehaus geleitet hat. Auch seine Begs legten geometrisch ausgerichtete kleinere Gärten mit Wasserbassins an; diese *bāġčalar* befanden sich wie der *Čār-bāġ* auf der dem Fort von Agra gegenüberliegenden Dschamna-Seite, die von den Hindustani wegen des für sie ungewohnten Anblicks 'Kabul' genannt wurde. Zu Bāburs Pionierrolle in der indischen Gartenkultur zitiert Beveridge eine Passage aus *Ayīn-i-akbarī* von Abū-faẓl: "After the foot-prints of Firdaus-makānī (Bābur) had added to the glory of Hindūstān, embellishment by avenues and landscape-gardening was seen, while heart-expanding buildings and the sound of falling-waters widened the eyes of beholders" (S. 532, Fn. 3).

Bābur war ein sehr experimentierfreudiger Gartenbesitzer; in seinem *Čār-bāġ* bei Adinapur züchtete er mit Erfolg Bananen und Zuckerrohr, in Agra gelang ihm trotz ungünstiger Voraussetzungen der Anbau von schmackhaften Melonen und Trauben. Seine Gärten boten ihm den Ausgleich für das strapaziöse Leben, das er als Heerführer und Herrscher geführt hat. Ebenso verstand es Bābur, seinen kriegerischen Unternehmungen eine angenehme Seite abzugewinnen, indem er sich an Pflanzen und Früchten erfreute, die ihm bei einem solchen Anlaß zu Gesicht gekommen sind. Gleichwohl hatte Bābur keine Bedenken, nach der Einnahme von Kandahar mit seinen Truppen in Farruḫzād Begs *Čār-bāġ* zu kampieren; die Ausmaße des Gartens lassen sich daran ermessen, daß er einer Armee von 2 000 Mann Platz bot. Merkwürdig mutet allerdings Bāburs Feststellung an, daß zur Zeit der Abfassung seiner Memoiren von dem *Čār-bāġ* keine Spur verblieben war; dies könnte das indirekte Eingeständnis sein, daß die von Hunger und Durst demoralisierten Soldaten irreparable Schäden hinterlassen hatten.

Unter allen seinen Gärten schätzte Bābur am meisten den *Bāġ-i wafā* (Garten der Treue), dessen einmalig schöne Hanglage mit Blick auf den Surch-ab und das Fort Adinapur ihn immer wieder begeistert hat. Wenn Bābur von Kabul aus zum *Bāġ-i wafā* ritt, tat sich für ihn hinter dem Badam Tschaschma-Paß eine völlig andere Welt auf, da in dem warmen, selbst im Winter milden Klima von Nangarhar subtropische Gewächse wie Orangen- und Zitronenbäume gediehen. Im *Bāġ-i wafā* gab es wilde und kultivierte, vertraute und exotische Pflanzen; sie bildeten ein harmonisches Emsemble und verliehen dem Garten einen ganz eigenen Zauber. Dieser *Čār-bāġ* wurde niemals zu repräsentativen Zwecken genutzt; er war für Bābur ein Refugium, in das er sich mit seinen engsten Gefährten zurückzog, um sowohl das Ambiente wie den reichlich fließenden Wein zu genießen.

Das nahezu liebevolle Verhältnis, das Bābur gegenüber Pflanzen hegte, war bereits in seiner Jugend stark ausgeprägt, denn er erinnert sich mit einer gewissen Wehmut an die Blumen in den Gärten Ferganas. Den Frühling in Kabul feierte er mit dem Vers *sabza u gullär bilä ǰannat bolur Kābul bahār / ḫāṣṣa bu mawsimda Barān yazïsï u Gulbahār* 'Mit seinem Grün und seinen Blumen ist Kabul im Frühling das Paradies / ohnegleichen ist dann die Baran-Ebene und Gulbahar'. Die vielen Gärten, die Bābur in Afghanistan und Hindustan anlegen ließ, sind ein beredtes Zeugnis für sein Bedürfnis, sich mit Pflanzen zu umgeben und sich an ihren Farben und Düften zu erfreuen. Hinzu kommt eine immense botanische Wißbegierde; sie hat Bābur einmal dazu angetrieben, die auf einem Berghang am Baran blühenden Wildtulpenarten zu zählen, und ihren endgültigen Niederschlag in seiner exzellenten Beschreibung der indischen Flora gefunden.

Zoologica im *Bābur-nāme*

Bābur berichtet von zahlreichen großen und kleinen wildlebenden Tieren (*ǰānwar*), die er auf seinen Ausflügen und Kriegszügen mit eigenen Augen gesehen hat oder von denen ihm erzählt worden ist. Er macht Angaben zu Größe, Aussehen, Verhalten und Vorkommen, gegebenenfalls auch zum Nutzen. Im Hinblick auf Fergana äußert sich Bābur vor allem über den reichen Bestand an Gazellen (aq käyik), Wildschweinen (tonguz), Maralhirschen (buġu-maral), Hasen (tawušqan) und Fasanen (qïrġawul). Er vermerkt, daß es im Distrikt Karschi unglaublich viele Spießenten (qïlquyruq) gibt und in der Nähe des Ilamisch mehrfarbige Füchse (tülki), womit er Steppenfüchse meint. In den Bergen rund um Kabul ist Schalenwild (käyik) selten, in den westlich und südlich davon gelegenen Regionen jedoch sehr häufig und unwahrscheinlich fett; typisch für die Provinz Kabul sind außerdem Onager (qulan) und Steppenschaf (arqarġalča).

Als Bābur im Winter in den Bergen zwischen Badschaur und Dschandol jagte, fiel ihm auf, daß die *buġu-maral* im Gegensatz zu den Hirschen seiner Heimat ganz dunkel gefärbt waren und daß auch die gelbgetönte Zwergohreule (sarïġ quš) in dieser Gegend eine dunkle Färbung hatte. Bāburs Beobachtung erweist sich als äußerst exakt; sie geht von gemeinsamen Merkmalen aus und zeigt Abweichungen auf. Der Altai-Maral ist wie der in Badschaur heimische Kaschmir-Hirsch eine Unterart des Rothirschs, *Cervus elaphus*, und die zentralasiatische Zwergohreule, *Otus scops* gehört zur selben Gattung wie die weiter südlich beheimatete *Otus sunia*.

Informationen, die seiner Meinung nach dubios oder unglaubwürdig sind, gibt Bābur mit Vorbehalt weiter oder versieht sie mit einer ironischen Anmerkung. Da er die Bewohner von Nidschrao für recht fabulierfreudig hielt, hatte er gewisse Zweifel an der Existenz einer nach Moschus duftenden Maus; tatsächlich kommen dort jedoch Moschusspitzmäuse vor. In Nidschrao hegte man auch die abergläubische Vorstellung, daß die Glanzfasane (luǰa) das Flugvermögen verlieren, sobald sie über einen Weingarten streichen – von Bābur spöttisch mit "ein erstaunliches Ding" (ʿaǰab nemä) kommentiert. Außerdem wurde in der Region erzählt, daß die Flughörnchen (rūbah-i parān) so weit wie ein ungefiederter Pfeil fliegen können; nach Bāburs Beobachtung benutzt ein Flughörnchen seine Flughaut nicht zum Fliegen, sondern lediglich zum Herabschweben.

Die vielfältige Fauna Hindustans teilt Bābur in drei Gruppen ein: *vuḥūš* 'wilde Tiere', *ṭuyur* 'Vögel' und *su ḥayavānātï* 'Wassertiere'. Unter *vuḥūš* führt er die am Boden oder auf Bäumen lebenden Säugetiere an – Elefant (fīl), Nashorn (karg), Wasserbüffel (ṣaḥrā'ī gāvmeš), Zwergbuckelrind (gaynī uy), Hirschziegenantilope (kalahara), Nilgauantilope (nīlagāv) und Schweinshirsch (kotah-pāy) sowie Affe (maymūn), Palmenhörnchen (gilāhrī) und Kleiner Indischer Mungo (newal). Seine Angaben zu Elefant und Nashorn, an anderer Stelle zu Tiger (babr) und Löwe (šer), machen deutlich, daß das Verbreitungsgebiet dieser Großtiere dramatisch zurückgegangen ist und sich heute nur noch auf einen kleinen Teil des einstigen Areals beschränkt. Von den Wassertieren erwähnt Bābur namentlich Sumpfkrokodil (šer-i ābī) und Leistenkrokodil (siyah-sār), Ganges-Gavial (gariyāl), Delphin (ḫūk-i ābī) und *kaka*-Fisch. Am umfänglichsten ist der Beitrag zu den Vögeln; er umfaßt Pfau (ṭāūs), Papagei (ṭūṭī) und Maina (šārak), zahlreiche Wat-, Schwimm- und Hühnervögel, einige Raub- und Krähenvögel sowie kleinere Singvögel. In Übereinstimmung mit den älteren Autoren zählt Bābur die Fledermaus (šabpara) bzw. den verwandten Flugfuchs (čamgiddar) ebenfalls zu den *ṭuyur*. Die längsten Deskriptionen sind Elefant, Nashorn und Pfau gewidmet; ausführlich werden zudem die diversen Papageien, Mainas, Wachteln (bödänä) und Storchenvögel (laklak) geschildert.

Um das Aussehen exotischer Tiere zu vermitteln, verwendet Bābur – wie in seinen Pflanzenbeschreibungen – Vergleichsobjekte, die er als bekannt voraussetzen konnte; dies gilt insbesondere für Tierarten, die sowohl in Zentralasien wie in Hindustan vertreten sind, sich aber in Größe oder Färbung unterscheiden. Für ungewöhnliche tierische Eigenheiten benutzt er sehr anschauliche Metapher; er vergleicht z.B. den faltigen Hautbehang des Panzernashorns mit einer Schabracke und die augenförmigen Flecke auf den Schwanzfedern des Pfaus mit Blumen. Den täglichen Futterbedarf des Elefanten bemißt er an der Futtermenge, die in derselben Zeit von zwei Kamelreihen, d.h. von 10–14 Tieren, gefressen wird. Bemerkenswert ist Bāburs Hinweis auf die einmalige Ähnlichkeit von Pferd und Nashorn; seine detaillierte Darlegung läßt darauf schließen, daß er diese beiden Tiere aufgrund von nur ihnen eigentümlichen Merkmalen als eine separate Gruppe innerhalb der Huftiere betrachtet hat, d.h. als Unpaarhufer.

In Hinsicht auf die Färbung der indischen Säugetiere äußert sich Bābur lediglich zu Nilgau- und Hirschziegenantilope, die sich durch eine bläulichgraue bzw. schwarze Decke von den zentralasiatischen Gazellen und Antilopen abheben, sowie zu den Affen, die er anhand ihres verschiedenfarbigen Fells als Rhesusaffen und Hulmane kenntlich macht. Von den Wassertieren gibt es keine farbliche Beschreibung; die Farbenpracht der Vögel schildert Bābur jedoch in allen Einzelheiten. Er differenziert die diversen Tönungen des Gefieders nach *aq* 'weiß', *aqraq* 'weißlich' und *aq aq* 'reinweiß', *qara* 'schwarz, braunschwarz' und *qapqara* 'tiefschwarz', *qïzïl* 'rot', *qïzïlraq* 'rötlich' und *qïpqïzïl* 'tiefrot', *kök* 'blau', *sarïġ* 'gelb', *mällä* 'rötlichbraun', *sabz* 'grün' und *ala* 'gescheckt' sowie *ṭūṭī* 'papageiengrün', *banafšī* 'veilchenblau' und *sūsanī* 'irisierend'. Hühnervogel haben für Bābur die Farben des Haushuhns (üy tawuġï), wenn das Gefieder von Hahn und Henne auch außerhalb der Balzzeit unterschiedlich getönt ist; nicht alle Farben des Haushuhns haben sie hingegen, wenn die Geschlechter dann gleichfarbig sind.

Wie bei den Pflanzen wird gleichfalls bei den Vögeln deutlich, daß Bābur eine Vorliebe für Rot hat. Als wundervoll (ḫoš) bezeichnet er das Karmesinrot an Hals und Brust des Schwarzkopf-Satyrhahns (pulpaykār), das karmesinrote Gefieder eines kleinen Singvogels, der vermutlich mit dem Bergmennigvogel, *Pericrocotus brevirostris* identisch ist, und ebenso die leuchtend karmesinrote Färbung des Frühlingspapageichens, *Loriculus vernalis*, die ihn die übrigen Farben des Vogels vergessen ließ. Das Prädikat *ḫošrang* billigt er sonst nur noch der tiefblauen Tönung am Hals des Pfaus zu. Ein unvergeßliches Erlebnis hatte Bābur, als er mit seinen Truppen auf dem Weg zum Ab-i-istada war; aus größerer Entfernung sah er zwischen Himmel und Wasserfläche ein leuchtendes Rot ähnlich der Morgenröte, das sich in ständigem Wechsel zeigte und wieder verschwand. In der Nähe konnte er riesige Gänseschwärme erkennen; wahrscheinlich handelte es sich um Flamingos, die beim Schlagen der Flügel ihre rosaroten Federn aufglänzen ließen.

Zu den stimmlichen Äußerungen der indischen Vögel macht Bābur überaus konkrete Angaben, und zwar meist in Relation zu dem Ruf zentralasiatischer Vögel. Der Schrei des Halsbandfrankolins (durrāǰ) hat ihn offenbar sehr fasziniert, denn er vermerkt, welche wörtliche Deutung dem *durrāǰ*-Ruf in Hindustan, in Astarabad und in den arabischen Ländern unterlegt wird. Bāburs Interesse galt zudem den Papageien und Mainas, denen man das Sprechen beibringen kann. Die unangenehm schrille Stimme des Frühlingspapageichens tat allerdings seinen Ohren weh, da sie für ihn den Klang einer über eine Kupferplatte gezogenen Porzellanscherbe hatte.

Bābur liefert zahlreiche Informationen zur Jagd sowie zu Vogel- und Fischfang. Onager und Nashörner wurden zunächst mit gefiederten Pfeilen (oq) beschossen und dann durch einen Schwerthieb getötet; auf dieselbe Weise erlegten Bāburs Soldaten einen Tiger. Auch Schalenwild jagte man mit gefiederten Pfeilen, Federwild hingegen mit ungefiederten Pfeilen (gez) oder Beizvögeln. Als einzigartig bezeichnet Bābur die Methoden, die man in der Baran-Region beim Vogel- und Fischfang praktiziert hat. Zugvögel wie Enten (ördäk), Pelikane (qotan), Kraniche (turna) und Graureiher (uqar), die auf dem Weg von ihrem Winterqartier in Hindustan zu den jenseits des Hindukusch gelegenen Brutgebieten das Baran-Tal durchflogen, wurden dort mit Netzen und Seilen eingefangen, während man die Fische durch ein spezielles Reusensystem in Auffangbecken geleitet oder sie im Wasser mit Fischgiftpflanzen betäubt hat. Weniger trickreich arbeiteten die Fischer in Hindustan; sie lockten die Fische mit Kerzenlicht an die Wasseroberfläche und fingen sie mit den Händen ein; zudem benutzten sie Netze, die von einer Flußseite zur andern reichten, aus denen aber beim Hochziehen die Fische häufig durch einen Luftsprung entkommen konnten.

Die Jagd wurde zwar auch aus sportlichen Motiven betrieben, diente aber vor allem der Versorgung mit Fleisch. Besonders geschätzt waren fette Tiere wie die Onager der Katawaz-Ebene mit ihrem dicken Bauchspeck oder die Fasanen von Andischan; selbst vier Personen gelang es nicht, einen mit einem einzigen dieser feisten Vögel zubereiteten Eintopf zu bewältigen. Unter dem indischen Federwild sind Flaggentrappe (čarz), Hindutrappe (ḫarčal), Himalaya-Glanzfasan (lūǰa), Fleckschnabelente (ġarm-pāy) und Glanzente (šāhmurġ) für ihr schmackhaftes Fleisch bekannt. Pfauenfleisch schmeckt genauso gut wie das Fleisch des Halsbandfrankolins, wird aber gleich Kamelfleisch mit einem gewissen Widerwillen gegessen. Das Fleisch der Fische Hindustans, das geruchlos und frei von kleinen Gräten ist, zeichnet sich durch seinen vorzüglich Geschmack aus.

An Haustieren führt Bābur Pferd (at), Kamel (tewä), Maultier (ḫačïr) und Esel (ešäk), Rind (gāv bzw. uy), Büffel (gāvmeš) und Schaf (qoy), den Hund (it) sowie Huhn (tawuq), Gans (qaz) und Taube (kabūtar) an, wobei dem als Reittier hochgeschätzten Pferd unzweifelhaft die dominierende Rolle zukommt. Die Pferdezucht wurde vor allem von den Nomaden betrieben, die über umfängliche Herden (ïlqï) verfügten. Aber auch große Herren legten Wert darauf, daß in ihren Ställen erlesene Pferde aus eigener Zucht standen. Sehr begehrte Rassepferde waren die aus Zentralasien stammenden *topïčaq*, die Bābur zum Beweis seiner Gunst verdienten Männern geschenkt hat. Unentbehrlich als Packtier war das gleichfalls häufig erwähnte Kamel, das bei Expeditionen in einer *qiṭār* geht, d.h. in einer Reihe von fünf bis sieben durch Nasenriemen verbundenen Tieren; die Kamelzucht erreichte mancherorts beträchtliche Ausmaße. Das Maultier war das Saumtier der vornehmen Kreise, der Esel das Reit- und Lasttier der ärmeren Bevölkerung. Im *Bābur-nāme* tritt der Esel vornehmlich in Form seiner Traglast (ḫarvār) in Erscheinung, da sowohl die abgeschleppte Beute wie der Tribut an Getreide nach *ḫarvār* bemessen wurde.

In Hindustan setzte man gezähmte Elefanten als Zug- und Lasttiere ein; problematisch waren für Bābur die Kriegselefanten. Ihr ungewohnter Anblick und ihr zerstörungswütiges Verhalten jagte seinen Soldaten Angst ein, und bei den Pferden löste das Trompeten der Elefanten panikartige Reaktionen aus. Nach der Schlacht von Panipat, in der sein Gegner Sultan Ibrāhīm mit über 1 000 Kriegselefanten angerückt war, wurden dem siegreichen Bābur die Elefanten herdenweise vorgeführt. Es gibt jedoch keinerlei Hinweise, daß er sie bei späteren kriegerischen Unternehmungen verwendet hat; dies ist vermutlich darin begründet, daß sich weder die Truppen noch die Pferde an Elefanten gewöhnen konnten. Bābur erwähnt aber, daß bei Treibjagden auf Großwild die ausbrechenden Tiere mit Hilfe von Elefanten eingekesselt wurden. Vermutlich sah er in Elefanten vorrangig ein Prestigeobjekt, denn ihr Besitz signalisierte Macht.

Als Fleisch- und Milchlieferanten dienten Schaf und Rind, in Hindustan außerdem die Hausbüffel. Die Dschakrak, die in den zwischen Kaschghar und Fergana gelegenen Bergen lebten, hielten anstelle von Hausrindern zahlreiche Jaks (qotas). Am wichtigsten waren die riesigen Schafherden; sie gewährleisteten die Ernährung und zugleich Felle für die Bekleidung sowie Wolle für den Haushalt. Die als Proviant für die Armee benötigten Schafe verschaffte sich Bābur durch Raub oder in Form von Tribut; dasselbe galt für die Reit- und Tragtiere.

Băburs Anmerkungen zum Hund bestätigen den schlechten Ruf, in dem dieses Tier bei den islamischen Völkern steht. Die Taubenhaltung war nicht nur beim einfachen Mann beliebt; auch Băburs Vater hatte seine Freude an Tauben, und Bābur selbst besaß in Kabul ein großes Taubenhaus. Von der seßhaften Bevölkerung wurden Hühner und Gänse gehalten; in Buchara hat man sowohl Hühner wie Gänse gemästet. Ein besonderes Vergnügen bereitete die Veranstaltung von Hahnen- und Widderkämpfen; Sultan Ḥusayn Mīrzā züchtete eigens zu diesem Zweck Hähne und Widder. In Hindustan ließ man die gezähmten, doch immer noch angriffslustigen Böcke der Hirschziegenantilope miteinander kämpfen, und im *Čār-bāġ* von Agra fanden bei einem großen Fest Schaukämpfe zwischen aufgereizten Kamelen und Elefanten statt.

Haustiere sieht Bābur ausschließlich unter dem Aspekt des Nutzens; er beurteilt sie entweder nach ihrer Leistung oder nach ihrem Nährwert. Băburs Interesse für wilde Tiere ist von derselben Wißbegierde geprägt, mit der er sich der Flora gewidmet hat. Ihn fasziniert ihr fremdartiges Aussehen und ihre Farbenpracht; außerdem studiert er sehr genau ihr Verhalten. Darüberhinaus vergleicht er sie mit ähnlichen Tieren seiner Heimat und notiert Übereinstimmungen oder Abweichungen. Bāburs Einstellung zu Tieren ist aber wesentlich distanzierter als sein Verhältnis zu Pflanzen. Dies wird auch daran ersichtlich, daß er offenbar nur zu einem einzigen Tier eine engere Beziehung hatte, nämlich zu einem Wanderfalken (baḥrī), dessen hervorragende Fangtechnik seine Begeisterung erregte. Tiere nimmt Bābur im allgemeinen mit einer gewissen intellektuellen Kühle wahr, während Pflanzen stets seine Sinne und nicht zuletzt sein Gefühl ansprechen.

Hinweise zu den Wörterlisten

Die im *Bābur-nāme* erwähnten Benennungen für Pflanzen und Tiere werden nicht nach Sprachen getrennt, sondern jeweils in alphabetischer Reihenfolge angeführt. Den Lemmata nachgeordnet sind die entsprechenden sprachlichen Belege sowie die von Bābur eingebrachten Informationen; wörtliche Zitate aus der Beschreibung der indischen Flora und Fauna stehen in Anführungszeichen. In den mit ♦ gekennzeichneten Abschnitten werden die Texte kommentiert und die behandelten Pflanzen oder Tiere nach Gattung und Art definiert. Außerdem wird anhand der botanischen bzw. zoologischen Fakten aufgezeigt, wie präzis Bāburs Angaben zum Habitus sind und auf welch exakten Beobachtungen seine Vergleiche beruhen. Die hinter dem Stichwort vermerkten Foliozahlen folgen dem Haidarabad-Kodex: 1b–120a 'Fergana und Transoxanien', 1493–1503; 120b–251b 'Kabul', 1504–1520; 252b–382a 'Hindustan', 1525–1530.

Alphabetische Reihenfolge: a, ä, b, č, d, e, f, g, ġ, h/ḥ, ḫ, i, ǰ, k, l, m, n, o, ö, p, q, r, s/ṣ, š, t/ṭ, u, ü, v, w, y, z, ž.

Bezeichnungen für Pflanzen und Früchte

āb-angūr (129b) — eine Weintraubensorte.

Afgh. AfRS 82 *angúr* 'vinograd'.

Im Distrikt Kabul wächst eine exzellente Rebe, die als *āb-angūr* bekannt ist.

♦ Der Name *āb-angūr*, wörtlich 'Wassertraube', bezieht sich auf die sehr saftreichen Beeren, aus denen ein stark berauschender Wein gemacht wird.

ābnūs yïġačï (330b, 344a) — eine Ebenholzbaumart, *Diospyros embryopteris* (= Diospyros glutinosa).

Steingass 10 *ābnūs* 'ebony', usb. UzRS 293 *åbnus* 'ebenovoe derevo'.

Den Ebenholzbaum sah Bābur zum ersten Mal auf den Hängen der zwischen Bari und dem Tschambal gelegenen Berge; die Früchte des Ebenholzbaumes werden dort von den Einwohnern mit *tindu* bezeichnet. Während eines Besuchs in Gwalior zeigte man den *ābnūs yïġačï* allen Gefolgsleuten Bāburs, die ihn bisher noch nicht zu Gesicht bekommen hatten; in dieser Gegend benennen die Hindustani den Baum mit *tindu*.

♦ Bei Bāburs *ābnūs yïġačï* handelt es sich nicht um den echten Ebenholzbaum, *Diospyros ebenum*, sondern um die Spezies *Diospyros embryopteris*, deren Holz nur von mittlerer Qualität ist. Genutzt wird vor allem der klebrige Saft der Früchte, der als Abdichtungsmittel und Adstringens dient.

alma (45b, 129b, 137b, 139b, 237a, 248a, 284a) — Apfel, *Malus sylvestris*.

PdC 33 *alma* 'pomme', usb. UzRS 302 *ålma* 'jabloko'; gtü.

Bābur rühmt die vorzüglichen Äpfel von Samarkand, die unter dem Namen *seb-i Samarqand* zu einem Qualitätsbegriff geworden sind. Er erwähnt, in welcher Fülle die Äpfel in den gemäßigt temperierten Gebieten rund um Kabul gedeihen, hebt jedoch besonders die Güte der Äpfel von Ghasni und Farmul hervor, die nach Hindustan exportiert werden. Ein Apfelbaum war der Schauplatz eines Trinkgelages auf der Talar-Wiese in Kabul; im unterhalb von Istarghidsch gelegenen *Pādišāhī Baġ* bewunderte Bābur die herbstliche Farbenpracht eines jungen Apfelbaumes und war überzeugt, daß kein Maler diesen Anblick wiedergeben könnte. Die Frucht des *badhal*-Baumes vergleicht Bābur in bezug auf die Größe mit einem Apfel.

♦ Obwohl einige Städte Transoxaniens – darunter neben Samarkand auch Andischan – noch heute für ihre exzellenten Äpfel bekannt sind, lassen sich die Früchte von der Qualität her nicht mit europäischen Apfelsorten vergleichen. Ebenso wie bei den in Afghanistan kultivierten Äpfeln, die vermutlich aus Persien stammen, gibt es süße und herbe Varietäten, die maximal eine Größe von 5–7 cm erreichen.

ālū (48b, 129b) — Hauspflaume, *Prunus domestica*.

Steingass 95 *ālū* 'a plum', afgh. AfRS 70 *ālú* 'sliva', usb. UzRS 303 *ålu* 'sliva (obl.)'.

Die ausgezeichneten Pflaumen, die auf dem Markt von Kabul angeboten werden, kommen aus den kühleren Regionen des Umlands. Berühmt sind die Pflaumen von Buchara (ālū-yi buḫārī), die nirgendwo ihresgleichen haben. Sie werden enthäutet und getrocknet und als ein Segensbringer (tabarrukluk) von Provinz zu Provinz geschickt; ihre Abführwirkung ist vorzüglich.

♦ Hauspflaumen werden in Transoxanien vor allem in Samarkand sowie in Buchara gezüchtet und frisch, gekocht oder getrocknet verwertet. Man bezeichnet sie nach ihrer Herkunft und handelt sie auch unter diesem Namen; die Bucharapflaumen sind ein bekanntes Laxativ, s. afgh. AfRS 70 *ālubuxārā́* 'buxarskaja sliva, černosliv'.

ālū-bālū (129b) — Sauerkirsche, *Prunus cerasus* (= Cerasus vulgaris).

Steingass 95 *ālū bālū* 'an armarylla, or sour cherry', afgh. AfRS 70 *ālubālu* 'višnja', as. ARS 30 *albalï* 'višnja', usb. BAL 80, Nr. 228 *åliwåli* 'višnja obyknovennaja'.

Wie Bābur berichtet, hat er *ālū-bālū*-Stecklinge nach Kabul gebracht und dort mit Erfolg angepflanzt.

♦ Beveridge merkt zu *ālū-bālū* an: "It seems unlikely to be a cherry since Bābur does not mention cherries as good in his old dominions, and Firminger (p. 244) makes-against it as introduced from India" (S. 203, Fn. 2). Bābur erwähnt jedoch an keiner anderen Stelle Kirschen und äußert sich ebenfalls nicht zur Herkunft der Ableger. Vermutlich bezog er die Stecklinge aus Chorasan, wo man seit alters her Sauerkirschen kultiviert hat. Da Kirschbäume frostempfindlich sind, wurden die Schößlinge wahrscheinlich im *Čār-bāġ* bei Adinapur angepflanzt; in dem dort herrschenden warmen Klima betrieb Bābur auch mit Erfolg den Anbau von Bananen (kelā) und Zuckerrohr (nayšakar).

ālūča (284a–b) — Kirschpflaume, *Prunus cerasifera* (= Prunus divaricata).

Steingass 95 *allūcha* 'a small plum, a currant; a cherry', afgh. AfRS 70 *alúča* 'alyča', as. ARS 32 *alča* 'alyča', tkm. TuRS 42 *alča* 'alyča (derevo i plod)', kas. KaRS 30 *alša* 'alča (fruktovoe derevo i plod etogo dereva)', tat. TaRS 730 *älüčä* 'alyča (derevo i plod)', ba. BRS 40 *alïča* 'alyča', usb. ÖÖA 154 *åliča* 'Prunus divaricata', nuig. Schwarz 957 *aluça* 'cherry plum'.

Größer als die Kirschpflaume ist eine Varietät der Jujube (ber) sowie die Batokopflaume (paniyālā).

♦ Da die Jujuben maximal eine Länge von 3 cm erreichen und auch die Batokopflaumen nur wenig größer werden, dürfte Bābur mit *ālūča* die Kirschpflaume gemeint haben, die in Zentralasien wild in den Bergen wächst und gelbe, rote oder schwarze Früchte vom Umfang einer Mirabelle trägt. Beveridge zitiert folgende Anmerkung Erskines zu *ālūča*: "This is the bullace-plum, small, not more than twice as large as the sloe and not so high-flavoured; it is generally yellow, sometimes red" (S. 507, Fn. 4). Demnach scheint Erskine *ālūča* für die wildwachsende Haferpflaume, *Prunus domestica* ssp. *insititia* zu halten; entsprechende türkische Belege gibt es jedoch nicht.

āmal-bed (287a) — eine orangenähnliche Frucht.

"Man sagt, daß eine Nadel zerschmilzt, wenn sie in die *āmal-bed* gesteckt wird, entweder wegen der Säure oder wegen einer anderen Besonderheit. Die *āmal-bed* ist etwa so sauer wie eine Orange (nāranǰ) oder ein *līmū*."

Bābur war bereits drei Jahre in Hindustan, als er zum ersten Mal eine *āmal-bed* gesehen hat.

♦ Offensichtlich gehört die *āmal-bed* zu den sauren Limonen, die als *sū'ī-gal*, wörtlich 'Nadelschmelzofen', bezeichnet werden, s. Platts 703 *sū'ī-gal* 'a very acid kind of lemon (the juice of which is said to dissolve needles)'. Bemerkenswerterweise setzt Bābur ihren hohen Säuregehalt mit dem von *nāranǰ* gleich; dies zeigt, daß er mit *nāranǰ* auch bittere Orangen erfaßt hat. Im Elphinstone-Kodex wurde eine Annotation Humāyūns, die sich auf den sehr süßen *amrad-pal* bezieht, durch ein Schreiberversehen teils in den Text zu *āmal-bed*, teils in die nur im Elphinstone-Kodex auf *āmal-bed* folgende Passage über *ǰāsūn* eingefügt (Beveridge, Appendix O, S. liii). Der erste Teil betrifft zweifellos den zuvor behandelten *amrad-pal*, der zweite Teil ist aber lediglich mit *āmal-bed* vereinbar, denn in Übereinstimmung mit Bāburs Einschätzung charakterisiert Humāyūn die Frucht als ebenso sauer wie *nāranǰ* oder *līmū*. Außerdem bestätigt er indirekt Bāburs Hinweis auf die Seltenheit der *āmal-bed*; Humāyūn erwähnt nämlich, daß die Qualitäten der *āmal-bed* erst zur Zeit seiner eigenen Herrschaft gewürdigt wurden.

Aufgrund von Bāburs Angaben hält Beveridge (S. 512, Fn. 6) *āmal-bed* für die als Metallputzmittel verwendete *Citrus medica* ssp. *acidissima*. Ihrer Ansicht nach kann *āmal-bed* 'acid-willow' oder 'acid-cane' bedeuten, s. Platts 207 *bed* 'willow, cane, ratan, *Calamus rotang*'; sie gibt aber 'acid-willow' den Vorzug, da Weidenholz gleichfalls zum Reinigen von Metall dient. Eine Frucht läßt sich jedoch kaum mit einem Baum assoziieren; zudem ergibt 'acid-willow' insofern keinen Sinn, als auch die Rinde der Weide Bitterstoffe enthält. Laut Bonavia entstammt die heute gezüchtete *amil-bêd*, die sich von der ähnlichen Pampelmuse, *Citrus decumana* vorwiegend durch ihren sauren Geschmack unterscheidet, der gelbhäutigen Varietät einer sauren Orange und ist vom Malayischen Archipel nach Indien gelangt (S. 31 und 41); er läßt indessen offen, ob sie mit Bāburs *āmal-bed* identisch ist. Wie Bonavia anmerkt, soll nach Meinung der Pandits der Name *amil-bêd* auf die Sanskritbezeichnung *amlavetasa* < *amla* 'sour' + *vetasa* (?) zurückgehen (S. 222). Demnach kam *āmal-bed* ursprünglich die Bedeutung 'saure Zitrone' zu, denn bei Platts 1207 wird *vetas* sowohl mit 'the ratan, *Calamus rotang*' wie mit 'the citron, *Citrus medica*' erklärt.

aman qara (283a) — ein Amaryllisgewächs, *Ungernia victoris.*

Usb. BAL 219, Nr. 887 *åmånqåra* 'ungernija Viktora'.

Die Blätter der Banane ähneln ein wenig denen von *aman qara*, sind jedoch sehr viel größer und breiter.

♦ Bei PdC 35 wird *aman qara* als 'espèce d'arbre' angeführt, obgleich sich von dem Zitat im *Bābur-nāme* eine solche Einordnung nicht ableiten läßt. Beveridge (S. 504, Fn. 6) sieht eine gewisse lautliche Kongruenz zwischen *aman qara* und dem bei Scully/Plants 216 belegten Pflanzennamen *árman* 'wormwood, *Artemisia vulgaris*', schließt aber einen Zusammenhang mit dem Beifuß aus, da er keine bananenähnlichen Blätter hat. Sie zieht zudem den Mais, *Zea mays* in Betracht, der allerdings erst um 1493 nach Europa gebracht wurde, so daß sein Vorkommen in Transoxanien zu Zeiten Bāburs unwahrscheinlich ist. Im übrigen wird der Mais bei den Türkvölkern häufig nach einem einheimischen Getreide benannt und durch ein entsprechendes Attribut als exotisch gekennzeichnet, so z.B. mit ttü. Stw 637 *mısır buğdayı*, wörtlich 'ägyptischer Weizen', und tkm. TR 107 *mekgeǰöven*, wörtlich 'Mekkahirse'. Der von Bābur erwähnte Ausdruck dürfte mit usb. *åmånqåra* identisch sein, einer Benennung für die in Fergana heimische *Ungernia victoris*. Von der Form her erinnern die linealen, leicht hängenden Blätter dieses Amaryllisgewächses an Bananenblätter *en miniature*. Der Name *åmånqåra*, wörtlich 'schwarze Rettung', betrifft die große, von dunkelbraunen Schuppen bedeckte Zwiebel, die in der Volksmedizin zur Behandlung von Furunkeln verwendet wird.

amba (282b, 339b) — Mango, *Mangifera indica.*

Steingass 104 *aṃba* 'the mango', Brandis 206 *amba* (Hind.) 'Mangifera indica', Platts 80 *amb* 'mango, tree or fruit' und *ambā* 'mango'.

"Die Mango ist eine für Hindustan eigentümliche Frucht; Hindustani sprechen das *b* in *amba* so aus, als ob kein Vokal folgt. Weil das unschön klingt, sagen einige Leute *naġzak*, wie dies Ḫwāja Ḫusraw tut: *naġzak-i mā naġzkun-i būstān / naġztarīn meva-i Hindūstān* [Unsere Mango, Verschönerin des Gartens / schönste Frucht Hindustans]. Mangos können exzellent schmecken, aber gemessen an der Zahl der verspeisten Früchte sind nur wenige erstklassig. Man pflückt sie vorwiegend unreif und läßt sie im Haus reifen. Unreif sind sie gut; sie dienen als Speisezutat oder werden für Konfitüre verwendet. Alles in allem ist die Mango die beste Frucht Hindustans. Manche Leute gehen in ihrem Lob so weit, daß sie die Mango allen Früchten außer der Melone vorziehen; aber dieses Lob ist nicht gerechtfertigt. Die Mango ähnelt dem *kārdī*-Pfirsich und reift während der Regenzeit. Sie wird auf zwei Arten verzehrt; entweder zerquetscht man die reife Frucht, durchlöchert sie und schlürft den Saft heraus oder man schält und ißt sie wie einen *kārdī*-Pfirsich. Der Mangobaum wächst sehr hoch; seine Blätter gleichen ein wenig den Blättern des Pfirsichs (šaftālū). Sein Stamm ist häßlich und unebenmäßig; in Bengalen und Gudscherat soll er einen schönen Wuchs haben."

Als 1528 der *Čār-Bāġ* bei Dholpur angelegt wurde, ließ Bābur in einem Dickicht aus *amba*-Bäumen einen Brunnen bauen, der ein aus dem Felsen gehauenes Wasserbecken gespeist hat.

♦ Der Mangobaum hat einen von einer rissigen dunklen Rinde bedeckten Stamm und lanzettliche Blätter; er trägt 5–15 cm lange glattschalige Steinfrüchte, deren delikat schmeckendes Fleisch bei der Reife sehr weich wird.

amblī (283a, 300a, 303a) — Tamarindenbaum, *Tamarindus indica.*

Drury I: 619 *ambli* (H.) 'Tamarindus indica', Brandis 252 *amli* (Hind.) 'Tamarindus indica', Platts 82 *imlī* ~ *amlī*, *imblī* ~ *amblī* 'the tamarind tree (*Tamarindus indica*) and its fruit'.

"Mit *amblī* benennt man den Tamarindenbaum (ḫurmā-ī hindī); seine Blätter sehen wie die Blätter des Süßholzes (buya) aus, sind aber feiner geschnitten. Der Baum bietet einen schönen Anblick und gibt viel Schatten. Er wird sehr hoch; auch wild kommt er in dichten Beständen vor."

Oberhalb des achteckigen Wasserbeckens im *Čār-bāġ* von Agra stand eine Gruppe von Tamarindenbäumen.

♦ Sowohl Tamarindenbaum wie Süßholz haben gefiederte Blätter; Bābur bezeichnet aber nicht die Blattspreiten als Blätter, sondern die einzelnen Fiederblättchen. Der Tamarindenbaum wird 9–12 m hoch und trägt eine dichtbelaubte Krone.

āmlā (284b) — Myrobalane, *Phyllanthus emblica* (= Emblica officinalis).

Drury III: 671 *amla* (H.) 'Emblica officinalis', Brandis 570 *amla* (Hind.) 'Phyllanthus Emblica', Platts 82 *āmlā* 'the plant Emblic Myrobalan, *Phyllanthus emblica*'.

"Die Myrobalane hat fünf Seiten und ähnelt einer Baumwollkapsel (ġozanïng ġunčasï). Sie schmeckt streng und unangenehm; Konfitüren aus *āmlā* sind jedoch nicht schlecht. Sie ist eine sehr segensreiche Frucht. Der *āmlā*-Baum hat eine schöne Form und ganz kleine Blätter."

♦ Die scharfschmeckende kugelige Myrobalane ist durch vertikale Streifen in mehrere Seiten eingeteilt, nach Brandis in sechs Seiten. Sie wird roh oder eingemacht gegessen sowie als Gewürz verwendet; außerdem hält man sie für ein wirksames Therapeutikum bei Ruhr, Diarrhöe und Cholera. Unter den Blättern des Amblabaumes versteht Bābur die sehr schmalen Fiederblättchen.

amlūk (129b, 133b) — Dattelpflaume, *Diospyros lotos.*

Afgh. AfRS 74 *amlúk* 'xurma (plod i derevo)', Brandis 432 *amlōk* (Punj.) 'Diospyros Lotus'.

Bābur erwähnt, daß die Dattelpflaumen auf dem Markt von Kabul aus Laghman kommen. Es gibt dort viele *amlūk*-Bäume in Dara-i Nur, andernorts jedoch nicht. Die Dattelpflaume wird von einigen Türk mit *qara yemiš* bezeichnet.

♦ *Diospyros lotos* ist in Afghanistan nur selten anzutreffen, da sie zu ihrem Gedeihen subtropischer Temperaturen bedarf; häufig kommt sie hingegen in Swat und im Pandschab sowie in Vorderasien und im Mittelmeerraum vor. Die kirschenähnliche Dattelpflaume ist zunächst gelb oder grau, im Reifezustand aber schwarz, weshalb sie *qara yemiš*, wörtlich 'schwarze Frucht', genannt wird.

amrad-pal (287a) — eine orangenähnliche Frucht.

"Eine andere Frucht, die der Orange (nāranǰ) ähnelt, ist *amrad-pal*."

♦ Bābur scheint in seiner Beschreibung der indischen Flora den *amrad-pal* nur der Vollständigkeit halber anzuführen, denn er enthält sich jeden Kommentars, und zwar lediglich bei dieser Frucht. Aufschlußreich hierzu dürfte eine Annotation Humāyūns im Elphinstone-Kodex sein; sie besagt, daß Bābur die Frucht nicht geschätzt hat, weil sie so widerlich süß wie bestimmte Orangen (nāranǰ) schmeckt (Beveridge, Appendix O, S. liii). Beveridge (S. 512, Fn. 5) merkt an, daß George Watt den *amrit-phal* – in Entsprechung zu Erskines Definition 'mandarin-orange' – für eine Subspezies der Orange, *Citrus aurantium* hält. Nach Bonavia (S. 74) ist *amratphàl*, wörtlich 'Nektarfrucht', für 'sweet lemon, sweet lime' gebräuchlich, d.h. für die Limette, *Citrus limetta* (= Citrus limonum var. limetta).

amrūd (129b, 287a) — Birne, *Pyrus communis*.

Steingass 100 *amrūd* 'a pear', afgh. AfRS 73 *amrút* ~ *amrúd* 'gruša (plod)'.

Rund um Kabul gibt es reichlich Birnen, und zwar in Gebieten, in denen ein gemäßigtes Klima herrscht. Die einzige Birne, die Bābur für gut befindet, ist die in Andischan gezüchtete *nāšpātī*-Birne. Von der Form her vergleicht er den *sadāfal* mit einer Birne.

♦ Die in Zentralasien kultivierte *Pyrus communis* trägt nur kleine, an der Basis häufig nicht verbreiterte, sondern fast kugelige Früchte von minderer Qualität. Bei *nāšpātī* handelt es sich wahrscheinlich nicht um *Pyrus communis*, sondern um die saftige, süßsaure Birnenspezies *Pyrus asiae-mediae*, die im Ferganabecken gezogen wird.

anār (3a, 4a, 45b, 129b, 132a–b, 140a, 245a, 284b, 287b) — Granatapfel, *Punica granatum*.

Steingass 103 *anār* 'a pomegranate', afgh. AfRS 76 *anắr* 'granat', usb. UzRS 36 *anår* 'granat; granatnik'.

Die Granatäpfel von Samarkand sind gut, die von Margelan und Chodschent jedoch exzellent; *anār-i Ḫuǰand* ist ebenso ein feststehender Begriff wie *seb-i Samarqand*. Aus den kühlen Zonen des Umlands stammen die in Kabul angebotenen Granatäpfel. In Ala Say haben die Granatäpfel keine überragende Qualität, sind aber in der ganzen Region bekannt, weil es weit und breit keine besseren gibt; sie werden nach Hindustan exportiert. Nangarhar zeichnet sich durch die Fülle seiner Granatäpfel aus; auch Bābur hatte in seinem *Čār-bāġ* bei Adinapur köstliche Granatäpfel, die allerdings – wie er eingesteht – an die besten Sorten Transoxaniens nicht heranreichten. Bei einer längeren Rast im *Čār-bāġ* konnten sich seine Mannen an Unmengen von Granatäpfeln gütlich tun, während Bābur das tiefgelbe Herbstlaub der Granatapfelbäume und das leuchtende Rot ihrer Früchte bewunderte. Die Höhe des *paniyālā*-Baumes veranschaulicht Bābur anhand des Granatapfelbaumes; die Blüten des Roseneibischs (ǰāsūn) sind von einer intensiveren roten Färbung als die Granatapfelblüten.

♦ Der ca. 2 m hohe Granatapfelbaum hat scharlachrote Blüten und fast kugelige rote Früchte; das Fruchtfleisch schmeckt süßlich, die johannisbeerähnlichen eßbaren Kerne sind von angenehm säuerlichem Geschmack.

anǰīr (284b) — Echte Feige, *Ficus carica*.

Steingass 107 *anjīr* 'a fig', Brandis 607 *anjir* (Hind.) 'the Fig Tree, Ficus Carica', usb. UzRS 35 *anžir* 'vidnaja jagoda, inžir; smokovnica'.

Bābur erwähnt, daß die wildwachsende Feigenart *gūlar* der kultivierten Feige insofern ähnelt, als die Frucht gleichfalls aus dem Stamm hervorkommt.

♦ Die kurzgestielten, krugförmigen Scheinfrüchte von *Ficus carica*, die sogenannten Feigen, sitzen nicht in den Blattachseln, sondern direkt an Stamm und Ästen.

aq ābnūs yïġačï (330b) — eine Ebenholzbaumart, *Diospyros tomentosa*.

Steingass 10 *ābnūs* 'ebony', usb. UzRS 293 *åbnus* 'ebenovoe derevo'.

Man hat Bābur erzählt, daß es auch weiße Ebenholzbäume gibt; sie sollen unter den Ebenholzbäumen, die auf den zwischen Bari und dem Tschambal gelegenen Bergen wachsen, in der Überzahl sein.

♦ Mit *aq ābnūs yïġačï*, wörtlich 'weißer Ebenholzbaum', dürfte *Diospyros tomentosa* gemeint sein, deren Zweige und Blätter mit einem dichten hellgrauen Filz bedeckt sind. *Diospyros tomentosa* wird nach Balfour I: 954 in Hindustan *mīṭhā tindu*, wörtlich 'süßer *tindu*', genannt, denn diese Spezies trägt süßlich schmeckende eßbare Früchte.

arča (140b, 141a) — Wacholder, *Juniperus*.

Afgh. AfRS 39 *arčá* 'arča (drevovidnyj možževel'nik)', usb. UzRS 40 *arča* 'arča, drevovidnyj možževel'nik, možževel'nik zeravšanskij'; gtü.

In den Bergen von Andarab, Chwast und Badachschan ist der Wacholder reichlich vertreten; in den baumarmen montanen Regionen von Ghur, Karnu und Hazara kommt er jedoch nur vereinzelt vor.

♦ Die im nordöstlichen Teil der Provinz Kabul gelegenen Gebirgszüge ähneln, wie Bābur feststellen konnte, in ihrer Vegetation den zentralasiatischen Bergen. Sie sind ab 2000 m Höhe mit Nadelwäldern bestanden, deren vorherrschendes Unterholz der 90–180 cm hohe Gemeine Wacholder, *Juniperus communis* bildet. Daneben findet man den baumartigen Hohen Wacholder, *Juniperus excelsa*, der eine Höhe von 10 m erreichen kann, oberhalb der Baumgrenze aber einen buschigen Wuchs annimmt.

arġawān (137a) — Judasbaum, *Cercis siliquastrum.*

Steingass 38 *arghawān* 'name of a tree whose fruit and flower are of beautiful red', afgh. AfRS 40 *arġaván ~ arġuván* 'bagrjanik, rozovaja akacia – *Cercis siliquastrum*', ttü. Stw 276 *erguvan* 'gemeiner Judasbaum, Cercis siliquastrum', tkm. TR 137 *arġuvan* 'cercis', usb. UzRS 40 *arġuwån* 'judino derevo'.

Judasbäume findet man lediglich in der Nähe von Istalif; dort war unterhalb der Chwadscha Seyaran-Quelle ein Hain aus Judasbäumen (arġawānzār) angepflanzt worden. Wenn die roten *arġawān*-Blüten voll entfaltet sind, bieten sie einen unvergeßlichen Anblick. Bābur ließ die Quelle in Stein einfassen und auf allen vier Seiten mit Bänken umgeben, von denen aus man den ganzen Hain übersehen konnte.

♦ Der in Vorderasien und im Mittelmeerraum heimische 2–10 m hohe Judasbaum blüht im Frühjahr, bevor der Blattaustrieb begonnen hat; Stamm und Äste sind dann mit unzähligen Büscheln von purpurroten Schmetterlingsblüten bedeckt. Auch Băburs Grab in Kabul war laut Beveridge (S. 216, Fn. 3) mit Judasbäumen umstanden, die von dem Hain an der Chwadscha Seyaran-Quelle stammten.

arpa (380a) — Gerste, *Hordeum vulgare.*

PdC 11 *arpa* 'orge', usb. UzRS 39 *arpa* 'jačmen′'; gtü.

Bei der Rückkehr von einer Exkursion nach Laghman legte Bābur eine kurze Imbißpause ein, die er erst abbrach, nachdem die Pferde ihre Gerste vertilgt hatten. Als er 1529 seine kriegerischen Aktivitäten im Ganges-Gebiet wegen der einsetzenden Regenzeit nicht weiterführen konnte, entschloß er sich, in einem Gewaltritt nach Agra zurückzukehren; zuvor wurden in Kalpi die Pferde mit Gerste gefüttert.

♦ Gerste baut man speziell als Pferdefutter an; auf ihre animierende Wirkung verweist bereits das von Kāšġarī DLT 74 zitierte Sprichwort *arpasīz at ašūmās, arqasīz alp čärīg siyūmās* 'Ein Pferd ohne Gerste kann [den Paß] nicht überqueren, ein Krieger ohne Rückhalt kann die Schlachtlinie nicht durchbrechen'. Bābur wußte offenbar die Effizienz der Gerste auch für sich selbst zu nutzen, denn er berichtet f. 339a, daß er das von seinem Arzt für den langen Ritt von Agra nach Gwalior erhaltene Aufputschmittel mit zerstoßenen Gerstenkörnern (talqan) vermischt hat.

ašlïġ (1b, 2a, 57b, 70b, 93b, 140a, 144b, 146b, 184b, 209a, 219a–b, 220a–b, 221a, 231b, 236b, 242b, 243b, 244a, 254b, 294b) — Getreide.

PdC 23 *ašlïġ* 'céréales', usb. UzRS 312 *åšliq* 'xleb, zerno'.

In Fergana, insbesondere in Andischan, gibt es Getreide in Fülle, so daß zur Erntezeit die Verpflegung von Bāburs Truppen durch die Plünderung der Felder gesichert werden konnte. Im Winter waren die Kornspeicher Bāburs Ziel; er richtete deshalb sein Lager in der Nähe von Ortschaften ein. Als Bābur 1501 in Samarkand eingezingelt wurde, ging das Korn aus, und es entstand eine große Hungersnot. Bei der Belagerung von Bust (1498) verhielt es sich umgekehrt; die Stadt hatte genügend Getreidevorräte, aber für das Heer von Sulṭān Ḥusayn Mīrzā blieb der

Nachschub aus. Eine ähnliche Situation ergab sich für Bābur 1507 vor Kandahar; da seine vom Hunger demoralisierten Soldaten auf der Suche nach *ašlïġ* und anderen eßbaren Dingen waren, vermochte er nur die Hälfte seiner Streitmacht um sich zu sammeln und in die Schlacht zu führen. Zu Beginn des fünften Hindustan-Feldzugs kampierte Bābur zwei Tage lang am Fuß des Balinath, um sich in der kornreichen Gegend mit Proviant einzudecken; nach der Eroberung von Agra (1526) wurde in der ganzen Stadt weder Korn für die Soldaten noch Futter für die Pferde vorgefunden.

Viele Männer in Bāburs Armee gehörten zu den aus Transoxanien eingewanderten Clans; um das Auskommen ihrer Familien zu sichern, erhob Bābur – in völliger Überschätzung des Getreideaufkommens – von den Städten Kabul und Ghasni sowie deren Distrikten eine Steuer in Höhe von 30 000 Eselsladungen Korn, unter der die Bevölkerung sehr zu leiden hatte. Genauso verfuhr er bei einem Vorstoß in den Pandschab; er verschaffte sich im Kahradsch-Tal den benötigten Proviant nicht nur durch Raub, sondern legte den Kahradschi zudem eine Steuer von 4 000 Eselsladungen Getreide auf, die sie in den wirtschaftlichen Ruin getrieben hat. Für die Ackerbau treibenden Afghan in Badschaur und Swat wurde eine Steuer von 6 000 Eselsladungen Korn angesetzt.

♦ Mit *ašlïġ* wird reifes Getreide bezeichnet, das noch auf dem Halm steht oder bereits geerntet ist, und zwar vornehmlich Weizen (buġday) und Reis (šalï bzw. kurinǰ), die je nach Region das Grundnahrungsmittel sind. Die Hirse zählt ebenfalls zu *ašlïġ*; Bābur führt sie zwar nicht namentlich an, erwähnt jedoch f. 117b, daß er Hirsegrütze (yemdän) gegessen hat.

ayïq otï (5b) — eine Wolfsmilchart, *Euphorbia rapulum* (=Tithymalus rapulum).
Usb. BAL 210, Nr. 856 *ayiqot* 'moločaj repčatyj'.

Nach einigen Autoren soll in den Bergen von Fergana die Alraune (yabrūǰu'ṣ-ṣanam) vorkommen. Bābur hatte darüber nie etwas gehört, aber in Yeti Kent erfuhr er, daß in dessen Umgebung eine Pflanze mit den Eigenschaften der Alraune (mihr-giyāh) wächst; sie wird *ayïq otï* genannt und ist möglicherweise *mihr-giyāh*.

♦ Unter *yabrūǰu'ṣ-ṣanam* ist die weibliche Alraune, *Mandragora officinarum* zu verstehen; das Synonym *mihr-giyāh*, wörtlich 'Liebeskraut', spielt auf die Rolle der Alraune als Liebeszauber bzw. Potenzmittel an. Auch der Ausdruck *ayïq otï*, wörtlich 'Bärenkraut', könnte die aphrodisierende Wirkung einbeziehen, die der Alraune seit alters her nicht nur im Orient zugeschrieben wird, denn der Bär fungiert in Pflanzennamen häufig als ein Symbol für außergewöhnliche Kraft. Beveridge hat *ayïq* im Sinne von 'awache; alert' interpretiert und folgert deshalb: "It may be used here as a equivalent of *mihr* in *mihr-giyāh*, the plant of love" (S. 11, Fn. 5). Die Alraune verdankt ihren Ruf der giftigen rübenförmigen Wurzel, die häufig so geteilt oder verästelt ist, daß sie anthropomorph erscheint. Da diese Pflanze jedoch nur im Mittelmeerraum, im Südwesten Türkmeniens und im Himalaya vorkommt, kann sie nicht mit *ayïq otï* gemeint sein. Eine gleichfalls toxisch wirkende rübenartige Wurzel, der man möglicherweise eine ähnliche Effizienz wie der Alraune nachgesagt hat, besitzt die im Usbekischen mit *ayiqot* benannte Wolfsmilchspezies *Euphorbia rapulum*. Sie wächst auf den Berghängen rund um Fergana und dürfte mit Bāburs *ayïq otï* identisch sein.

bādām (3b, 4a–b, 24a, 129b, 225b, 284b) — Mandel, *Prunus dulcis*.

Steingass 137 *bādām* 'an almond', afgh. AfRS 100 *bādám* 'mindal'', usb. UzRS 77 *bådåm* 'mindal''.

In den Gärten von Isfara und Kanibadam zieht man vorwiegend Mandelbäume; die exzellenten Mandeln von Kanibadam (Kand-i-bādām), denen die Stadt ihren Namen verdankt, werden allesamt nach Hormuz oder Hindustan exportiert. Im Umland von Kabul gibt es nur in den kühleren Zonen Mandelbäume. Ein Gesandter überreichte Bābur Mandeln und Pistazien (pistā) aus Gold und Silber, die eigens für die Hochzeitsfeier des ältesten Sohnes von Sulṭān Maḥmūd Mīrzā angefertigt worden waren. Als Zeichen der Unterwerfung brachten die Baloschi dem siegreichen Bābur ein Rassepferd (topïčaq) von der Farbe der Mandelblüte (gul-i bādām). Mit dem Blattwerk der Mandel vergleicht Bābur die etwas schmaleren Blätter der Batokopflaume (paniyālā).

♦ Der Mandelbaum hat lanzettliche Blätter und von einem zarten Rosa überhauchte weiße Blüten. Als Pferdefarbe läßt sich *gul-i bādām* nicht belegen; der Ausdruck wurde von Bābur wahrscheinlich metaphorisch gebraucht, um die ungewöhnliche Felltönung zu charakterisieren, die sich bei einem reinweißen Schimmel mit rötlicher Haut ergibt.

bādāmča (141b) — ein Rosengewächs, *Prunus spinosissima*.

Afgh. AfRS 100 *bādāmčá* 'dikij mindal'', usb. UzRS 77 *bådåmča* 'mindal'nik koljučij'.

Kabul hat den Vorzug, daß man auch bei heftigem Schneefall innerhalb eines Tages Brennholz herbeischaffen kann. Allgemein im Gebrauch ist das reichlich anfallende Holz von *bādāmča*, das allerdings kein lange anhaltendes Feuer erzeugt.

♦ Mit *bādāmča* wird *Prunus spinosissima* benannt, ein 2 m hoher Dornstrauch mit mandelähnlichen Früchten, der an den Berghängen wächst.

badhal (284a) — eine Art Brotfrucht, *Artocarpus lacoocha*.

Drury III: 672 *baral* (H.) 'Artocarpus lacoocha', Platts 153 *baṛhal* 'the tree *Artocarpus lakoocha*, and the fruit thereof'.

"Die *badhal*-Frucht hat etwa die Größe eines Apfels (alma) und keinen üblen Geruch; unreif ist sie ein eigentümlich unschmackhaftes, nutzloses Ding, reif ist sie aber nicht schlecht. Sie wird bei der Reife weich und läßt sich mit den Händen zerteilen, so daß man sie jederzeit essen kann. Ihr Geschmack erinnert dann an den einer überreifen Quitte (bihi); er ist sehr sauer, aber angenehm."

♦ Merkwürdigerweise erwähnt Bābur nicht den widerlichen Gestank der verwandten Jackfrucht (kadhal); seine Aussage zum Geruch des 5–10 cm dicken *badhal* scheint jedoch auf einem Vergleich mit dem in der vorhergehenden Passage behandelten *kadhal* zu beruhen.

bādinǰān (283a) — Eierfrucht, *Solanum melongena.*

Steingass 140 *bādinjān* 'the egg-plant or brinjid', usb. UzRS 332 *påtinǰan* 'baklažan'.

Die Banane (kelā) ist wesentlich länger und dünner als die Eierfrucht.

♦ Die blaurote oder gelbweiße Eierfrucht, die vermutlich aus Indien stammt, hat die Größe und Form eines Hühnereis. Sie wird in den zentralasiatischen Oasen kultiviert; bereits Kāšġarī zitiert sie DLT 225 mit *bütügä* 'al-bāḏinǰān'.

bādrang (129b) — Lange Gurke, *Cucumis utilissimus.*

Steingass 139 *bād-rang* 'a species of cucumber; an orange', *bād-rangīn* 'a species of large cucumber', afgh. AfRS 101 *bādráng* ~ *badrangán* 'ogurec', Platts 119 *bād-rang* 'orange; kind of citron; a species of cucumber', usb. BAL 96, Nr. 297 *bådring* 'ogurec posevnoj'.

Die *bādrang*-Gurken, die man rund um Kabul züchtet, sind von guter Qualität.

♦ Thackston übersetzt *bādrang* mit 'citrus fruits'; da aber die in Kabul erhältlichen Orangen und Zitronen alle aus Laghman stammen, wo das heiße Klima den Anbau von Zitrusfrüchten erlaubt, kann hier unter *bādrang* nur eine bestimmte Gurkenart zu verstehen sein. Vermutlich ist mit *bādrang* die über Monate haltbare und deshalb als Proviant besonders geschätzte *Cucumis utilissimus* gemeint, die nach Balfour I: 852 im Persischen *khiyār-i-bādrang* '*bādrang*-Gurke' heißt.

baǰaurī (286b) — Zitrone, *Citrus medica.*

In Hindustan werden die Zitronen (turunǰ) mit *baǰaurī* benannt.

♦ Bonavia (S. 235) führt den Namen *baǰaurī* auf die Herkunft zurück, denn die Frucht ist wahrscheinlich von Badschaur nach Nordindien gelangt. Wie Bonavia konstatiert, bezeichnet man in Indien die dickschalige Zitrone, *Citrus medica* meistens mit *turunj*, die dünnhäutige Limonen-Zitrone *Citrus medica* var. *bajoura* hingegen mit *bajoura* (S. 64). Die Varietät *bajoura* wird wegen ihres sauren Saftes häufig für die echte *sui-gul* 'needle-melter' gehalten (S. 69), s. Platts 703 *sū'ī-gal* 'a very acid kind of lemon (the juice of which is said to dissolve needles)'.

bālang (286b) — Zitrone, *Citrus medica.*

Steingass 151 *bālang* 'an orange; a cucumber', afgh. AfRS 105 *bāláng* 'krupnyj pomeranec', Platts 125 *bālangū* 'a species of citron = *bādrang*'.

Die Einwohner von Badschaur und Swat nennen die Zitronen (turunǰ) *bālang*; deshalb heißt die aus Zitronenschalen hergestellte Marmelade *murabbā-yi bālang.*

♦ Da Bābur vermerkt, daß die sauerschmeckende *turunǰ*-Art sowohl in Badschaur wie in Hindustan vorkommt, erfaßt *bālang* vermutlich gleichfalls die *Citrus medica* var. *bajoura*.

balūt (135a, 136b, 137a, 140b, 141b, 245b) — Steineiche, *Quercus ilex*.

Steingass 199 *ballūṯ* 'an oak', afgh. AfRS 128 *balút* 'dub kamennyj – *Quercus ilex*', ttü. Stw 744 *pelit* 'Steineiche, Quercus ilex', as. ARS 281 *palïd* 'dub', usb. UzRS 80 *bålut* 'dub'.

Viele Steineichen wachsen in den Bergen von Nidschrao, Laghman, Badschaur und Swat, aber ebenso in Hindustan. Auch zu Seiten der Chwadscha Seyaran-Quelle bei Istalif gibt es zwei Steineichenhaine; in den Bergen westlich von Kabul sind Steineichen nur an dieser Stelle zu finden. Das Holz der Steineiche ist ein vorzüglicher Brennstoff; es lodert nicht hoch wie das Holz des Mastixbaumes (ḫanǰak), erzeugt jedoch ebenfalls ein heißes Feuer und viel glühende Asche. Beim Anbrennen zeigt es eine Besonderheit; wenn ein belaubter Zweig angezündet wird, gerät er sofort unter lautem Geknister vom einem zum anderen Ende in Brand. Es macht deshalb einen Riesenspaß, dieses Holz brennen zu sehen; während eines improvisierten Weingelages amüsierten sich Bābur und seine Gefährten mit dem Anzünden von Steineichenästen.

♦ Die immergrüne Steineiche kommt in Höhenlagen von 1500–2400 m vor; ihr hartes Holz eignet sich nicht nur als Brennstoff, sondern wird auch zu Holzkohle verarbeitet.

banafša (3a) — Veilchen, *Viola*.

Steingass 203 *banafsha* 'violet', usb. UzRS 73 *binafša* 'fialka'.

Der Frühling in Fergana verbindet sich für Bābur mit den wunderschönen Veilchen in den Gärten von Osch.

♦ Wohl in Erinnerung an seine Jugend hat Bābur in Kabul den *Bāġ-i Banafša*, den Veilchengarten, anlegen lassen.

bar yïġačï (145b, 233a) — Banyanbaum, *Ficus benghalensis* (= Ficus indica).

Drury III: 672 *bar* (H.) 'Ficus Indica', Platts 151 *baṛ* 'the banyan or Indian fig-tree, *Ficus indica*'.

Als Bābur bei seinem ersten Hindustan-Feldzug (1505) in der Nähe von Peschawar kampierte, nahm er die Gelegenheit wahr, um das antike Bigram und seinen riesigen Banyanbaum zu besichtigen.

♦ Der Banyanbaum wird bis zu 24 m hoch und sehr alt; er bildet zahlreiche Luftwurzeln, die sich in das Erdreich einbohren und die größeren Äste abstützen, die ihrerseits weitere Luftwurzeln treiben. Bei besonders ausladenden Banyanbäumen kann die Krone einen Durchmesser von ca. 100 m und einen Umfang von bis zu 270 m erreichen; als Stützpfeiler einer solch immensen Krone dienen Hunderte von Luftwurzeln, die sich zu mehr oder weniger kräftigen Stämmen entwickelt haben.

ber (284a) — Jujube, *Zizyphus jujuba* (= Rhamnus zizyphus).

Brandis 169 *bēr* (Hind.) 'Zizyphus Jujuba', Platts 208 *ber* 'the jujube tree, *Zizyphus jujuba*, or *Z. scandens*; the fruit of the jujube, plum; the lote-fruit, *Rhamnus zizyphus*'.

"Die Jujube, die im Persischen *kunār* genannt werden soll, gibt es in vielen Varietäten; eine Art ist größer als *ālūča*, und eine Art ist wie die *ḥusaynī*-Traube geformt. Meistens sind die Jujuben nicht sonderlich gut; in Bhander schmecken sie aber ausgezeichnet. Im Zeichen von Stier und Zwillingen wirft der Jujubenbaum seine Blätter ab, unter Krebs und Löwe – in der Regenzeit – treibt er wieder aus und ergrünt, unter Wassermann und Fischen reifen seine Früchte."

♦ Bābur gibt sehr exakt die für Hindustan geltende zeitliche Abfolge von Ruhe-, Wachstums- und Reifephase des Jujubenbaumes an. Auch seine Beobachtungen hinsichtlich der Früchte sind zutreffend, denn sie können in Größe oder Form stark differieren und haben nur im frischen Zustand einen angenehmen apfelartigen Geschmack. Mit *kunār* wird nicht die Jujube, sondern die Lotosfrucht, *Zizyphus lotus* benannt; das aus getrockneten Jujuben gewonnene Pulver bezeichnet man jedoch als *ārad-i kunār* (Balfour III: 1130).

bihi (129b, 284a, 286b, 287a) — Quitte, *Cydonia oblonga* (= Cydonia vulgaris).

Steingass 212 *bihi* 'a quince', Brandis 289 *bihi* (Hind.) 'Quince, Cydonia vulgaris', tkm. TuRS 84 *beyi* 'ajva (derevo i plod)', usb. UzRS 70 *behi* ~ 77 *bihi* 'ajva (derevo i plody)', nuig. Schwarz 958 *biyä* 'quince (Cydonia oblonga)'.

Bābur rühmt die sehr gute Qualität der in den gemäßigt temperierten Gebieten rund um Kabul gezogenen Quitten. Er vergleicht die *badhal*-Frucht in der Größe mit einem Apfel (alma) – laut Elphinstone-Kodex mit einer Quitte – und im Geschmack mit einer überreifen Quitte; die Orangen (nāranǰ) von Badschaur sind so groß wie Quitten, und der *sadāfal* hat die Farbe der Quitte.

♦ Die etwa 8 cm langen Quitten werden nach ihrer Form in Apfelquitten, *Cydonia oblonga* var. *maliformis* und Birnquitten, *Cydonia oblonga* var. *pyriformis* unterteilt. Bābur meint mit *bihi* vermutlich die aromatischen gelben oder zitronengelben Apfelquitten, die unregelmäßig kugelig gestaltet sind und sich daher zum Vergleich mit *nāranǰ* eignen. Die *sadāfal* genannte Zitrusfrucht beschreibt Bābur zwar als quittenfarben, assoziiert sie aber von der Form her nicht mit der Quitte, sondern mit der Birne (amrūd).

buġday (132a) — Weizen, *Triticum aestivum.*

PdC 172 *buġday* 'blé', usb. UzRS 93 *buġdåy* 'pšenica'; gtü.

Im Distrikt Nangarhar wächst der Weizen ausgezeichnet.

♦ Getreide erfaßt Bābur im allgemeinen mit dem Sammelbegriff *ašlïġ*; den Weizen hebt er hier offenbar deshalb namentlich hervor, weil man in Nangarhar überdurchschnittliche Ernten einbringt. Der Weizen, der an den Ausläufern der Berge angebaut wird, braucht zu seinem Gedeihen sehr viel Feuchtigkeit; diese wesentliche

Voraussetzung ist in Nangarhar gegeben, da die vom Safed Koh herabkommenden Gießbäche für eine optimale Bewässerung sorgen.

buya (283a) — Süßholz, *Glycyrrhiza*.

As. ARS 64 *biyan*, tkm. TuRS 122 *buyan*, kkp. KkRS 115 *boyan* 'solodka', nuig. Schwarz 963 *çüçükbuya* ~ *qara buya* 'licorice root (Glycyrrhiza uralensis)'.

Den Blättern des Süßholzes ähneln die Blätter des Tamarindenbaumes (amblī), die jedoch feiner geschnitten sind.

♦ Sowohl Süßholz wie Tamarindenbaum haben gefiederte Blätter; als *barg* 'Blatt' bezeichnet Bābur die einzelnen Fiederblättchen. Thackston übersetzt *buya*, das erstmals im *Codex Cumanicus* in der Bedeutung 'Lakritze, requiricium' (Grønbech 1942: 70) nachweisbar ist, mit 'laurel'; der Lorbeerbaum, *Laurus nobilis* ist aber ein mediterranes Gewächs, dessen lederige Blätter nicht gefiedert, sondern lanzettlich sind. Unter Bezug auf Scully/Plants 218 definiert Beveridge *buya* als '*Sophora alopecuroides*, a leguminous plant' (S. 505, Fn. 2). Auch diese Pflanze wird im Osttürkischen *buya* genannt, unterscheidet sich jedoch vom Süßholz durch ihr weißbehaartes Blattwerk. Da der Tamarindenbaum leuchtendgrüne Blätter hat, kann Bābur mit *buya* nur das grünblättrige Süßholz gemeint haben. Als Bezeichnung für das Süßholz sind neben *buya* und seinen Varianten die durch den Wechsel *b-* > *m-* entstandenen Formen *mïya* ~ *mïyan* ~ *meyan* gebräuchlich.

bütägä otï (140b) — Büschelhaargras, *Stipa capillata*.

Kum. KuRS 73 *böteke* 'vid kovylja', kas. KaRS 92, kirg. KiRS 132, nog. NRS 79 *betege* 'peristyj kovyl''.

Bābur berichtet, daß auf den Sommerweiden der Berge von Andarab, Chwast und Badachschan vorwiegend *bütägä otï* wächst, das sich besonders als Pferdefutter eignet. Er fügt hinzu, daß man dieses Gras in Andischan *bütägä otï* nennt, er aber nie gewußt hat, warum man das tut. Angesichts der Wiesen im nordöstlichen Bergland der Provinz Kabul kommt er zu der Erkenntnis, daß das Gras so heißt, weil es *bütä bütä* hervorkommt.

♦ Beveridge macht zu Bāburs Äußerung folgende Anmerkung: "Bābur's statement about this fodder is not easy to translate; he must have seen grass grow in tufts, and must have known the Persian word *būta* (bush). Perhaps *kāh* should be read to mean plant, not grass" (S. 222, Fn. 1). Bei *kāh* handelt es sich allerdings nicht um das persische Wort für Gras, sondern um das türkische Suffix *-gä*. Da *bütägä*-Gras in Büscheln auftritt, führt Bābur *bütägä* auf *bütä bütä* zurück, s. mong. Lessing 141 *buta buta* 'in heaps, piles, or bunches'. Thackston folgt Bāburs Deutung und übersetzt *bütägä otï* mit 'clump-grass'.

Clauson hält *bütägä*, das er zu DLT 225 *bütügä* 'al-bāḏinǰān' stellt, für ein iranisches Lehnwort. Seines Erachtens war der Autor des *Sanglaḫ* derselben Ansicht, da er in der Übersetzung das Wort *būta* benutzt, s. *Sanglaḫ* 130v, 6 *bütägä* 'the name of a kind of plant which grows in clumps (būta būta) in the plains' (zitiert nach EDPT 304). Muḥammad Mahdī Ḫān erklärt *bütägä* aber anhand von Bāburs Schilderung und hat folglich auch den Ausdruck *bütä bütä* (būta būta) übernommen. Bābur kannte die Bezeichnung *bütägä otï* aus Andischan, wo generell ein mit der schriftsprachlichen Norm übereinstimmendes Türkisch gesprochen wurde, wie er f. 2b anmerkt. Dies scheint auf eine türkische Herkunft des Pflanzennamens hinzuweisen; dem widerspricht nicht, daß der Wortsinn von *bütägä* für Bābur zunächst undurchsichtig war, denn das Benennungsmotiv erschließt sich oft aus dem Detail. Neben seiner auf einer spontanen Eingebung beruhenden Auslegung bietet sich deshalb noch eine andere Interpretation an. Im Tschaghataischen läßt sich *bütägä* zum einen für das im *Bābur-nāme* erwähnte Gras belegen, unter dem offenbar eine Pfriemengrasspezies zu verstehen ist, zum andern für 'Vogelkropf', s. PdC 162 *bütägä* 'poche des oiseaux'; in beiden Bedeutungen kommt der Begriff gleichfalls im Kalmückischen vor, s. KW 43 *betᵊgə* '1. Vogelkropf; 2. Pfriemengras'. Die Übertragung einer Tierkörperteilbezeichnung auf Gewächse stellt ein wesentliches Moment der türkischen Pflanzenlexik dar. Auch das Pfriemengras, *Stipa* könnte metaphorisch mit *bütägä* 'Vogelkropf' benannt worden sein, und zwar im Hinblick auf seine Rispe, die während der Blüte teilweise oder ganz von der obersten Blattscheide kropfartig umschlossen ist. Ebenso dürfte das in DLT zitierte *bütǖgä* die Eierfrucht, *Solanum melongena* als einen Vogelkropf umschreiben.

Im *Bābur-nāme* erfaßt *bütägä otï* wahrscheinlich das als exzellentes Pferdefutter bekannte Büschelhaargras, *Stipa capillata*, das im Kirgisischen KiRS 414 *ködöö* heißt, wörtlich 'Geschwulst (bei Pferden und Hornvieh)', womit sich eine semantische Parellele zu *bütägä otï* 'Vogelkropfgras' ergibt. Büschelhaargras bildet keinen Rasenteppich, sondern wächst gemäß Bāburs Schilderung in Horsten, die sich wie einzelne Büschel vom Boden abheben; der Name *Büschelhaargras* bezieht sich jedoch auf die in einem Büschel zusammenstehenden langen Grannen. Im modernen Sprachgebrauch bezeichnet *bütägä* bzw. das vermutlich aus dem Kalmückischen rückentlehnte *betege* das Pfriemengras, ist aber zudem auf einige in der Wuchsform übereinstimmende Gräser übertragen worden. Die Rispengrasart *Poa botryoides* wird mit ba. BRS 126 *bütägä* 'mjatlik kistovidnyj' benannt, das Borstgras, *Nardus stricta* im Dialekt von Orenburg und im Mischär-Tatarischen mit TTDS 592 *bütäkä* bzw. *bütäkä ülän* 'belous', der Schwingel, *Festuca* mit kas. QSE II: 314 *betege* 'Festuca', kirg. KiRS 132, nog. NRS 79 *betege* 'ovsjanica, tipčak', usb. ÖÖA 54 *betaga* 'Festuca'.

čaka (284a–b) — Heckenkirsche, *Lonicera*.

Afgh. AfRS 319 *čakadānā* 'jagoda žimolosti'.

Die *čaka* der Provinz Kabul wächst in Büschen (bütä bütä) wie der *karaunda*, und zwar auf den Bergen, während *karaunda* in den Niederungen vorkommt.

♦ Beveridge liest ČKA als *čika*; sie vermutet, daß *čika* mit *čikda*/*čigdä* gleichzusetzen ist, da Bābur von *bizing vilāyatnïng čikasi* spricht und in seiner Beschreibung von Kabul *čikda* unter dem persischen Namen *sinjid* angeführt hat (S. 507,

Fn. 5). Ihre Annahme dürfte jedoch kaum zutreffen; im Gegensatz zu dem strauchigen *karaunda* ist die Ölweide ein bis zu 8 m hoher Baum, den man vornehmlich in den Waldungen entlang der Steppenflüsse antrifft. Bei der Lesung *čaka* bietet sich ein Zusammenhang mit der afghanischen Bezeichnung *čakadānā* an; sie bedeutet wörtlich 'Fingerbeere' und bezieht sich wie ttü. Stw 364 *hanımparmağı* 'echtes Geißblatt, Lonicera caprifolium', wörtlich 'Frauenfinger', auf die Form der glatthäutigen Heckenkirsche. Der Heckenkirschenstrauch ist an den Berghängen Afghanistans mit der Spezies *Lonicera stenantha* vertreten, die zwar keine Dornen wie *karaunda*, aber spitzige Kurztriebe hat und gleichfalls blauschwarze Beeren trägt.

čampā (288a) — Arabischer Jasmin, *Jasminum sambac*.

Brandis 449 *chamba* (Hind.) 'Jasminum Sambac'.

"Eine weißblühende Jasminart wird *čampā* genannt; sie hat einen höheren Wuchs als die Jasminsträucher (yāsaman) der Provinz Kabul (bizing yer) und auch intensiver duftende Blüten."

♦ Beveridge (S. 515, Fn. 1) verweist darauf, daß *čampā* nicht den Jasmin, sondern den Champakabaum bezeichnet, s. Platts 441 *ćampā* 'the tree *Michelia champaca* (bearing a fragrant yellow flower)'; in der persischen Übersetzung ist *čampā* deshalb durch *čambelī* ersetzt, s. Platts 441 *ćambelī* 'the jasmine, *Jasminum grandiflorum*'. Bābur hat aber *čampā* keineswegs mit *čambelī* verwechselt, denn er meint den Arabischen Jasmin, der in Hindustan *čamba* heißt. Dieser kletternde Jasmin wird höher als die in Afghanistan vorkommenden Arten *Jasminum officinale* und *Jasminum humile*. Er hat weiße Blüten, die kleinen Rosen ähneln und einen starken Wohlgeruch ausströmen.

čanār (136b, 235b) — Morgenländische Platane, *Platanus orientalis*.

Steingass 399 *chanār* 'a plane-tree', afgh. AfRS 321 *činár* 'činar – *Platanus orientalis*', usb. UzRS 522 *činår* 'činar, platan'.

Außerhalb von Bāburs Garten in Istalif befand sich ein Rastplatz mit herrlichen großen Platanen, und auch die in der Nähe gelegene Chwadscha Seyaran-Quelle entspringt im Schatten von Platanen. Unweit der Quelle ließ Bābur auf einem Abhang eine Terrasse errichten und mit Platanen sowie Weiden (tal) umpflanzen.

♦ Die Morgenländische Platane erreicht eine Höhe von mehr als 20 m und wird vor allem als Schattenspender geschätzt; in Afghanistan ist sie nur wenig verbreitet.

čigdä (283b) — die Frucht der Ölweide, *Elaeagnus angustifolia*.

Ttü. Stw 416 *iğde* 'Ölweide, Elaeagnus; säuerliche Frucht der Ölweide', as. ARS 168 *iydä*, tkm. TR 16 *igde* 'lox', kas. KaRS 176 *žiyde* 'džida', kirg. KiRS 254, kkp. KkRS 250 *žiyde*, usb. UzRS 153 *žiyda* 'džida; plody džidy', nuig. Schwarz 962 *jigdä* 'narrow-leafed oleaster (Elaeagnus angustifolia)'.

Mit *čigdä* vergleicht Bābur die etwas schmalere gelbe Frucht des *kirnī*-Baumes.

♦ In älteren Lexika ist *čigdä* vornehmlich im Sinne von 'Jujube' belegt, s. PdC 307 *čigde* 'jujube rouge', Zenker 379 *čigde* 'sinjid; jujube rouge; die rothe Brustbeere' und Redhouse 301 *igde* 'a variety of jujube, fruit of Zyzyphus jujuba'. Bei Scully/Plants 219 wird *jigda* in der Bedeutung 'a species of Oleaster, *Eleagnus angustifolia*' angeführt. Beveridge definiert *čigdä* mit *Elaeagnus angustifolia*, übersetzt den Begriff aber mit 'red jujube'. Da der Jujubenbaum, *Zizyphus jujuba* in Zentralasien nicht heimisch ist und außerdem zinnoberrote Früchte trägt, dürfte Bābur mit *čigdä* die Ölweide bzw. deren 2 cm lange olivenförmige gelbliche Steinfrucht gemeint haben. Der Begriff *čigdä* ~ *yigdä* benennt generell die Ölweide, kann aber in Gebieten, wo Ölweide und Jujubenbaum gemeinsam vorkommen, für beide Pflanzen gebräuchlich sein; im Türkeitürkischen unterscheidet man Stw 416 *iğde* 'Ölweide' und Stw 185 *çiğde* 'Jujube, Zizyphus vulgaris'. Die speziell als Droge verwendete Jujube wird bei den Türkvölkern im allgemeinen mit *qïzïl žiyde* 'rote *žiyde*' oder den Lehnwörtern *čïlan* und *(h)ünnap* bezeichnet.

čigin tala otï (135b) — Hühnerhirse, *Echinochloa crus-galli* (= Panicum crus-galli).

Scully/Plants 220 *chujun áut* 'a species of Millet, *Panicum crus-galli*', tkm. TR 95 *čigin* 'exinoxloa', kkp. KkRS 736 *šigin* 'šigin (rastenie, rastuščee na risovyx poljax)'.

Bābur erwähnt, daß die Nomaden zur Sommerzeit die üppig mit *čigin tala*-Gras bewachsenen Landstreifen zwischen dem Baran und den angrenzenden Vorbergen aufsuchen.

♦ Unter *čigin tala otï* ist wahrscheinlich die einjährige Hühnerhirse zu verstehen, die spät keimt und daher erst im Sommer in Erscheinung tritt. Sie wird vom Weidevieh gerne gefressen, eignet sich aber lediglich bis zur Blüte – d.h., solange sie *tala* 'grün' ist – als Futtergras. Kāšġarī erklärt DLT 209 *čigin* mit 'eine Pflanze, die zwischen den Weinstöcken wächst, Ähren bildet und als Viehfutter verwendet wird'. Das *Sanglaẖ* beschreibt 220r, 22 *čigin* als 'black seeds which grow among the rice fields and have sharp ends like rice' (zitiert nach EDPT 415); damit kann nur die Hühnerhirse gemeint sein, die als Unkraut in Reisfeldern wächst und wie der Reis in einer Granne endende Ährchen hat. Falls *čigin* ein Derivat von *čig-* 'verknoten' ist, bezieht sich der Name auf die wie kleine Knoten an der Ährenrispe sitzenden Ährchen.

čirūnjī (284b) — ein Anakardengewächs, *Buchanania latifolia* (= Chironjia sapida).

Brandis 205 *chironji* (Mar.) 'Buchanania latifolia', Platts 431 *čironjī* 'the nut of the *Chironjia sapida*; the tree *Chironjia sapida*'.

"Der *čirūnjī*-Baum soll in den Bergen wachsen; später habe ich festgestellt, daß er auch in meinen Gärten an drei oder vier Stellen vorkam. Er ähnelt sehr dem Butterbaum (mahua). Sein Kern schmeckt nicht schlecht; er ist ein Mittelding zwischen Walnuß (yangaq) und Mandel (bādām), ein wenig schmaler als eine Pistaziennuß (pistā), jedoch rund. Die *čirūnǰī*-Kerne werden Süßspeisen und Konfekt beigegeben."

♦ Sowohl *čirūnǰī* wie *mahua* sind starkverzweigte Bäume und haben bis zu 20 cm lange bzw. 10 cm breite ovale Blätter; dies ist das einzige Mal, daß Bābur zwei indische Gewächse miteinander vergleicht. Der in den humiden Bergzonen Hindustans verbreitete *čirūnǰī*-Baum trägt 1,25 cm dicke schwarze Steinfrüchte, die nur wenig Fleisch, aber einen harten eßbaren Kern enthalten. Die als Leckerbissen geltenden Kerne werden für Zuckerwerk gebraucht oder geröstet gegessen.

dāna-kalān (3a) — eine Granatapfelsorte.

Diese exzellente Granatapfelvarietät wird in Margelan gezüchtet und übertrifft selbst die Granatäpfel von Simnan; in ihrer Süße ist ein wenig von dem angenehmen Geschmack der *zardālū* genannten Aprikosensorte.

♦ Der Ausdruck *dāna-kalān*, wörtlich 'große Kerne', bezieht sich auf die in das Fruchtfleisch des Granatapfels eingebetteten eßbaren Samen, die roten Johannisbeeren ähneln und einen ebenso säuerlichen Geschmack haben. Das Fruchtfleisch des Granatapfels ist generell süß, bei *dāna-kalān* jedoch offenbar säuerlich-süß, denn diese Geschmacksnuance wurde von Bābur als angenehm empfunden.

erkäk qamïš (288a) — Seidengras, *Erianthus ravennae*.

Tkm. TR 26 *erkekgamïš* 'eriantus', kas. RK 21 *erkekqamïs* 'eriant', usb. BAL 112, Nr. 373 *erkakqamič* 'gornyj kamyš'.

Bevor sich der Stamm bildet, sieht der Schößling der Schraubenpalme (keorā) wie ein *erkäk qamïš*-Büschel aus; seine Blätter sind aber flacher und zudem bestachelt.

♦ Beveridge hält *erkäk qamïš*, das bei Le Coq 1922: 120 mit *ärkắk qōmúš* 'männliche Rohrpflanze' zitiert wird, für eine in Transoxanien verbreitete Spezies von *Arundo* oder *Calamus* (S. 514, Fn. 5). Mit *erkäk qamïš*, wörtlich 'Mannsschilf', dürfte jedoch das Seidengras gemeint sein, das in dichten Horsten wächst und am Grund 50–100 cm lange schilfartige Blätter hat. Den Namen *erkäk qamïš* verdankt das Seidengras vermutlich seinem 4 m hohen Halm, mit dem es die Blütenstände anderer Rohrgräser bei weitem übertrifft.

funduq (284a) — Haselnuß, *Corylus avellana*.

Steingass 939 *funduq* 'a filbert nut', ttü. Stw 300 *fındık* 'Haselnuß'.

Bābur vergleicht die Kerne der Jackfrucht (kadhal) mit Haselnüssen.

♦ Die ovoiden Kerne der Haselnuß enthalten wie die nierenförmigen Jackfruchtkerne ein fettes Öl und werden gleichfalls geröstet verzehrt.

gadhal (287b) — Syrischer Eibisch, *Hibiscus syriacus*.

Platts 909 *guṛhal* 'the shoe-flower, the plant *Hibiscus syriacus*'.

Einige Hindustani benennen mit *gadhal* auch den Roseneibisch (ǰāsūn).

♦ Die Namensübertragung orientiert sich an der übereinstimmenden Blütenform; sie könnte aber zudem die Verwendung der rosenartigen Blüten einbeziehen, denn die Blütenblätter beider Eibischarten werden zum Schwärzen der Augenbrauen und zum Schwarzfärben von Schuhleder benutzt.

galgal līmū (287a) — eine orangenähnliche Frucht.

Steingass 1095 *gal-gal* 'a very acid kind of citron', Platts 913 *galgal* 'a citron'.

"Der große *līmū* wird in Hindustan *galgal līmū* genannt. Er ähnelt in der Gestalt einem Gänseei, doch sind die Enden nicht wie beim Gänseei zugespitzt; seine Haut ist so glatt wie die Haut des *sangtāra*, und er ist erstaunlich saftig."

♦ Bābur unterscheidet den *galgal līmū* von dem lediglich hühnereigroßen *līmū* als 'großen *līmū*'; da er die Frucht als *līmū* einordnet, dürfte sie einen beträchtlichen Säuregehalt haben. Auf ihren sauren Geschmack verweist *galgal* < *gal* 'Schmelzofen', s. Platts 703 *sū'ī-gal* 'a very acid kind of lemon (the juice of which is said to dissolve needles)', wörtlich 'Nadelschmelzofen'. Bonavia (S. 74) hält *galgal* (gulgul) für eine sehr große Limone; sie ist vermutlich mit *Citrus limon* var. *gigantea* identisch.

gul (3a, 136a, 202a, 287b, 300a) — Edelrose, *Rosa*.

Steingass 1092 *gul* 'a rose', usb. UzRS 113 *gul* 'roza'.

Mit *gul* verbindet Bābur speziell rote Rosen; sie blühten in den Gärten von Osch, aber ebenso in seinem *Čār-bāġ* in Agra, wo sie gemeinsam mit weißen Rosen (nastaran) wunderbare Rabatten bildeten. An den Berghängen zu Seiten des Baran fand Bābur eine wilde Tulpe, die er *lāla-i gulboy* 'Rosendufttulpe' genannt hat, weil ihr Duft ein wenig dem der roten Rose ähnelte. Von Form und Farbe her vergleicht er die Blüte des Roseneibischs (ǰāsūn) mit einer roten Rose. In einem Gasel Bāburs fungiert die Knospe der roten Rose als Symbol seines Herzens: *Mening könglüm ki gulning ġunčasï dek tah ba tah qan dur / agar yüz ming bahār olsa ačïlmaqï ne imkān dur?* 'Mein Herz ist wie die Rosenknospe Falte um Falte aus Blut / auch wenn es hunderttausendmal Frühling wird, kann es sich jemals öffnen?'.

♦ Unter *qïzïl gul* ist wahrscheinlich die gefüllte Bengalrose, *Rosa chinensis* zu verstehen, eine niedrige, starkverzweigte Rose mit einem lange dauernden purpurroten Flor. Bāburs Neigung, Dingen einen seinen eigenen Vorstellungen entsprechenden Namen zu geben, läßt sich mehrfach nachweisen.

gūlar (284b) — eine wilde Feigenart, *Ficus glomerata*.

Drury III: 676 *goolar* (H.) 'Ficus racemosa', Brandis 609 *gular* (Hind.) 'Ficus glomerata', Platts 926 *gūlar* 'the wild fig, *Ficus glomerata*'.

"Die Frucht von *gūlar* kommt aus dem Stamm hervor und ähnelt darin der Feige (anǰīr); sie ist jedoch eigentümlich unschmackhaft."

♦ Die 2,5–3,7 cm großen Scheinfrüchte von *Ficus glomerata* sitzen wie die echten Feigen direkt am Stamm oder an den größeren Zweigen; sie werden nur von der ärmeren Bevölkerung gegessen.

gul-čikān (283a) — die Blüte des Butterbaums, *Madhuca indica* (= Bassia latifolia).

Steingass 1094 *gul-chikān* 'the flower of the Bassia latifolia', Platts 911 *gul-čikān* 'the flower of the *Mahu'a* or *Bassia latifolia*'.

Die Blüte des Butterbaums (mahua) wird auch *gul-čikān* genannt.

♦ Die Butterbaumblüten bezeichnet man wie den Baum mit *mahua*, zudem aber mit *gul-čikān*; der Ausdruck bedeutet wörtlich 'Tröpfelblüte' und bezieht sich auf die weißlichen Harztropfen, die an den Spitzen der ungeöffneten Blüten hängen.

ġarāw (288a) — eine Art Schilf.

Steingass 885 *g͟harw* 'a reed', usb. UzRS 641 *ġaråw* 'vid trostnika'.

Den Blättern von *ġarāw* gleichen die langen Blätter der Schraubenpalme (keorā).

♦ Bei Vullers II: 607 wird *ġarw* mit 'arundo; fistula cannis s. arundine facta' definiert; der Begriff erfaßt zum einen das im mediterranen Raum heimische Pfahlrohr, *Arundo donax*, zum andern eine aus Pfahlrohr hergestellte Schreibfeder. Das arabische Pendant *qalam* < gr. *kálamos* 'Schilf, Schreibrohr' bezeichnet nur die Schreibfeder und wurde in diesem Sinne ins Türkeitürkische entlehnt, s. Stw 473 *kalem* 'Schreibrohr', aber auch 474 *kalem kamışı* 'Pfahlrohr, Arundo donax'. Im Usbekischen benennt *qalam* sowohl das Schreibrohr wie das langblättrige wilde Zuckerrohr, *Saccharum spontaneum*, aus dessen Halmen man noch heute Schreibfedern schneidet, s. UzRS 601 *qalam* 'kaljam (trostnikovoe pero)' und BAL 185, Nr. 732 *qalam* 'saxarnyj trostnik dikij'. Wahrscheinlich hat Bābur *ġarāw* für das wilde Zuckerrohr benutzt, das in seiner Heimat anstelle von Pfahlrohr zur Anfertigung von Schreibfedern diente; usb. *ġaråw* 'eine Art Schilf' könnte gleichfalls ein Synonym für *qalam* 'wildes Zuckerrohr' sein.

ġaynālū (283b) — Hauspflaume, *Prunus domestica*.

Kirg. KiRS 320 *qaynalï* 'dikaja sliva', usb. BAL 171, Nr. 672 *ġaynåli* 'sliva domašnjaja', nuig. Schwarz 971 *ġäynülä* 'dark plum (Prunus mume)'.

Die Karambole (kamrak) ist etwa so dick wie *ġaynālū*.

♦ Da die Karambole einen Durchmesser von 3–6 cm hat, dürfte mit *ġaynālū* eine zu den Eierpflaumen zählende Hauspflaumensorte gemeint sein; eine Variante von *ġaynālū* ist *'aynālū*, bei Le Coq 1922: 126 mit 'eine Art blaue Pflaume' erklärt.

ġoza (284b) — Baumwolle, *Gossypium herbaceum*.

Steingass 898 *g͟hoza* 'a cotton-pod', kas. KaRS 445 *qoza* 'xlopok-syrec', kirg. KiRS 177 *gozo* 'xlopok (rastenie)', usb. UzRS 646 *ġoza* 'xlopčatnik'.

Die Myrobalane (āmlā) sieht wie eine Baumwollkapsel (ġozanïng ġunčasï) aus.

♦ Bābur gebraucht *ġoza* nicht im Sinne von pers. *ghoza*, sondern in Entsprechung zu usb. *ġoza* als Benennung für die Baumwollpflanze. Mit *ġozanïng ġunčasï*, wörtlich 'Baumwollknospe', umschreibt er die reife braune Baumwollkapsel, bevor ihre drei bis fünf Klappen aufgesprungen sind. Sie entspricht in Form und Farbe der in mehrere Seiten eingeteilten bräunlichen Myrobalane.

ḥanẓal (243a) — Bittergurke, *Citrullus colocynthis.*

Steingass 432 *ḥanẓal* 'the wild gourd, colocynth', afgh. AfRS 361 *hanzál* 'kolokvint'.

Unter der Einwirkung von Madschun, einer psychedelischen Droge, reizte es Bābur zu einem Schabernack; mit den Worten "Dies ist die Wassermelone (hinduwāna) von Hindustan" zerschnitt er eine Bittergurke und reichte eine Scheibe davon einem seiner Gefolgsleute. Der Mann, der diese Frucht noch nie gesehen hatte, biß erwartungsfroh hinein; er behielt ihren bitteren Geschmack bis zum Abend im Mund.

♦ Die gelben oder grünen Bittergurken ähneln mit ihrer gefleckten und gestreiften Schale der Wassermelone, *Citrullus lanatus*, sind aber nur so groß wie ein Apfel. Das sehr bittere Fruchtfleisch ist nicht genießbar; es wird als Abführmittel benutzt.

hinduwāna (156b, 243a) — Wassermelone, *Citrullus lanatus.*

Steingass 1514 *hinduwāna* 'a pumpkin, water-melon', afgh. AfRS 977 *hindvāná* 'arbuz', Platts 1236 *hinduwāna* 'a watermelon; a pumpkin'.

Bābur erwähnt, daß man die in Chorasan zur Herabsetzung von Fieber gebräuchliche Wassermelone bei seiner Mutter erfolglos angewendet hat. An anderer Stelle gibt er die Bittergurke (ḥanẓal) als die Wassermelone Hindustans aus.

♦ Die Samen der Wassermelone werden noch heute in der türkmenischen Volksmedizin als fiebersenkendes Mittel benutzt.

ḥusaynī üzüm (284a) — eine Weintraubensorte.

Afgh. AfRS 356 *husajní angúr* 'damskie pal'čiki (sort vinograd)', Platts 477 *ḥusainī* 'a species of grape', usb. UzRS 664 *husayni* 'xusajnij, damskie pal'čiki (nazvanie sorta vinograda)'.

Eine Varietät der Jujube (ber) ist wie die *ḥusaynī*-Traube geformt.

♦ Die in Kabul gezüchtete *ḥusaynī*-Traube hat große, längliche rötliche Beeren; s. afgh. AfRS 356 *husajní* 'krasnyj, rozovyj (v nazvanijax rastenij ili ptic)'.

ḫanǰak (135a, 140b, 141b) — Ostindischer Mastixbaum, *Pistacia mutica* (= Pistacia cabulica).

Afgh. AfRS 382 *xanžák* 'xindžak (vid fistaški)', Brandis 199 *khanjak* (Peshin) 'Pistacia mutica', Balfour III: 226 *khinjak* 'Pistacia cabulica'.

In den Bergen von Nidschrao, Laghman, Badschaur und Swat gibt es unzählige Mastixbäume. Das *ḫanǰak*-Holz ist sowohl trocken wie feucht ein ausgezeichnetes

Heizmaterial; es brennt mit lodernder Flamme und einem angenehmen Duft und erzeugt Unmengen von glühender Asche.

♦ Thackston liest das nicht vokalisierte Wort ḪNǰK als *ḫunǰak* und übersetzt es mit 'wormwood (tree)', s. Steingass 476 *khunjak* 'wormwood of Pontus'. Seine Definition ist jedoch unzutreffend, da es sich bei dem Römischen Beifuß, *Artemisia pontica* um ein in Südeuropa beheimatetes strauchiges Kraut handelt, das zudem kaum ein exzellentes Brennholz abgibt. Der Ausdruck *ḫanǰak* ist vermutlich iranischer Herkunft; nach Steingass 476 bedeutet *khinjak* 'an esculent berry from the tree *wan*', s. Steingass 1481 *wan* 'a kernelled fruit called in Arabic *al-ḥabbatu'l-khaẓrā'*'. Mit *ḥabbatu'l-ḫaẓrā'* bezeichnen die älteren Autoren die Terpentinpistazie, *Pistacia terebinthus*, die wie *Pistacia mutica* bräunliche Steinfrüchte trägt. Im Puschtu wird der Ostindische Mastixbaum mit *xanžák*, in den westlichen Dialekten auch mit AfRS 957 *vә́na* 'xindžak (derevo)' erfaßt.

ḫas (274b, 294b, 351b, 377b) — Vetivergras, *Vetiveria zizanioides* (= Andropogon muricatum).

Steingass 459 *khas* 'the root of a sweet-scented grass', Drury III: 680 *khas-khas* (H.) 'Anatherum muricatum', Platts 489 *khas* 'a fragrant grass, *Andropogon muricatum* (from the roots of which *ṭaṭṭīs* are made)', usb. UzRS 498 *xas* 'suxaja travinka'.

Vetivergras dient zur Abdichtung der in Hindustan üblichen Holzhütten, gehörte aber ebenso zur Ausstattung eines Pavillons in Bāburs *Čār-bāġ* in Agra. Da trockenes Vetivergras schnell Feuer fängt, kann es zu verheerenden Bränden kommen wie z.B. bei der Erstürmung der Festung von Laknor im Jahre 1529. Nach der Eroberung von Agra wurde in der Stadt keinerlei *ḫas* für die Pferde vorgefunden.

♦ Thackston übersetzt *ḫas* mit 'straw' oder 'grass'; Bābur meint mit *ḫas* aber primär das Vetivergras, aus dessen Wurzeln *ṭaṭṭīs* verfertigt werden, s. Platts 356 *khas-kī ṭaṭṭī* 'a bamboo frame covered with the fragrant *Andropogon* grass (it is placed in a door-way and kept constantly wet with the view of cooling the air as it enters the house)'. Lediglich im Hinblick auf Futter benutzt Bābur *ḫas* im Sinne von 'Heu', wie es im Usbekischen üblich ist.

ḫurmā (133b, 250b, 284a–b, 285a–b) — Dattelpalme, *Phoenix*.

Steingass 456 *khurmā* 'a date', afgh. AfRS 374 *xurma* 'finik', Drury III: 680 *khurma* (H.) 'Phœnix dactylifera', Platts 489 *khurmā* 'a date, the fruit of the *Phœnix dactylifera*', usb. UzRS 508 *xurmå* 'finikovaja pal'ma'.

"Die Dattelpalme ist kein für Hindustan eigentümlicher Baum; sie wird aber hier beschrieben, weil sie in den Ländern jenseits der Berge (ol vilāyatlarda) nicht verbreitet ist; Dattelpalmen gibt es auch in Laghman. Alle Äste gehen von einer einzigen Stelle an der Spitze des Baumes aus, und die Blätter wachsen beidseits entlang der Äste. Der Stamm ist rauh und hat eine häßliche Färbung; die Frucht sieht wie ein Weintraubenbüschel (üzümning ḫošasï) aus, ist jedoch sehr viel größer. Man sagt, daß unter den Pflanzen nur die Dattelpalme in zweifacher Hinsicht den

Tieren gleicht. Wird einem Tier der Kopf abgeschlagen, so ist sein Leben beendet, wird der Dattelpalme der Kopf abgeschlagen, dann verdorrt sie. Zum andern können sich Tiere nicht ohne das Männchen fortpflanzen, und die Dattelpalme fruchtet lediglich durch den Kontakt mit dem Ast eines männlichen Baumes; ob letzteres wirklich wahr ist, weiß ich nicht. Der Kopf der Dattelpalme wird als ihr Käse bezeichnet, denn die Stelle, an der die Äste und Blätter hervorkommen, ist weiß wie Käse. Äste und Blätter kommen direkt aus dem weißen käseartigen Ding hervor; wenn sie sich verlängern, werden sie grün. Das weiße Ding, das man Dattelkäse nennt, ist keineswegs übel; es ähnelt sehr dem Kern der Walnuß (yangaq). An der Stelle, wo sich der Dattelkäse befindet, macht man einen Einschnitt und steckt ein Fiederblättchen so in die Wunde, daß die austretende Flüssigkeit am Blatt hinabrinnt. Das Blattende reicht in die Öffnung eines am Baum aufgehängten Tonkrugs hinein; auf diese Weise gelangt alle Flüssigkeit, die aus der Wunde fließt, in den Krug. Wenn man die Flüssigkeit umgehend trinkt, schmeckt sie ziemlich süß; nach drei oder vier Tagen soll sie eine stark berauschende Wirkung haben."

Die einzige Ortschaft in Laghman, die einen Dattelpalmenhain (naḫlistān) hat, ist Kandagar; Bābur vermerkt jedoch zudem das Vorkommen von *ḫurmā yïġačï* in Dara-i Nur und die Fülle von *kiranǰ* in Kunar va Nur Gul. Bei einer Exkursion zum Tschambal kam Bābur in ein Dorf, wo man gerade mit dem Einsammeln des Palmweins beschäftigt war. Er trank ein größeres Quantum, ohne die geringsten Anzeichen eines Rausches zu verspüren. Bābur schloß daraus, daß es Unmengen von Palmwein bedurfte, um ein wenig angeheitert zu werden.

♦ Unter den Dattelpalmen in Laghman ist die echte Dattelpalme, *Phoenix dactylifera* zu verstehen; sie wurde schon immer in Afrika sowie im vorderasiatischen Raum kultiviert und im Rahmen der arabischen Expansion bis zum Indus hin verbreitet. Ihre in Büscheln angeordneten säuerlichen Datteln, die Bābur vermutlich mit *kiranǰ* bezeichnet, werden sehr geschätzt. Die Dattelpalme Indiens ist die Walddattelpalme, *Phoenix sylvestris*, die vorwiegend zur Gewinnung von Palmwein dient. Sie stimmt mit *Phoenix dactylifera* im Habitus überein, trägt allerdings sehr viel kleinere Datteln von minderer Qualität.

Am Stammende der Dattelpalme sitzt ein Schopf aus Blattwedeln; ihre Stiele bezeichnet Bābur als Äste und ihre Fiederblättchen als Blätter. Inmitten der Wedel befindet sich der aus den zarten Herzblättern bestehende eßbare Gipfeltrieb, der Palmkohl genannt wird; man schneidet ihn nur dann ab, wenn die Palme zum Fällen vorgesehen ist. Zu dem von ihm geschilderten Befruchtungsvorgang merkt Bābur an, daß er sich für den Wahrheitsgehalt seiner Angabe nicht verbürgen kann; diese Art der Insemination wurde aber von den Arabern seit alters her bei *Phoenix dactylifera* praktiziert. Den Sendi-Palmwein gewinnt man in der von Bābur beschriebenen Weise, s. Platts 713 *seṅdhī* 'the juice of the wild date tree or *Phœnix sylvestris* from which toddy is made'. Er wird frisch getrunken, vor allem aber zu grobkörnigem Zucker verkocht oder zu Arrak destilliert; nach einem Tag ist er fermentiert und entfaltet dann eine berauschende Wirkung.

ḫurmā-ī hindī (283a) — Tamarindenbaum, *Tamarindus indica.*

Steingass *k͟hurma-ī-hindī* 'a tamarind'.

Zum Tamarindenbaum s. **amblī**.

ḫusrawī qawun (286b) — eine Melonensorte.

Die *ḫusrawī*-Melone entspricht in der Größe den sauren Zitronen (turunǰ) aus Hindustan und Badschaur.

♦ Die Bezeichnung *ḫusrawī qawun*, wörtlich 'Königsmelone', läßt auf eine sehr saftige und aromatische Melone schließen; vom Umfang her stimmt sie mit einer Buchara-Melone überein.

Ismāʿīl Šayḫī (56a) — eine Melonensorte.

In der Gegend zwischen Chodschent und Kanibadam wird eine unter dem Namen *Ismāʿīl Šayḫī* bekannte Melone gezüchtet, die äußerst delikat ist und ohnegleichen in der ganzen Region. Sie hat eine gelbe Schale, weich wie Handschuhleder, und Kerne, die denen des Apfels (alma) ähneln; ihr Fleisch ist vier *elig* [ca. 10 cm] dick.

♦ Bāburs Beschreibung der *Ismāʿīl Šayḫī* könnte auf eine Honigmelone zutreffen.

ǰalġūza (129b, 135a, 140b) — Gerard-Kiefer, *Pinus gerardiana.*

Steingass 368 *jalg͟hoza* 'a nut resembling the pistachio', afgh. AfRS 296 *džalġuzá* 'sosna, dajuščaja sedobnye oreški – *Pinus gerardiana*'.

Die auf dem Markt von Kabul angebotenen Piniennüsse stammen aus Nidschrao, wo es ebenso wie in den Bergen von Laghman, Badschaur, Swat und Hindustan viele Gerard-Kiefern gibt. In Nidschrao verwendet man *ǰalġūza*-Zweige als Leuchten, denn sie brennen wie Kerzen.

♦ Obwohl die Äste der Gerard-Kiefer sich vorzüglich als Fackeln und Brennholz eignen, benutzt man sie nur selten zu diesen Zwecken, da die Gewinnung von Piniennüssen Vorrang hat. Die schmackhaften länglichen Nüsse der Gerardkiefer werden aus den Zapfen herausgeschlagen, eingesammelt und speziell als Wintervorrat aufbewahrt; sie sind in Afghanistan ein wichtiger Bestandteil der Nahrung.

ǰāman (283b, 339b) — Jambolanapflaume, *Syzygium cumini* (= Eugenia jambolana).

Drury I: 623 *jamoon* (H.) 'Syzygium Jambolanum', Brandis 323 *jaman* (Hind.) 'Eugenia Jambolana', Platts 372 *jāman* ~ *jāmun* 'the tree *Eugenia jambolana*, or *Syzygium jambolanum*, and its fruit'.

"Die Blätter von *ǰāman* erinnern an die Blätter der Weide (tal), sind aber runder und grüner; der Baum sieht keineswegs häßlich aus. Seine Frucht ähnelt einer schwarzen Weinbeere (üzüm), ist jedoch säuerlich und nicht besonders gut."

Den Brunnen für die Wasserversorgung eines aus dem Felsen gehauenen Bassins im *Čār-Bāġ* bei Dholpur ließ Bābur in einem Dickicht aus *ǰāman*- und Mangobäumen (amba) errichten.

♦ Beim *ǰāman*-Baum ist das Blattwerk elliptisch-lanzettlich geformt, während die Weide meistens lanzettliche Blätter hat. Die 1,25–3,75 cm lange Jambolanapflaume wird im Reifezustand schwarz; sie ist eßbar, aber nur die größeren Früchte sind schmackhaft.

ǰambīrī (287a) — eine orangenähnliche Frucht.

Platts 388 *jambhīrī* 'the common lime or citron, *Citrus acida*, and its fruit'.

"Die *ǰambīrī* hat die Form einer Orange (nāranǰ), jedoch keine orangefarbene, sondern eine gelbe Haut; sie duftet wie eine Zitrone (turunǰ) und ist angenehm sauer."

♦ Da Bābur die *ǰambīrī* als orangenförmig beschreibt, kann er weder die bei Platts genannte Saure Limette, *Citrus aurantiifolia* (= Citrus acida) noch – wie Beveridge (S. 512, Fn. 3) vermutet – die Limone, *Citrus limon* (= Citrus medica limonum) gemeint haben. Bonavia (S. 233) hält Bāburs *ǰambīrī* für *Citrus aurantium* ssp. *jambiri*, eine Subspezies der Orange (s. auch S. 249, Fn. †).

ǰāsūn (287b) — Roseneibisch, *Hibiscus rosa-sinensis*.

Drury I: 623 *jasoon* (H.) 'Hibiscus Rosa-sinensis', Platts 371 *jāsūn* 'the shoe-flower plant, or China rose, *Hibiscus rosa sinensis*'.

"Der Roseneibisch wird von manchen Hindustani auch *gadhal* genannt; seine Blüte hat eine intensivere Färbung als die Blüte des Granatapfels (anār) und die Größe der roten Rose (qïzïl gul). Doch wenn die rote Rose ihre Knospe entfaltet, erblüht sie auf einmal, während sich beim Öffnen der *ǰāsūn*-Knospe inmitten der ausgebreiteten Blütenblätter ein fingerlanger Stiel erhebt, von dem aus sich weitere Blütenblätter öffnen. Das Ergebnis ist eine Doppelblüte, ein recht ungewöhnliches Ding. Die wundervoll gefärbten Blüten sehen auf dem Strauch sehr schön aus, halten aber nicht lange; sie verwelken schon nach einem Tag. Der Roseneibisch blüht überreich in der Regenzeit und häufig fast das ganze Jahr hindurch; trotz dieser Fülle verströmen seine Blüten jedoch keinen Duft."

♦ Die duftlosen Blüten des Roseneibischs schließen sich nach zwei Tagen; sie sind dunkelscharlachrot und etwa so groß wie die Blüte der Bengalrose, *Rosa chinensis*. Zu der 'Doppelblüte' merkt Beveridge an: "The peduncle supporting the plume of medial petals is clearly seen only when the flower opens first" (S. 513, Fn. 6).

ǰaw (351b) — Gerste, *Hordeum vulgare*.

Steingass 375 *jau* ~ *jaw* 'barley, a grain of barley', Platts 393 *jau* 'a grain of barley; a barley-corn (measure)'.

Im Jahre 1528 ordnete Bābur an, die Straße von Kabul nach Agra zu vermessen und entlang der Route in regelmäßigen Abständen Wachttürme sowie Relais zu errichten. Zur Erklärung der Längenmaße zitiert er einige Zeilen aus einem von ihm verfaßten Lehrgedicht: ... *har tutam tört elig, yana har elig / altï ǰaw ʿarḍï boldï* '... jede Handbreite hat vier Fingerbreiten, und jede Fingerbreite / hat die Breite von sechs Gerstenkörnern'.

♦ Eine Fingerbreite (elig), gemessen am Daumen, ergibt ca. 2,5 cm; in Indien entsprechen nicht sechs, sondern acht Gerstenkörner einer Fingerbreite.

ǰawz-i hindī (285b) — Kokosnuß.

Steingass 377 *jauzi hindī* 'a cocoa-nut'.

Zur Kokospalme, *Cocos nucifera* s. **nārgīl**.

kadhal (283b) — Jackfrucht, *Artocarpus heterophyllus* (= Artocarpus integrifolia).

Brandis 611 *kanthal* (Hind.) 'Artocarpus integrifolia', Platts 816 *kaṭ-hal* 'the Indian bread-fruit tree or jack, and its fruit, *Artocarpus integrifolia*'.

"Die Jackfrucht ist unglaublich häßlich und übelschmeckend; sie sieht genau so aus wie ein Schafsmagen, den man nach Art einer *gīpa* gestopft hat, und sie hat einen widerlich süßen Geschmack. In ihrem Inneren befinden sich Samen gleich Haselnüssen (funduq); als Ganzes ähneln sie Datteln (ḫurmā), sind jedoch rund, nicht lang. Das Fleisch der Samen ist weicher als Datteln und wird gegessen; da es sehr klebt, soll man sich vor dem Verzehr Hände und Mund einölen. Angeblich wachsen die Früchte nicht nur an den Ästen, sondern auch an Stamm und Wurzeln; man könnte demnach sagen, daß rundum *gīpa*s vom Baum herabhängen."

♦ Auffallend ist, daß Bābur zweimal auf den unangenehmen Geschmack der Jackfrucht verweist, aber nicht deren abstoßenden Geruch hervorhebt; wahrscheinlich war ihm der ekelhaft süße Geschmack mehr zuwider als der Gestank. Zu Bāburs Vergleich mit einer *gīpa* zitiert Beveridge folgende Anmerkung von Erskine: "The *gīpa* is a sheep's stomach stuffed with rice, minced meat, and spices, and boiled as a pudding. The resemblance of the jack, as it hangs on the tree, to the haggis, is wonderfully complete" (S. 506, Fn. 5). Die nierenförmigen Samen der Jackfrucht, die in einer dünnen, weichen, lederigen Hülle stecken, sind in ein klebriges Fruchtfleisch eingebettet; es wird im reifen und unreifen Zustand gegessen. In Übereinstimmung mit Bāburs Angabe hängen die Früchte sowohl an den Ästen wie am Stamm; bei älteren Bäumen entstehen sie zudem an den durch Erdrisse freigelegten Wurzeln. Eine Annotation Humāyūns im Elphinstone-Kodex besagt, daß die besten Früchte an den Wurzeln hervorkommen (Beveridge, Appendix O, S. lii).

kadū (290b) — Flaschenkürbis, *Lagenaria siceraria* (= Cucurbita lagenaria).

Steingass 1019 *kadū* 'a gourd', Platts 821 *kadū* 'a pumpkin, a gourd, the calabash, *Cucurbita lagenaria*', as. ARS 215 *kudu*, tkm. TuRS 425 *kädi*, kirg. KiRS 365 *kedi*, usb. UzRS 107 *kadi ~ kadu* 'tykva'.

Anstelle von Kerzen oder Fackeln gibt es bei den Hindustani sogenannte Lampenmänner; große Herren beschäftigen 100 bis 200 dieser *dewtīs*. Die Lampenmänner tragen in der linken Hand einen kleinen hölzernen Dreifuß; an einem seiner Beine ist ein dem Ende eines Kerzenhalters ähnliches Eisenstück befestigt und an diesem ein fingerdicker Docht. In der rechten Hand halten die Lampenmänner einen Kürbis mit einem schmalen Schlitz, aus dem sie, wann immer es nötig ist, Öl auf den Docht tröpfeln lassen.

♦ Mit *kadū* kann generell ein Kürbis bezeichnet werden; Bābur meint jedoch den in Indien häufig kultivierten Flaschenkürbis, der sich zum Stengel hin halsförmig verschmälert. Die Frucht wird nach dem Trocknen ausgehöhlt und als Behälter für Öl und andere Flüssigkeiten benutzt.

kamrak (283b) — Karambole, *Averrhoa carambola.*

Steingass 1049 *kamrak* 'Averrhoa carambola', Brandis 110 *kamrak* (Hind.) 'Averrhoa Carambola', Platts 848 *kamrakh* 'the fruit of the *Averrhoa carambola*'.

"Die Karambole ist fünfseitig, etwa so dick wie eine Hauspflaume (ġaynālū) und vier *elig* [ca. 10 cm] lang. Bei der Reife wird sie gelb; sie hat keine Kerne. Unreif gepflückt schmeckt sie sehr bitter, ausgereift hingegen angenehm sauer; sie ist nicht schlecht und nicht ohne Reiz."

♦ Die 5–12 cm lange und 3–6 cm breite gelbe Karambole hat fünf durch abstehende Längskanten markierte Seiten mit einer tiefen vertikalen Furche. Im Reifezustand nimmt sie einen süßen, leicht scharfen Geschmack an, der dem der Passionsfrucht ähnelt.

kaner (287b, 327b, 341b) — Wohlriechender Oleander, *Nerium indicum* (= Nerium odorum).

Brandis 462 *kanēr* (Hind.) 'Nerium odorum', Platts 857 *kaner* 'fragrant oleander or rose-bay, *Nerium odorum*'.

"Der Oleander kommt sowohl weiß wie rot vor; er hat fünf Blütenblätter gleich der Blüte des Pfirsichs (šaftālū). Roter Oleander ähnelt zwar der Pfirsichblüte, entfaltet jedoch an einer Stelle 14–15 Blüten, die von weitem wie eine einzige große Blüte erscheinen. Der Oleanderstrauch ist höher als der Rosenbusch (gulbun); roter Oleander hat einen schwachen, aber sehr angenehmen Duft. Er blüht schön und üppig während der Regenzeit und meistens auch das ganze Jahr hindurch."

Als Bābur die berühmte Quelle von Firozpur besuchte, war in dem Tal, in das sich das Quellwasser ergießt, der Oleander voll erblüht. In Gwalior entdeckte Bābur in Raḥīmdāds *Čār-bāġ* wundervollen roten Oleander, der nicht den üblichen Pfirsichton, sondern eine herrliche tiefrote Färbung hatte. Er nahm einige Oleandersträucher mit nach Agra und ließ sie dort in seinen Gärten einpflanzen.

♦ Der in Indien und Afghanistan heimische Wohlriechende Oleander wächst vor allem in den steinigen Betten von Gießbächen und Flüssen, die im Winter austrocknen; er wird aber gleichfalls als Gartenpflanze gezogen. Sowohl der wilde wie der kultivierte Oleander trägt einfache oder gefüllte Blüten. Sie sind in endständigen Trugdolden zusammengefaßt und weiß, rot oder karmesinrot gefärbt; am häufigsten haben sie jedoch eine rosarote Tönung wie die Pfirsichblüte. Bābur hat offenbar nur einfache Oleanderblüten gesehen, da er sie als fünfblättrig wie die Blumenkrone des Pfirsichs beschreibt.

karaunda (284a) — eine Wachsbaumart, *Carissa carandas*.

Steingass 1025 *karonda* 'a small acid fruit (Carissa carandas)', Brandis 455 *karaunda* (Hind.) 'Carissa spinarum', Platts 829 *karaũṅdā* 'the corinda, *Carissa carandas*'.

"Der *karaunda*, der wie die *čaka* der Provinz Kabul (bizing vilāyatnïng) in Büschen (bütä bütä) wächst, kommt in den Ebenen vor, *čaka* hingegen auf den Bergen. Im Geschmack ähnelt die *karaunda*-Beere rohem Rhabarber (mar manǰān), ist aber süßer und weniger saftreich als Rhabarber."

♦ Mit *karaunda* wird speziell die in den Dschungeln verbreitete *Carissa carandas* benannt, ein Dornstrauch, dessen angenehm schmeckende blauschwarze Beeren für Obstpasteten verwendet werden. Beveridge (S. 507, Fn. 6) verweist auf eine Passage im Kodex von Kehr (Ilminskij 1857: 369), wonach aus *karaunda*-Beeren "a tasty fritter-like dish, resembling a rhubarb-fritter" bereitet wird.

kārdī šaftālū (282b) — Pfirsich mit nicht ablösbarem Stein.

Mit einem *kārdī*-Pfirsich vergleicht Bābur die glatthäutige Mangofrucht (amba), und zwar sowohl in Hinsicht auf das Aussehen wie auf die Art des Verzehrs.

♦ Zu *kārdī* merkt Beveridge an: "I have learned nothing more definite about the word *kārdī* than that it is the name of a superior kind of peach" (S. 504, Fn. 1). Als *kārdī šaftālū* bzw. *šaftālū-yi kārdī*, wörtlich 'Messerpfirsich', werden in Persien samt- oder glatthäutige Pfirsiche bezeichnet, deren Stein mit dem Fruchtfleisch verwachsen ist (Balfour III: 166 s.v. *peach*); sie lassen sich nur mit einem Messer zerteilen. Bābur bezieht sich bei seinem Vergleich möglicherweise auf die in Nordindien kultivierte Nektarine, die wie die Mango eine glatte Schale und eine rote Färbung hat.

karnā (287a) — eine orangenähnliche Frucht.

Platts 828 *karnā* 'a species of citron'.

"Der *karnā* ist etwa so groß wie der *galgal līmū* und ebenso sauer."

♦ Beveridge definiert *karnā* mit 'lemon, *Citrus limonum*'; Bonavia (S. 10) hingegen versteht unter *karnā* die Khattà-Orange, *Citrus aurantium* ssp. *khatta*, die in Nordindien häufig vorkommt und mit Bāburs saurem *karnā* identisch sein könnte.

kawal (369b) — Indische Lotosblume, *Nelumbo nucifera* (= Nymphaea nelumbo).

Platts 856 *kan̈wal* 'the lotus, *Nymphæa nelumbo*'.

Bābur vermerkt, daß das blumenartige Ding, aus dem die Lotosblumen entstehen, *kawal kukrī* heißt.

♦ Mit *kawal kukrī*, s. Platts 840 *kukṛī* 'seedvessel (of maize or of *āk* [= Calotropis gigantea])', wird das Samengehäuse von *kawal*, der Lotosblume, bezeichnet. Es besteht aus einem becherförmigen, von einem flachen, durchlöcherten Deckel verschlossenen Fruchtboden und erinnert von der Form her an einen Blütenkelch; zur Lotosblume s. **nīlufar**.

kelā (132a, 282b, 283a, 340b) — Banane, *Musa sapientum*.

Platts 889 *kelā* 'the plantain-tree, banana, *Musa sapientum*; the fruit of the plantain'.

"Ein Araber nennt die Banane *mauz*. Der Bananenbaum wird nicht sehr hoch; man sollte ihn eigentlich nicht als Baum bezeichnen, denn er ist ein Ding zwischen Kraut und Baum. Seine Blätter ähneln ein wenig denen von *aman qara*, erreichen aber eine Länge von zwei *qarï* [ca. 120 cm] und eine Breite von nahezu einem *qarï* [ca. 60 cm]. Inmitten der Blätter kommt gleich einem Herzen ein Trieb hervor; dieser Trieb ist die wie ein Schafsherz gestaltete Knospe. Wenn ein Knospenblatt entfaltet wird, zeigt sich an seinem Grund eine Reihe von 6–7 Blüten, aus denen die Bananen entstehen. Die Bananenblüten werden sichtbar, sobald der herzförmige Trieb in die Länge wächst und die Blätter der großen Knospe aufspringen. Jeder Bananenbaum soll nur ein einziges Mal Früchte tragen. Angenehm an der Banane sind zwei Dinge; zum einen kann sie leicht geschält werden, zum andern enthält sie weder Samen noch Fasern. Sie ist länger und dünner als die Eierfrucht (bādinǰān) und nicht besonders süß, obwohl man den Bananen aus Bengalen nachsagt, daß sie sehr süß sind. Der Baum ist schön anzusehen; seine ungemein breiten und wunderbar grünen Blätter bieten einen herrlichen Anblick."

Zudem berichtet Bābur, daß er im Jahr seines Sieges über Pahār H̱ān (d.h. 1523/24) im *Čār-bāġ* bei Adinapur Bananenstauden anpflanzen ließ, die sich ausgezeichnet entwickelt haben. Bei einer Besichtigung des Mān Sing-Palastes in Gwalior erregten insbesondere die Kuppeln über dem Ostflügel Bāburs Aufmerksamkeit, denn ihre Außenseiten zeigten rundum Bananenstauden, die aus grünen Fliesen naturgetreu nachgebildet waren.

♦ Die Bananenstaude hat einen kriechenden Wurzelstock, aus dem sich ein bis zu 4 m hoher Scheinstamm erhebt, der zahlreiche riesige Blätter trägt und von den Scheiden der bereits abgestorbenen Blätter fest umschlossen wird. Es zeugt von einer bemerkenswerten Beobachtungsgabe, daß Bābur die Bananenstaude weder als Kraut noch Baum, sondern als ein Mittelding, d.h. als eine Staude, eingeordnet hat. Beim Vergleich der Bananenblätter mit dem Blattwerk eines Amaryllisgewächses geht er vermutlich von den in seinem *Čār-bāġ* kultivierten Bananenschößlingen aus; die Blätter der ausgewachsenenen Staude sind nämlich von Wind und Regen zerschlitzt und sehen wie gefiedert aus. Erstaunlich präzis ist auch die Beschreibung des für einen Laien recht komplizierten Blütenstands der Banane. Der traubenartige Blütenstand setzt sich aus mehreren Teilblütenständen zusammen, die zunächst in einer großen eiförmigen Knospe vereint sind und dann nacheinander erblühen, und zwar von der Basis der Knospe bis zur Spitze hin. Jeder Teilblütenstand besteht aus einem violetten Tragblatt, unter dem sich mehrere in einer Querreihe angeordnete Blüten bilden. Aus den Fruchtknoten der nur an den ersten 6–12 Teilblütenständen sitzenden weiblichen Blüten entwickeln sich die Bananen; die Bananenstaude fruchtet einmal und stirbt dann ab, treibt aber am Wurzelstock neue Schößlinge aus.

keorā (288a) — Schraubenpalme, *Pandanus tectorius* (= Pandanus odoratissimus).

Drury III: 679 *keora* (H.) 'Pandanus odoratissimus', Brandis 659 *keura* ~ *keora* (Hind.) 'Pandanus tectorius', Platts 890 *keoṛā* 'name of a plant which bears a strong-scented flower, a species of *Pandanus odoratissimus*; the flower of this plant'.

"Der Schraubenpalme ist ein sehr delikater Duft eigen; Moschus hat den Nachteil trocken zu sein – den Duft von *keorā* kann man jedoch feuchten Moschus nennen. Abgesehen von dieser einmaligen Besonderheit erreicht die Blüte zudem eine Länge von eineinhalb bis zwei *qarïš* [ca. 30–40 cm]. Die langen Blätter stimmen mit den Blättern von *ġarw* überein und haben Stacheln. Zusammengepreßt wie eine Knospe sind die äußeren Blätter grün und stachelig, die inneren Blätter hingegen weich und weiß. Zwischen den inneren Blättern gibt es Dinge gleich denen, die sich inmitten einer Blüte befinden, und von ihnen kommt der gute Duft. Solange er noch keinen Stamm gebildet hat, ähnelt der aufsprießende Baum einem Büschel Seidengras (erkäk qamïš); seine Blätter sind aber flacher und bestachelt. Der Stamm (tanalïq) ist mißgestaltet, und die Wurzeln sind stets sichtbar."

♦ Die 90–150 cm langen bläulichgrünen Blätter der Schraubenpalme haben eine spiralige Anordnung wie das Blattwerk der Ananas und sind an der Spitze sowie am Rückennerv bestachelt. Schraubenpalmen tragen entweder männliche oder weibliche Blüten, bei denen immer die Blütenblätter fehlen. Bāburs Beschreibung trifft auf einen männlichen Baum zu, denn mit den inneren Blättern meint er die auffallend langen weißen Hüllblätter, die dessen imposanten endständigen Blütenkolben umstehen; die Blüten selbst bestehen nur aus Staubgefäßen. Der exquisite Geruch, den Bābur als feuchten Moschus charakterisiert, geht nicht von den Blüten, sondern von den Hüllblättern aus. Sie werden im frischen Zustand für Duftgirlanden benutzt, während man den vom Moschushirsch, *Moschus moschiferus* gewonnenen Moschus getrocknet verwendet. Da der mehrfach gegabelte Stamm der Schraubenpalme im Laufe der Zeit zahlreiche als Stützen dienende Wurzeln bildet, scheint er auf Stelzen zu stehen.

kiranǰ (134a) — eine Dattelsorte.

Steingass 1025 *kiranj* 'a sort of date'.

Bābur hebt hervor, daß es in Kunar va Nur Gul überreichlich Orangen, Zitronen und *kiranǰ* gibt.

♦ Das nicht vokalisierte Wort KRNǰ, der ansonsten *kurinǰ* 'Reis' zu lesen ist, wird von Thackston auch hier mit 'rice' übersetzt. Beveridge hat sich für *karanj* 'coriander' entschieden, wozu Thackston anmerkt: "It is fairly unlikely that Babur would comment on coriander as a crop" (III: 816). Dies trifft zweifellos zu, denn der Anbau von Gewürzpflanzen beschränkt sich im allgemeinen auf den Gartenbereich. Thackstons Interpretation ist jedoch gleichfalls wenig überzeugend, da man ungeschälten Reis nicht mit *kurinǰ*, sondern mit *šali̇* bezeichnet. Vom Kontext her erscheint die Lesung *kiranǰ* 'Dattel' sinnvoll, zumal Bābur f. 133b und f. 250b–251a erwähnt, daß in Laghman Dattelpalmen (ḫurmā yïġačï) vorkommen.

kirnī (283b) — ein Sapotengewächs, *Mimusops hexandra.*

Brandis 425 *khirnī* (Hind.) 'Mimusops hexandra', Platts 875 *khirnī* 'the tree *Mimusops kauki*, and its fruit'.

"Der *kirnī*-Baum ist nicht sehr hoch, aber keineswegs klein. Seine Frucht ist gelb und schmaler als die Frucht der Ölweide (čigdä); sie schmeckt nach Weintrauben (üzüm), hat allerdings einen etwas unangenehmen Nachgeschmack. Dennoch ist sie nicht schlecht und wird gegessen; ihr Same hat eine dünne Schale."

♦ Die *kirnī*-Frucht ist 1,25 cm lang und olivenförmig wie die 2 cm lange gelbliche *čigdä*; sie wird von der ärmeren Bevölkerung verzehrt.

kišmiš (283b) — eine Weintraubensorte.

Steingass 1034 *kishmish* 'a species of small grape without stones', Platts 837 *kishmish* 'a small dried grape without stones; a Sultana raisin', usb. UzRS 215 *kišmiš* 'kišmiš (sort melkogo vinograda bez kostoček); izjum (izgotovlennyj iz melkogo vinograda bez kostoček)', nuig. Schwarz 969 *kišmiš* 'white seedless raisin (*Vitis vinifera siccatum*)'.

Die getrockneten Blüten des Butterbaumes (mahua) ähneln *kišmiš*, haben jedoch einen unangenehmen Geschmack.

♦ Zu *kišmiš* merkt Beveridge an: "This is the name of a green, stoneless grape which when dried, results in a raisin resembling the sultanas of Europe" (S. 505, Fn. 5). Mit *kišmiš* benennt man eine blaßgrüne Traubensorte sowie ihre zu Rosinen verarbeiteten Beeren, die beim Trocknen die Färbung beibehalten. Obwohl getrocknete Butterbaumblüten wie Rosinen schmecken, vergleicht Bābur sie nur von der Beschaffenheit her mit *kišmiš*, denn ihren Geschmack bezeichnet er als übel (badmaza). Damit bringt er vermutlich zum Ausdruck, daß sie für sein Empfinden widerlich süß sind – im Gegensatz zu den süßlich, aber nicht schlecht schmeckenden frischen Blüten.

kök šïbaq (143a) — eine Beifußart, *Artemisia sp.*

Kirg. KiRS 915 *kök šïbaq* 'vidy polyni'.

Die am Baran und an den Flüssen von Gulbahar, Parwan und Istalif ansässigen Fischer benutzen zur Betäubung der Fische neben den zerquetschten Samen von *qulan quyruġï* auch zerkleinerten *kök šïbaq*.

♦ Da Bābur darauf verweist, daß diese Fangmethode im Herbst angewendet wird, kann es sich bei *kök šïbaq*, von Beveridge mit 'green branches' übersetzt, nicht um frisch ergrünten Beifuß, sondern nur um eine bestimmte Beifußspezies handeln. Sie dürfte wie die meisten Beifußarten in Kraut und Stengel das ätherische Öl Thujon enthalten. Thujon hat lediglich bei hoher Dosierung eine narkotische Wirkung, wozu Bāburs Angabe paßt, daß bei einer einzigen Fangaktion 20–30 Ladungen *kök šïbaq* ins Wasser geworfen werden; eine Ladung (puštvara) entspricht der Last, die ein Mann auf dem Rücken tragen kann. Beifußarten, die mit *kök* als blaugrün kenntlich gemacht werden, sind *Artemisia glauca*, *Artemisia marschalliana* und *Artemisia apiacea*, s. ba. BRS 699 *kük ärem* 'sizaja polyn′', kas. KaSE VI: 18 *kökšaġïr* 'Artemisia Marschalliana', nuig. Schwarz 969 *kök ämän* 'Artemisia apiacea'.

kunār (284a) — Lotosfrucht, *Zizyphus lotus*.

Steingass 1052 *kunār* 'the lote-fruit'.

Die Jujube (ber) soll im Persischen *kunār* heißen.

♦ Mit *kunār* wird nach Löw III: 135 die Frucht der nur im mediterranen Bereich vorkommenden *Zizyphus lotus* benannt. Allerdings bezeichnet man das Pulver, das durch das Zerstampfen von getrockneten Jujuben gewonnen wird und wie pulverisierte Lotosfrüchte zur Kuchenherstellung dient, mit *ārad-i kunār* (Balfour III: 1130).

kurinǰ (143b, 144a, 233a) — Reis, *Oryza sativa*.

Steingass 1025 *gurinj* ~ *kurinj* 'rice', kas. RK 22 *küriš*, kirg. KiRS 472 *kürüč*, nuig. URL 680 *gürüč* ~ *gürünǰ* 'ris', kkp. KkRS 146 *güriš*, usb. UzRS 115 *guruč* 'ris (očiščennyj)'.

Während eines Halts bei Ali-Masdschid übergab ein Dilazak Afghan Bābur zehn Schafe, zwei Eselsladungen *kurinǰ* und acht große Käse. Um den Fischbedarf für den Winter zu decken, legt man in Laghman Fangbecken an, die aus Steinen hochgezogen und mit Reisstroh (kurinǰ palālï) abgedichtet werden.

♦ Im Gegensatz zu *šalï*, das den Reis auf dem Halm bezeichnet, erfaßt *kurinǰ* den abgeernteten bzw. geschälten Reis; das nach der Reisernte anfallende Stroh wird folglich *kurinǰ*-Stroh genannt.

lāla (3a, 136a, 202a) — Tulpe, *Tulipa*.

Steingass 1113 *lāla* 'a tulip', ttü. Stw 580 *lâle* 'Tulpe, Tulipa', as. ARS 232, tat. TaRS 349, nuig. URL 687 *lalä*, kkp. KkRS 436 *lala*, usb. UzRS 242 *låla* 'tjul′pan'.

Bābur assoziiert mit den Gärten von Osch nicht nur Veilchen (banafša) und Rosen (gul), sondern ebenso die Tulpenblüte im Frühjahr. Die Berghänge zu Seiten des Baran sind in dieser Jahreszeit mit wilden Tulpen in vielerlei Farben bedeckt; wie Bābur einmal ermittelt hat, wachsen dort 32 oder 33 verschiedene Sorten. Einer Tulpe, deren Duft ihn ein wenig an den der roten Rose erinnerte, gab er den Namen *lāla-i gulboy* 'Rosenduftttulpe'; die *ṣadbarg lāla*, die hundertblättrige Tulpe, fand er nur an einer einzigen Stelle.

♦ Obgleich der von Bābur gewählte Ausdruck *ṣadbarg lāla* recht phantasievoll anmutet, da eine wilde Tulpe stets sechs Blütenblätter hat, entspricht er dem Habitus von *Tulipa orthopoda*, einer endemisch vorkommenden etwa 8 cm hohen Wildtulpe. Ihr Blütenstengel endet nicht wie üblich in einer einzigen Blüte, sondern in einem Bukett von bis zu sieben weißen, am Grund gelblichen Blumenkronen.

līmū (286b, 287a–b, 344a) — eine orangenähnliche Frucht.

Steingass 1135 *līmū* 'a lemon, citron', Platts 975 *līmū* 'a lime, lemon; the lime tree, *Citrus acida*, or *C. medica*', usb. UzRS 240 *limu* 'limon'.

"Den *līmū* gibt es in Hülle und Fülle; er hat die Größe eines Hühnereis. Wenn eine Abkochung seiner Fasern von einem vergifteten Menschen getrunken wird, soll die Gefahr abgewendet sein."

Als Bābur sich 1528 in Gwalior aufhielt, hat er einen in der Nähe von Suhdschana gelegenen Garten besucht, der mit *līmū*- und *sadāfal*-Bäumen bepflanzt war.

♦ In seinem *Neuw Kreuterbuch* von 1588 schreibt Tabernaemontanus der Zitronenrinde gleichfalls eine giftwidrige Wirkung zu und empfiehlt, sie in Zeiten der Pest in den Mund zu stecken. Im Zusammenhang mit dem *sangtāra* erwähnt Bābur, daß diese Zitrusfrucht dieselbe magenstärkende Wirkung wie *līmū* hat; als Stomachikum wird der Saft der unreifen Früchte verwendet. Nach Bonavia weist das reiche Vorkommen von *līmū* auf die Saure Limette, *Citrus aurantiifolia* (= Citrus acida) hin, deren Fruchtfleisch sehr sauer, aber äußerst saftreich und aromatisch ist (S. 240); Platts definiert *līmū* und *ǰambīrī* als die Saure Limette.

mahua (283a–b, 284b) — Butterbaum, *Madhuca indica* (= Bassia latifolia).

Brandis 426 *mohwa ~ mahua* (Hind.) 'Bassia latifolia', Platts 1101 *mahu'ā ~ mahwā* 'the tree *Bassia latifolia*, and its flower'.

"Die Butterbaumblüte (mahua) nennt man auch *gul-čikān*. Der Baum erreicht eine stattliche Höhe; die Behausungen der Hindustani sind meistens aus seinem Holz errichtet. Aus den Blüten des Butterbaums destilliert man Arrak; sie werden außerdem gleich Rosinen (mavez) getrocknet und dann gegessen oder destilliert. Getrocknete Blüten ähneln *kišmiš*, haben jedoch einen üblen Geschmack; die feuchten Blüten schmecken nicht schlecht und sind eßbar. Der Butterbaum kommt auch wild vor; seine Frucht ist fade und hat ziemlich große, dünnschalige Samen, aus denen Öl gepreßt wird."

♦ Das Holz des Butterbaums zeichnet sich durch Härte und Haltbarkeit aus; sowohl die frischen wie die getrockneten Blüten dienen als Nahrung und zur Arrakherstellung. Die fleischigen grünen Früchte enthalten 1,25–2,5 cm lange Samen, die das als Butterersatz und Lampenöl sowie zur Wundbehandlung benutzte Mahua-Öl liefern.

mar manǰān (284b) — Rhabarber, *Rheum*.

Steingass 1323 *manj* 'rhubarb'.

Die *karaunda*-Beeren schmecken wie *mar manǰān*, sind aber etwas süßer und weniger saftreich.

♦ Mit *mar manǰān*, von Beveridge mit 'the rhubarb itself' übersetzt, umschreibt Bābur wahrscheinlich die angenehm sauer schmeckenden rohen Rhabarberstengel. Die Stiele mancher Rhabarberarten werden seit alters im zentralasiatischen Raum roh oder gekocht gegessen; beim Kochen verlieren sie allerdings ihren typischen Geschmack, da man ihnen eingedickten Traubensaft zusetzt. Beveridge nimmt an, daß sich *mar manǰān* auf die *rīwāǰlar* von Kabul bezieht (S. 507, Fn. 6); f. 129b erwähnt Bābur aber nicht *Kābulnïng rīwāǰlarï*, sondern *Kābulnïng rīwāǰï*, d.h. den dort verbreiteten Persischen Rhabarber, *Rheum ribes*.

mauz (282b) — Banane, *Musa sapientum*.

Wehr 1233 *mauz* 'Banane (Musa)'.

Zur Banane s. **kelā**.

mihr-giyāh (5b) — Alraune, *Mandragora*.

Steingass 1354 *mihr-giyāh* 'the mandrake', usb. RUzS I: 538 *mehrigiyåh* 'mandragora'.

Eine in der Umgebung von Yeti Kent vorkommende Pflanze namens *ayïq otï* könnte nach Bāburs Meinung mit der Alraune identisch sein, weil ihr die Eigenschaften von *mihr-giyāh* nachgesagt werden.

♦ Der Name *mihr-giyāh*, wörtlich 'Liebeskraut', bezieht sich auf die Verwendung der Alraunwurzel als Liebeszauber bzw. Potenzmittel. Dieselbe Effizienz schreibt man *ayïq otï* zu, worunter aber nicht die Alraune, sondern vermutlich die Wolfsmilchspezies *Euphorbia rapulum* zu verstehen ist.

Mīr Tīmūrī (5a, 48b) — eine Melonensorte.

Die in Achsi gezüchtete *Mīr Tīmūrī* übertrifft nicht nur alle Achsi-Melonen, sondern ebenso jede Melone aus Buchara an Süße und Geschmack; eine solche Melone gibt es sonst nirgends auf der Welt.

♦ Diese unvergleichliche Melone ist nach Tīmūr dem Lahmen benannt.

murč (364a, 366a) — Pfeffer.

Platts 1021 *mirč* 'pepper; black pepper', usb. UzRS 272 *murč* 'čërnyj perec', nuig. URL 716 *murč*, alt. ORS 112 *mirč*, chak. XRS 112 *mirs* 'perec'.

Während des Ostfeldzugs (1529) bekam Bābur am Körper schmerzhafte Abszesse, die ein im Lager anwesender Mann aus Anatolien nach einer dort vor kurzem herausgefundenen Methode behandelt hat. Der Arzt brachte Pfeffer in einem irdenen Topf zum Kochen; dann mußte Bābur die Eiterbeulen in den aufsteigenden Dampf halten und sie, als der Dampf nachließ, zwei Stunden lang in dem warmen Wasser baden. Bei der Wiederholung der Prozedur war das Gebräu offenbar zu heiß, denn Bābur zog sich auch noch Brandblasen zu.

♦ Mit *murč* – durch den Wechsel *m-* > *b-* auch *burč* – kann sowohl der Schwarze Pfeffer, *Piper nigrum* wie der Spanische Pfeffer, *Capsicum annuum* oder eine verwandte Art bezeichnet werden. Schwarzer Pfeffer dient in der türkischen Volksmedizin vorwiegend als Appetitanreger, Spanischer Pfeffer zudem als ein äußerlich anwendbares Heilmittel bei der Behandlung von Geschwulsten. Dies läßt darauf schließen, daß Bāburs Arzt für derlei Zwecke Spanischen Pfeffer mit sich führte. Der Spanische Pfeffer gelangte am Ende des 15. Jahrhunderts aus Westindien nach Europa und fand sehr schnell im Osmanischen Reich Eingang, womit Bāburs Anmerkung übereinstimmt, daß die Pfeffertherapie erst seit jüngster Zeit in Anatolien praktiziert wurde.

muwalla (190b) — Trauerweide, *Salix babylonica*.

Afgh. AfRS 955 *vəla* 'iva'.

Wie Bābur berichtet, wurden bei einem Fest in Herat Trauerweiden hereingebracht, deren Aussehen er wie folgt schildert: *bilmän sačlarïnïng ya 'amalī sačlarïnïng aralïġa kimsänni sačnïng uzunluqï bilä inčkä inčkä kesip qoyupturlar* 'Zwischen ihren Haaren – ich weiß nicht, ob sie echt oder künstlich waren – hatte man ganz schmal geschnittene *kimsän* von der Länge der Haare angebracht'.

♦ In der zweiten persischen Übersetzung sowie im Elphinstone-Kodex steht *šāḫ* 'Ast' für *sač* 'Haar', wodurch der Text jedoch völlig unverständlich wird. Unter den 'Haaren' bzw. 'Locken' der Trauerweide sind ihre bis zu 5 cm langen Stempelkätzchen zu verstehen, die zweifellos imitiert waren, da das Zeremoniell zu Winterbeginn stattfand. Zwischen den Kätzchen waren anstelle der bereits abgefallenen lineal-lanzettlichen Blätter sehr schmale *kimsän* befestigt worden, d.h. künstliche Blätter aus vergoldetem Leder.

Die Benennung für die Trauerweide wird im Haidarabad-Kodex mit *muwalla* wiedergegeben; im Elphinstone-Kodex fehlt das Damna auf der ersten Silbe, so daß auch die Lesung *mawalla* möglich ist, der Beveridge den Vorzug gibt. Sie merkt zu *mawalla* an: "There are annotations in the Second Persian translation, and, perhaps following it, in the Elphinstone MS. of *nām-i-dirakht*, name of a tree, *dīdān-i-bed*, sight of the willow, *bed-i-mawallah*, mournful-willow. Standing alone *mawallah* means weeping willow, in this use answering to *majnūn* the name Panj-ābīs give the tree, from Leila's lover the distracted *i.e.* Majnūn" (Appendix I, S. xxxii). Es macht allerdings einen Unterschied, ob der Baum selbst als traurig bezeichnet wird oder ob er von seinem Habitus her an den in tiefe Niedergeschlagenheit verfallenen Majnūn erinnert. Das Majnūn-Motiv läßt sich nur bei den islamischen Völkern nachweisen, s. Steingass 217 *bīdi majnūn* 'the weeping willow', afgh. AfRS 795 *madžnunbéd*, usb. UzRS 245 *majnuntål* 'plakučaja iva' und nuig. Schwarz 972 *mäjnuntal* 'weeping willow (Salix babylonica)'. Es beschränkt sich jedoch nicht auf die Trauerweide; eine Varietät des Weißen Maulbeerbaums, *Morus alba* ist wegen ihrer hängenden Zweige ebenfalls nach Majnūn benannt worden, s. usb. UzRS 245 *majnuntut* 'plakučij tutovnik'.

Beveridge nimmt an, daß *mawallah*, wörtlich 'mournful', in Einzelstellung die Bedeutung 'weeping-willow' zukommt. Ihrer Hypothese steht aber entgegen, daß das Motiv der trauernden Weide dem europäischen Kulturkreis angehört; es beruht auf der christlichen Legende, daß Jesus mit Weiden gegeißelt wurde und der Baum diesen Vorgang betrauert. Die Annotation *bed-i-mawallah* ist deshalb kaum eine Erläuterung im Sinne von 'mournful-willow'; sie scheint vielmehr *mawallah* als Weide zu identifizieren. Desgleichen stellt die Anmerkung *nām-i-dirakht* lediglich klar, daß es sich dabei um einen Baum handelt; *dīdān-i-bed* dürfte sich nicht als 'sight of the willow', sondern als 'Weide im ersten Wintermonat' verstehen. Im übrigen fungiert die Trauerweide im Vorderen Orient nicht als Trauerbaum; Begräbnisplätze werden dort generell mit Zypressen bepflanzt.

Die in Nordiran beheimatete Trauerweide wird zwar heute vielerorts kultiviert, hat sich aber nur sehr langsam verbreitet; nach Europa gelangte sie erst im 16. Jahrhundert. Bābur war sie offenbar nicht bekannt, denn er ist unsicher, ob ihre Kätzchen schon im Herbst oder erst im Frühjahr hervorkommen. Vermutlich erwähnt er einen in Herat üblichen Namen der Trauerweide; geht man dabei von *muwalla* aus, d.h. von einem Appellativum, das aus afgh. *mu* 'Haar' + *vә́la* 'Weide' zusammengesetzt ist, bietet sich die Interpretation 'Haarweide' an. Sie erscheint insofern nicht abwegig, als der Baum unter Bezug auf die Protagonistin von *Laylā u Majnūn* im Türkmenischen mit TR 17 *leyli sač* 'Leilahaar' benannt wird. Das Haar-Motiv ist für die Trauerweide zudem mit ar. Bedevian 522, Nr. 3035 *šaʿr al-bint* 'Tochterhaar' und tat. TaRS 92 *bödrä tal*, ba. BRS 111 *böẕrä tal* 'Lockenweide' belegbar.

naġzak (282b) — Mango, *Mangifera indica.*

Steingass 1413 *naghzak* 'the mango', Platts 1144 *naġzak* 'a mango'.

In Hindustan bezeichnet man die Mango generell mit *amba*, spricht jedoch das *b* in *amba* meist so aus, als ob kein Vokal folgt. Weil dies unschön klingt, benutzen manche Leute das persische Wort *naġzak*.

♦ Im Zusammenhang mit *naġzak* (< *naġz* 'schön' + *-ak*) zitiert Bābur den Vers *naġzak-i mā naġzkun-i būstān / naġztarīn meva-i Hindūstān* 'Unsere Mango, Verschönerin des Gartens / schönste Frucht Hindustans'; er stammt von dem in

Samarkand geborenen Dichter Amīr Ḫusraw (13./14.Jh.), der in Hindustan lebte, aber seine Werke in Persisch verfaßt hat.

nāliyar (285b) — Kokospalme, *Cocos nucifera.*

Brandis 648 *nariyal* (Hind.) 'the Cocoa-nut tree, Cocos nucifera', Platts 1113 *nāriyal* 'the cocoa-nut tree, *Cocos nucifera*; cocoa-nut'.

Bābur vermutet, daß die Hindustani irrtümlicherweise *nāliyar* anstatt *nārgīl* sagen.

♦ Bei *nāliyar* handelt es sich um keine Verballhornung von *nārgīl*, sondern um eine Metathese aus *nāriyal*.

nārang (286b) — Orange, *Citrus aurantium.*

Steingass 1371 *nārang* 'an orange', Brandis 123 *narengi* 'the bitter and sweet Orange, Citrus aurantium', Platts 1113 *naraṅgī* 'an orange; the orange tree, *Citrus aurantium.*

In Badschaur und Swat ist *nārang* anstelle von *nāranǰ* gebräuchlich.

♦ Bābur hat *nāranǰ* stets für ein arabisiertes Wort gehalten; in Badschaur und Swat sah er sich in dieser Meinung bestätigt, da hier jeder *nārang* sagte. Zu *nārang* vgl. den Sanskrit-Ausdruck *nāraṅg*, der vermutlich auf *nāg-raṅg* < *nāg* 'Mennige' + *raṅg* 'Farbe' zurückgeht, s. Platts 1113 *nāraṅg* 'the orange tree, and its fruit' und 1116 *nāg-raṅg* 'the orange, *Citrus aurantium*'.

nāranǰ (129b, 132a–b, 133b, 134a, 245a–b, 249b, 250a, 286a–b, 287a–b) — Orange, *Citrus aurantium.*

Wehr 1240 *nāranj* 'Pomeranze, Bitter-Orange (Citrus aurantium)', Steingass 1371 *nāranj* 'an orange', afgh. AfRS 883 *nāríndž* 'pomeranec', Platts 1113 *nāranj* 'an orange'.

"In Laghman, Badschaur und Swat gibt es gute Orangen in Hülle und Fülle. Die Laghman-Orangen, die einen Nabel haben, sind zwar etwas klein, jedoch delikat und saftreich. Die Badschaur-Orangen haben die Größe einer Quitte (bihi) und sind sehr saftig, aber saurer als die anderen Orangen. Ḫwāǰa Kalān sagte: 'Wir haben die Orangen, die in Badschaur von einem einzigen Baum dieser Sorte geerntet wurden, gezählt – es waren 7 000 Orangen'."

Laghman-Orangen sind so fragil, daß viele auf der kurzen Strecke von Laghman nach Kabul verderben – im Gegensatz zu den dickschaligen und weniger saftigen Astarabad-Orangen, die den weiten Transport von Chorasan nach Samarkand nahezu unbeschädigt überstehen. Eine reiche Orangenernte erzielt man gleichfalls in Dara-i Nur und Kunar va Nur Gul sowie in Nangarhar, wo Bābur in seinem *Čār-bāġ* bei Adinapur ein großes Wasserbecken mit Orangenbäumen umpflanzen ließ. Wegen des herrlichen Anblicks der reifenden Orangen im dunklen Blattgrün war dieser Platz für ihn der schönste Teil des Gartens. Als er im Herbst dort einige Tage verbrachte, hingen an den Orangenbäumen unzählige Früchte, die allerdings noch nicht so gelb waren, wie Bābur es sich gewünscht hätte. Er überließ fast jedem seiner Begleiter die Ernte eines Baumes; da er im Winter nach Laghman zu kommen gedachte, behielt er sich selbst 20 Bäume vor, die er dann auch mit reifen Früchten beladen vorfand. In Kunar rastete Bābur in einem Haus mit Blick auf einen Orangengarten, den er aber wegen des starken Regens nicht betreten konnte.

♦ Bonavia (S. 10–11) ist der Ansicht, daß Bābur mit *nāranǰ* keine Bitterorangen, sondern nur süße Orangen gemeint hat, und zwar deshalb, weil er die Orangen von Laghman, Badschaur und Swat insgesamt als gut (ẖūb) beurteilt und die *nāranǰ* von Badschaur lediglich als etwas saurer einstuft (S. 10–11). Die als *ẖūb* eingeschätzten Orangen waren jedoch zweifellos von einer säuerlichen Süße, denn Bābur hat süße Orangen (čüčük nāranǰ) verabscheut. Dies geht zum einen daraus hervor, daß er den *sadāfal* als süß, aber nicht widerlich süß wie *nāranǰ* beschreibt. Zum andern bezeugt eine Anmerkung Humāyūns im Elphinstone-Kodex, daß Bābur eine große Abneigung gegen *čüčük nāranǰ* hatte und deshalb seinen Ekel vor einem Schmeichler mit den Worten *nāranǰ suyï dek tur* 'Er ist wie Orangensaft' auszudrücken pflegte (Beveridge, Appendix O, S. liii). Entgegen Bonavia dürfte Bābur unter *nāranǰ* auch bittere Orangen verstanden haben, denn er vergleicht den Geschmack der extrem sauren *āmal-bed* mit dem von *nāranǰ* und *līmū*. Beveridge liest an dieser Stelle *turunǰ* 'citron' anstatt *nāranǰ*; der Buchstabe Nūn ist im Haidarabad-Kodex zwar nicht einwandfrei erkennbar, doch läßt der folgende Alīf keinen Zweifel an der Lesung *nāranǰ* zu.

nārgīl (285b) — Kokospalme, *Cocos nucifera*.

Steingass 1370 *nārgīl* 'fruit of the cocoa-palm; cocoa-nut'.

"Die Frucht der Kokospalme ist die Kokosnuß (ǰawz-i hindī), aus der schwarze Schöpflöffel gemacht werden; die größeren Kokosnüsse verarbeitet man zu Lautengehäusen. Der Baum ähnelt im Ganzen der Dattelpalme (ẖurmā diraẖtï); die Äste der Kokospalme haben aber mehr Blätter, und die Farbe der Blätter ist leuchtender. Wie die Walnuß (yangaq) hat auch die Kokosnuß eine grüne Außenschale; die Schale der Kokosnuß besteht jedoch aus einer Faserschicht. Daraus verfertigt man sämtliche Taue für Boote oder Schiffe und selbst die Kordeln zum Vernähen von Bootsfugen. Wenn die Schale der Kokosnuß entfernt ist, werden an einem ihrer Enden drei in Form eines Dreiecks angeordnete Aushöhlungen sichtbar; zwei sind hart, eine läßt sich leicht durchbohren. Bevor der Kern gebildet wird, ist im Innern der Kokosnuß eine Flüssigkeit. Man durchsticht die weiche Aushöhlung und trinkt diese Flüssigkeit; sie schmeckt nicht schlecht, etwa so wie verflüssigter Dattelkäse (ẖurmā panīri)."

♦ Mit den Ästen der Kokospalme meint Bābur die Blattstengel und mit den Blättern die Fiederblättchen. Bei der Kokosnuß sind alle drei Vertiefungen dünnwandig; allerdings wird nur eine davon später vom Keimling durchstoßen. Vermutlich hat Bābur diesen Vorgang beobachtet und deshalb die beiden anderen Aushöhlungen für undurchdringbar gehalten. Im grünen Zustand enthält die Kokosnuß eine klare eiweißhaltige Flüssigkeit, die sogenannte Kokosmilch; sie hat einen süßlichen Geschmack und ist ein sehr erfrischendes Getränk.

nargis (236a) — Narzisse, *Narcissus*.

Steingass 1395 *nargis* 'a narcissus', Platts 1132 *nargis* 'the narcissus; jonquil', ttü. Stw 694 *nergis* 'Narzisse', as. ARS 265 *närgis*, tkm. TuRS 472 *nerkes*, tat. TaRS 405 *närkis*, ba. BRS 408 närkäs, usb. UzRS 280 *nargas* ~ *nargis* 'narciss', nuig. Schwarz 973 *närgis* 'narcissus'.

Während des Hindustan-Vorstoßes von 1519 erkrankte Bābur an einem hartnäckigen Wechselfieber; als keine Besserung eintrat, verabreichte man ihm – allerdings erfolglos – mit Narzisse vermischten Wein.

♦ Zwiebel und Blüte der Narzisse sind als ein wirksames Therapeutikum bei Intermittens bekannt; in der türkischen Volksmedizin werden die getrockneten Blüten der Tazettennarzisse, *Narcissus tazetta* als fiebersenkendes Mittel verwendet.

nārǰīl (285b) — Kokospalme, *Cocos nucifera*.

Wehr 1240 *nārǰīl* 'Kokosnuß', Platts 1113 *nārjīl* 'a cocoa-nut; the cocoa-nut tree, *Cocos nucifera*'.

Ein Araber arabisiert *nārgīl* und sagt *nārǰīl*.

♦ Zu pers. *nārgīl* vgl. bei Platts 1113 das Sanskrit-Wort *nārikel* 'a cocoa-nut'.

nārwān (47b) — Ulme, *Ulmus*.

Steingass 1371 *nārwān* 'a tall shady tree', afgh. AfRS 883 *nārván* 'vjaz', Platts 1113 *nārwān* 'a species of lofty tree which gives much shade', usb. UzRS 280 *narwån* 'karagač (obl.)'.

Wie Bābur berichtet, war Muḥammad Tarḫāns *Čār-bāġ* in Samarkand mit herrlichen Ulmen sowie mit Silberpappeln (safedār) und Zypressen (sarw) bepflanzt.

♦ Mit *nārwān* ist wahrscheinlich nicht die in allen Städten Transoxaniens häufige *Ulmus densa* gemeint, sondern die sehr dekorative, aber seltenere *Ulmus androssovii*. Im Gegensatz zu *Ulmus densa* behält sie stets die kugelige Form ihrer Krone bei und paßt damit in die symmetrisch ausgerichtete Anlage eines *Čār-bāġ*.

nastaran (300a) — Weiße Rose von Indien, *Rosa glandulifera*.

Steingass 1400 *nastaran* 'a narcissus; the White rose of India', Platts 1137 *nastaran* 'the China rose, the white rose (of India), *Rosa glandulifera*'.

Die Rasenflächen von Bāburs *Čār-bāġ* in Agra wurden durch kunstvoll gestaltete, mit *gul* und *nastaran* bepflanzte Rabatten akzentuiert.

♦ Unter *gul* dürfte die purpurrote Bengalrose, *Rosa chinensis* zu verstehen sein und unter *nastaran* die Weiße Rose von Indien, keinesfalls jedoch die Narzisse, wie Beveridge und Thackston übersetzen. Narzissen eignen sich nicht für eine dauerhafte Beetbepflanzung, da sie nur kurz blühen und anschließend einziehen. Die gefüllten, starkduftenden Blüten der Weißen Rose von Indien erscheinen hingegen das ganze Jahr über.

nāšpātī (2a) — eine Birnenart, *Pyrus asiae-mediae.*

Steingass 1373 *nāshpātī* 'the common pear', Brandis 291 *nāshpāti* 'the Pear tree, Pyrus communis', usb. BAL 173, Nr. 680 *našwati* 'gruša sredneaziatskaja'.

Die *nāšpātī*-Birne von Andischan übertrifft jede andere Birne an Qualität.

♦ Eine ungewöhnlich saftige, süßsaure Birne, die diesem Kriterium entspricht, ist die im Ferganabecken gezüchtete grünliche oder gelbliche Spezies *Pyrus asiae-mediae*. Sie wird auch in der Tienschan-Region kultiviert, s. Le Coq 1922: 129 *nášpatī* 'eine sehr saftreiche süße gelbe Birne, die von Kuča besonders berühmt'.

nayšakar (129b, 132a, 228b) — Zuckerrohr, *Saccharum officinarum.*

Steingass 1442 *nai-shakar* 'sugar-cane', afgh. AfRS 919 *najšakár* 'saxarnyj trostnik', Platts 1167 *naishakar* 'sugar-cane', usb. UzRS 279 *nayšakar* 'saxarnyj trostnik'.

Das auf dem Markt von Kabul angebotene Zuckerrohr kommt aus Laghman; ein Jahr vor seinem Sieg über Pahār Ḫān (d.h. 1522/23) hatte Bābur im *Čār-baġ* bei Adinapur Zuckerrohr anpflanzen lassen, das in dem dort herrschenden warmen Klima so prächtig gedieh, daß eine Sendung davon nach Buchara und Badachschan ging. Die Anregung zum Anbau von Zuckerrohr erhielt Bābur möglicherweise nach der ersten Indus-Überquerung (1519), als er eine Exkursion in das Dschihlam-Gebiet machte und sich die entlang des Flusses liegenden Zuckerrohrfelder ansah.

♦ Im Zusammenhang mit dem in Kabul feilgehaltenen *nayšakar* erwähnt Bābur, daß er das Zuckerrohr nach Laghman gebracht und dort angebaut hat. Beveridge merkt dazu an: "Bābur's introduction of it may have been into his own garden only in Nīngnahār" (S. 203, Fn. 3). Es ist jedoch wenig wahrscheinlich, daß Bābur für seinen Garten eigens Zuckerrohr besorgen ließ, wenn es in Laghman bereits kultiviert wurde. Vermutlich pflanzte er im *Čār-bāġ* zunächst probeweise Zuckerrohr an und führte es nach gelungenem Experiment auch im Distrikt ein.

nāžū (135a, 140b) — Tränenkiefer, *Pinus wallichiana.*

Steingass 1372 *nāzhū* 'a pine-tree', afgh. AfRS 882 *nādžú* 'sosna'.

Viele *nāžū*-Bäume wachsen in den Bergen von Nidschrao, Laghman, Badschaur und Swat sowie in Hindustan.

♦ Bei *nāžū* dürfte es sich um die vom Himalaya bis Afghanistan verbreitete Tränenkiefer handeln; ihr harzreiches Holz wird beim Hausbau verwendet und dient als Fackel oder Kerze. Beveridge übersetzt *nāžū* mit 'cypress'; in diesem Sinne ist aber nicht *nāzhū*, sondern *nāzh* belegt, s. Steingass 1371 *nāzh* 'pine, box, cypress'.

nīlufar (369b) — Indische Lotosblume, *Nelumbo nucifera.*

Steingass 1444 *nīlufar* 'the water-lily', Platts 1168 *nīlofar* 'a blue lotus; the lotus *Nilufer*, the blue water-lily, *Nymphæa cyanea*', usb. UzRS 285 *nilufar* 'lotos', nuig. Schwarz 973 *nilupär* 'lotus (Nelumbo nucifera)'.

Während einer Besichtigung der in der Nähe von Arrah gelegenen Lotosblumenfelder zeigte man Bābur einen neugebildeten Samenbehälter (tuḫm baġlaġanï). Er notiert, daß die Samen wie Pistaziennüsse (pistā) aussehen und daß in Hindustan das hübsche blumenartige Ding, aus dem die Lotosblumen entstehen, *kawal kukrī* und der einzelne Same *dūda* heißt.

♦ Bāburs Assoziation mit Pistaziennüssen ist äußerst treffend, denn die nüßchenartigen Lotossamen sind gleichfalls hartschalig, rundlich und zugespitzt. Ebenso ähnelt der becherförmige Fruchtboden, aus dessen flachem, durchlöcherten Deckel die Samen hervorlugen, einem Blütenkelch. Der Ausdruck *dūda* bedeutet wörtlich ‘Ruß’, s. Platts 532 *dūda* ‘lampblack; soot’; er bezieht sich auf die schokoladenbraune Farbe der reifen Samen.

paniyālā (284b) — Batokopflaume, *Flacourtia cataphracta.*

Drury I: 625 *paniayala* (H.) ‘Flacourtia cataphracta’, Platts 275 *paniyālā* ‘a kind of fruit, *Flacourtia cataphracta*’.

“Die Batokopflaume ist größer als die Kirschpflaume (ālūča) und sieht wie ein unreifer *qïzïl alma* aus; sie schmeckt ein wenig sauer, aber recht gut. Der *paniyālā*-Baum ist höher als der Granatapfelbaum (anār yïġačï); seine Blätter ähneln den Blättern der Mandel (bādām), sind jedoch schmaler.”

♦ Die Blätter des über 5 m hohen *paniyālā*-Baums haben eine lanzettliche Form. Seine kugelige Frucht, die eßbare Batokopflaume, ist etwa 2 cm dick und purpurn gefärbt; dieselbe Tönung hat ein unreifer *qïzïl alma.*

pistā (24a, 284b, 369b) — Pistazie, *Pistacia vera.*

Steingass 250 *pistā* ‘the pistachio-nut’, as. ARS 289 *püstä*, tkm. TR 19 *pisse*, tat. TaRS 426 *pestä* ‘fistaška (orex)’, kas. KaRS 276, kkp. KkRS 532 *piste*, kirg. KiRS 529 *miste* ‘fistaška’, usb. UzRS 327 *pista* ‘fistaška (derevo i plod)’, nuig. Schwarz 959 *pistä* ‘pistachio (Pistacia vera)’.

Ein Gesandter überbrachte Bābur Pistaziennüsse und Mandeln (bādām) aus Gold und Silber, die für die Festlichkeiten anläßlich der Hochzeit des ältesten Sohnes von Sulṭān Maḥmūd Mīrzā hergestellt worden waren. An Pistaziennüsse haben Bābur die Samen von *čirūnǰī* und Lotosblume (nīlufar) erinnert.

♦ Die u.a. in Zentralasien heimische Pistazie liefert die 1–2 cm langen und bis zu 1,2 cm breiten Pistaziennüsse; sie haben eine glatte, harte Schale und sind an einem Ende zugespitzt. Ihre angenehm süßlich schmeckenden öligen Kerne werden als Dessert gereicht.

qamïš (373b) — Schilf.

PdC 409 *qamïš* ‘roseau’, usb. UzRS 602 *qamič* ~ *qamiš* ‘kamyš; trostnik’; gtü.

Vor der 1529 mit den Bengali ausgetragenen Schlacht am Gogra überquerten die zu Bāburs Armee gehörenden Lahori und Hindustani den Ganges auf *qamïš*-Bündeln.

♦ Mit *qamïš* werden Schilfrohr, *Phragmites* und Simse, *Scirpus* bezeichnet, die aber beide nicht für Indien repräsentativ sind. Bābur erfaßt mit *qamïš* vermutlich das an den Ufern der nordindischen Flüsse und Seen häufige Elefantengras, *Typha elephantina*, dessen zu Bündeln verschnürte Stengel stets als Floß gedient haben.

qara yemiš (133b) — Dattelpflaume, *Diospyros lotos*.

In Dara-i Nur wird die Dattelpflaume (amlūk) von einigen Türk mit *qara yemiš* bezeichnet.

♦ Der Ausdruck *qara yemiš*, wörtlich 'schwarze Frucht', beschreibt eine Dattelpflaume im Reifezustand.

qara yïġač (93b) — Ulme, *Ulmus*.

Ttü. Stw 488 *karaağaç* 'Ulme, Ulmus campestris', tat. TaRS 229 *qaraġač* 'karagač; il'm', kas. RK 61 *qaraġaš* 'vjaz, berest', kkp. KkRS 18 *qara aġaš* 'karagač, vjaz', kirg. KiRS 276 *qara žïġač*, usb. UzRS 599 *qayraġåč* '*karagač*', nuig. Schwarz 967 *qariyaġač* 'elm (Ulmus)'.

Während der lange anhaltenden Belagerung von Samarkand im Jahre 1501 wurden die Pferde mit Ulmenblättern gefüttert, da man aus Erfahrung wußte, daß dieses Laub dazu geeignet war.

♦ Der Name *qara yïġač*, wörtlich 'schwarzer Baum', bezieht sich auf die dichtbelaubten dunkelgrünen Kronen der Ulmen. Zur Begrünung von Straßen und Plätzen sowie als Schattenspender pflanzt man in den Städten Uzbekistans noch heute die Spezies *Ulmus densa* an. Ihr Laub ist vermutlich ebenso bekömmlich wie die vom Weidevieh gerne gefressenen Blätter der Feldulme, *Ulmus campestris*. Thackston übersetzt *qara yïġač* mit 'beech'; die Buchen sind in Usbekistan jedoch nur sporadisch mit der Spezies *Fagus orientalis* vertreten und bedürfen außerdem der künstlichen Bewässerung. Im Usbekischen wird die Buche mit BAL 116, Nr. 387 *qåraqayin* 'buk vostočnyj' benannt.

qarqand (141b) — eine Berberitzenart, *Berberis oblonga*.

Usb. BAL 53, Nr. 144 *qåraqand* 'barbaris prodolgvatyj'.

Der ziemlich niedrige, dornige *qarqand*-Strauch liefert reichlich Holz, das sowohl feucht wie trocken brennt und insbesondere der Bevölkerung von Ghasni als Heizmaterial dient.

♦ Beveridge merkt zu *qarqand* an: "I have not lighted on this name in botanical books or explained by dictionaries. Perhaps it is a Cis-oxanian name for the *sax-aol* of Transoxania. As its uses are enumerated by some travellers, it might be *Haloxylon ammodendron, ta-ghaz etc.* and *sax-aol*" (S. 223, Fn. 3). Obgleich das Holz des Saxauls einen vorzüglichen Brennstoff abgibt, kann mit *qarqand* keinesfalls *Haloxylon ammodendron* gemeint sein; dieser dornenlose Baum kommt ausschließlich in den zentralasiatischen Wüsten vor und ist zudem meist von Sanddünen überdeckt. Ein Dornstrauch, der sich jederzeit als Brennholz anbietet, ist die an Berghängen und in Talsenken wachsende Berberitze, *Berberis*. Der Begriff *qarqand* dürfte mit usb. *qåraqand*, wörtlich 'schwarzer Zucker', identisch sein, einer Bezeichnung für die Berberitzenart *Berberis oblonga*, die schwarzviolette honighaltige Beeren trägt.

qawun (2a, 5a, 45b, 48b, 49b, 56a, 95b, 108b, 129b, 137b, 241a, 282b, 290b, 359a, 380b) — Melone, *Cucumis melo*.

PdC 413 *qawun* 'melon', usb. UzRS 619 *qåwun* 'dynja'; gtü.

Bābur war ein leidenschaftlicher Melonenesser; es ärgerte ihn deshalb, daß manche Leute die Mango (amba) überschwenglich gepriesen und sie allen Früchten – mit Ausnahme der Melone – vorgezogen haben, denn seines Erachtens kam der Mango ein solches Lob nicht zu. Die Melonen von Samarkand und Karschi hält Bābur für gut, die von Andischan und Achsi für exzellent. Buchara-Melonen haben in Transoxanien nicht ihresgleichen; doch als Bābur nach der Einnahme von Samarkand bei einer Versammlung Melonen aus Buchara und Achsi vorsetzen ließ, konnte sich keine Melone aus Buchara mit einer aus Achsi in Fergana messen. In Andischan, wo die Melonen in großer Fülle gedeihen, ist es nicht üblich, während der Saison an den Feldern Melonen zu verkaufen. Die Melonen aus dem Kabuler Umland sind nicht von erster Güte; mit Samen aus Chorasan erzielt man aber recht befriedigende Ergebnisse, obgleich der Ertrag geringer als in Ghasni ausfällt. In Hindustan gibt es nach Bāburs Ansicht nur schlechte Melonen; er stellte daher einen Gärtner aus Balch ein, der für ihn Melonen gezüchtet hat. Sie waren zwar klein, jedoch erstklassig, und Bābur zeigte sich hochzufrieden, daß es gelungen war, selbst in Hindustan gute Melonen zu ziehen; trotzdem ließ er aus Kabul Melonen herbeischaffen.

Nach seiner Flucht aus dem von Hungersnot heimgesuchten Samarkand (1501) fand Bābur zunächst in Dizak Zuflucht, wo er fettes Fleisch sowie viele süße Melonen genießen konnte; er fügt hinzu, daß er die Ruhe und Fülle dieser Tage niemals vergessen hat. Eine Floßfahrt auf dem Pandschhir-Fluß verlief zwar weniger dramatisch, bot aber dank einer Melone eine amüsante Einlage. Als das Floß einen Felsen rammte, fielen mehrere von Bāburs Gefolgsleuten ins Wasser. Darunter war ein Mann, der sich gerade mit dem Zerschneiden einer Melone beschäftigt hatte; bevor er über Bord ging, versäumte er jedoch nicht, das Messer in die Floßmatte stecken. In einem 1529 im Feldlager verfaßten Brief an Ḫwāja Kalān bekennt Bābur, daß ihn mitunter eine große Sehnsucht nach seinen alten Ländern überkommt und daß er in einem solchen Moment beim Zerteilen und Essen einer Melone aus Rührung geweint hat. Trotzdem dürfte es Bābur aber auch einmal vor Melonen gegraut haben; denn als er seinen Onkel Sulṭān Aḥmad Ḫān besuchte, zog er sich sehr schnell wieder zurück, da in dessen Zelt ein Durcheinander von Melonen, Trauben (üzüm), Sattelzeug und allen möglichen anderen Dingen herrschte.

♦ Bāburs Anmerkung, daß in Andischan zur Erntezeit keine Melonen an den Feldrändern verkauft werden, besagt, daß man an den Beeten die Melonen geschenkt bekam oder sie sich einfach nehmen konnte. Generell werden die Melonenfelder jedoch bewacht, um etwaige Diebe abzuhalten, wie das von Kāšġarī DLT 207 zitierte Sprichwort *qāġūn qarma bolsa iḏisi ekki älgin tāġīr* 'Wenn eine Melone das Diebesgut ist, reißt ihr Besitzer sie mit zwei Händen an sich' zeigt. Es bedarf großer Erfahrung, um süße Melonen zu ziehen, da sie viel Sonne, wenig Wasser und zudem einen geeigneten Boden brauchen. In Indien baut man die Melonen in sandigen Flußbetten an, in Transoxanien hingegen auf künstlich berieselten Feldern. Bei der letzteren Methode, die vermutlich auch der Gärtner aus Balch angewendet hat, wird lediglich den Wurzeln Feuchtigkeit zugeführt und somit ein Faulen von Kraut und Früchten vermieden. Mit seinem strengen Urteil über die Melonen Hindustans hat Bābur keineswegs übertrieben, denn sie können sich weder im Aroma noch im Geschmack mit den in seiner Heimat gezüchteten Melonen messen.

qïzïl alma (284b) — eine Apfelvarietät, *Malus sylvestris* var. *niedzwetzkyana*.

Kas. QSE VII: 81 *qïzïl alma* 'Malus Niedzwetzkyana', usb. BAL 148, Nr. 553 *qizil ålma* 'jablonja nedzvedskogo'.

Die Batokopflaume (paniyālā) ähnelt einem unreifen *qïzïl alma*.

♦ Der 3–5 cm große *qïzïl alma*, wörtlich 'roter Apfel', ist zunächst cremefarben, nimmt aber allmählich eine purpurne Tönung an, die sich im Reifezustand zu Bordeauxrot vertieft.

qulan quyruġï (143a) — ein Schmetterlingsblütler, *Eremosparton*.

Tkm. TR 141 *gulanguyruq* 'eremosparton obvislyj', kas. QSE VII: 26 *qulanquyrïq* 'Eremosparton songaricum', usb. BAL 112, Nr. 369 *qulånquyruq* 'eremosparton bezlistnyj'.

Am Baran benutzt man im Herbst die ausgereiften Samen von *qulan quyruġï* als Fischgift. Nach dem Zerquetschen der Samen werfen die Fischer 10–20 Ladungen (puštvara) davon ins Wasser und zusätzlich 20–30 Ladungen zerkleinerten Beifuß (kök šïbaq). Die umgehend betäubten Fische treiben auf einen flußabwärts errichteten Sperrzaun zu, wo sie eingesammelt werden. Dieselbe Fischfangmethode praktiziert man an den Flüssen von Gulbahar, Parwan und Istalif.

♦ Die Pflanzengattung *Eremosparton*, die im Verbreitungsgebiet des zentralasiatischen Kulans vorkommt, wird wegen ihrer rutenartig verzweigten Stengel *qulan quyruġï*, wörtlich 'Kulanschwanz', genannt. Sie gehört zu den Leguminosen, deren Saponinsubstanzen auf Fische eine narkotische Wirkung ausüben. Durch die Zerkleinerung der Samen lösen sich diese Stoffe schnell im Wasser auf und gelangen über die Kiemen sofort in den Blutkreislauf der Fische.

rīm diraḫtï (239b) — Schwarzpappel, *Populus nigra*.

Steingass 604 *rīm* 'the poplar'.

An einem Abhang der unweit von Gardez gelegenen Rustam-Ebene entspringt eine kleinere Quelle, in deren Nähe sehr hohe Pappeln stehen, die alle anderen Bäume überragen.

♦ Die in den montanen Regionen Afghanistans häufige Schwarzpappel kann eine Höhe von 30 m erreichen.

rīwāǰ (129b) — Persischer Rhabarber, *Rheum ribes*.

Steingass 604 *rewāj* 'sorrel', afgh. AfRS 454 *ravāš* 'reven' sedobnyj', usb. UzRS 344 *riwåč* ~ *råwåč* 'reven'', nuig. Schwarz 966 *rawaç* 'rhubarb (Rheum officinale)'.

Der Rhabarber von Kabul ist ausgezeichnet.

♦ In den Paghman-Bergen, an deren Fuß die zu Kabul gehörigen Dörfer liegen, wächst der Persische Rhabarber. Die Stengel werden, wie Beveridge anmerkt, auf dem Markt grün (čūkrī) oder gebleicht (rīwāǰ) angeboten (S. 203, Fn. 5). Um sie zu bleichen, häuft man um die Staude kegelförmig Steine auf, so daß weder Licht noch Luft Zugang haben. Im Usbekischen wird nach BAL 117, Nr. 696–697 *Rheum cordatum* mit *čuhra* und *Rheum maximowiczii* mit *råwåč* bezeichnet; die Stengel dieser Rhabarberarten sind gleichfalls eßbar.

royan (138a) — Färberröte, *Rubia tinctorum*.

Steingass 598 *royan* 'madder', afgh. AfRS 458 *ruján* 'marena, krap', usb. UzRS 347 *royan* 'marena', nuig. Schwarz 966 *royan* 'madder (Rubia tinctorum)'.

In Ghasni baut man Färberröte an; die gesamte Ernte wird nach Hindustan verkauft und bringt den Bauern einen sehr großen Gewinn ein.

♦ Die Region südlich von Kabul bis nach Kandahar hin ist noch heute für ihren Krappanbau bekannt. Der Wurzelstock der in Kleinasien und im Kaukasus heimischen, aber seit alters her in Vorder- und Zentralasien kultivierten Färberröte liefert das begehrte Krapprot. In Indien dient das Rhizom der *Rubia munjistha* als Ersatz für *Rubia tinctorum*, doch wird ihm nicht dieselbe Effizienz zugeschrieben.

sadāfal (287a, 344a) — eine orangenähnliche Frucht.

Platts 645 *sadā-phal* 'allways bearing fruit, a tree which bears fruit every year, (as) ... the sweet-lime'.

"Der *sadāfal* hat die Form einer Birne (amrūd) und die Farbe der Quitte (bihi); er schmeckt süß, aber nicht widerlich süß wie Orangen (nāranǰ)."

Während eines Aufenthalts in Gwalior besichtigte Bābur einen in der Nähe von Suhdschana gelegenen Garten, in dem *sadāfal*- und *līmū*-Bäume gezogen wurden.

♦ Bonavia (S. 67 bzw. 77) ordnet *sadāfal* als eine Art Limone, nämlich als *Citrus medica* var. Pummelo-lemons ein; Beveridge (S. 512, Fn. 4) führt für *sadāfal* die Definition '*Citrus decumana*, the shaddock or pumelo' bzw. '*C. decumana pyriformis*' an.

safedār (47b) — Silberpappel, *Populus alba*.

Steingass 686 *safedār* 'white poplar', Platts 662 *safedār* 'the white poplar, the aspen', Brandis 640 *safeda* (Haz.) 'Populus alba'.

Silberpappeln sowie Ulmen (nārwān) und Zypressen (sarw) akzentuierten die symmetrische Anlage von Muḥammad Tarḫāns *Čār-bāġ* in Samarkand.

♦ Die 15 m hohe Silberpappel bildet mit ihren unterseits weißbefilzten Blättern einen reizvollen Kontrast zu dem dunkelgrünen Laub von Ulme und Zypresse.

ṣāḥibī-i Samarqand (45b) — eine Weintraubensorte.

Afgh. AfRS 570 *sāhibí angūr* 'sort krupnogo sladkogo vinograda', Platts 742 *ṣāḥibī* 'a kind of grape', usb. UzRS 381 *såhibi* 'nazvanie sorta vinograda'.

Ebenso berühmt wie *seb-i-Samarqand* ist die *ṣāḥibī-i Samarqand* genannte Weintraube.

♦ Diese 'Herren'-Traube hat große, süße Beeren; sie wird laut Beveridge (S. 203, Fn. 7) auch in der nördlich von Kabul gelegenen Koh Daman-Region gezogen. Im Pandschab gibt es eine rote sowie eine graue Varietät – *ṣāḥibī surkh* und *ṣāḥibī ablaq* (Balfour I: 1245).

sangtāra (287a) — eine orangenähnliche Frucht.

Platts 686 *sangtarā* 'a kind of orange'.

"In Farbe und Form gleicht der *sangtāra* der Zitrone (turunǰ); seine Schale ist aber glatt, nicht uneben. Er ist ein wenig kleiner als *turunǰ*. Der *sangtāra*-Baum wird so hoch wie der Aprikosenbaum (ürük diraḫtï); seine Blätter ähneln den Blättern der Orange (nāranǰ). Der *sangtāra* hat einen angenehm sauren Geschmack; der aus ihm hergestellte Scherbet ist sehr bekömmlich. Wie *līmū* wirkt er kräftigend auf den Magen, nicht schwächend wie *nāranǰ*."

♦ Im Elphinstone-Kodex findet sich eine Annotation von Humāyūn, die eine völlig andere Beschreibung von *sangtāra* gibt (Beveridge, Appendix O, S. liv). Nach der Einschätzung Bonavias entspricht Humāyuns *sangtāra*, der größer als *nāranǰ* und süß ist, der heute in Indien weitverbreiteten Sùntara-Orange, *Citrus aurantium* ssp. *suntara* (S. 250, Fn. ‡), während Bāburs *sangtāra* aufgrund der angeführten Kriterien eher zu den Khattà-Orangen gehört (S. 248, Fn. †).

sarïġ arġawān (137a) — eine Schnurbaumart, *Sophora griffithii*.

Afgh. AfRS 40 *zjaṛ arġuván* 'sofora – *Sophora griffithi*'.

Unterhalb der Chwadscha Seyaran-Quelle, die an einem Hügel nahe bei Istalif entspringt, gibt es einen Judasbaumhain (arġawānzār) und zudem dichte Bestände von gelbem *arġawān*, der zeitgleich mit den Judasbäumen seine Blüten entfaltet.

♦ Mit *sarïġ arġawān* ist die strauchige Schnurbaumspezies *Sophora griffithii* gemeint, die wie der Judasbaum zu den Leguminosen gehört, aber nicht purpurrote, sondern leuchtendgelbe Schmetterlingsblüten hat. Analog zum Judasbaum erscheinen ihre Blüten vor den Blättern; *Sophora griffithii* kommt in Afghanistan sowie in Zentralasien, Beludschistan und Iran vor. Bei dem von Bābur verwendeten Begriff *sarïġ arġawān* könnte es sich um eine Übersetzung von afgh. *zjaṛ arġuván*, wörtlich 'gelber Judasbaum', handeln; im Usbekischen wird *Sophora griffithii* mit *tuxmak* bezeichnet, s. UzRS 458 *tuxmak* 'sofora Griffita'.

sarw (47b, 238a) — Echte Zypresse, *Cupressus sempervirens.*

Steingass 679 *sarv* 'the cypress-tree', ttü. Stw 816 *serv* 'echte Zypresse, Cupressus sempervirens', as. ARS 306 *särv* , tkm. TuRS 754 *servi*, kkp. KkRS 570 *särbi* 'kiparis', usb. UzRS 355 *sarw* 'kiparis piramidal'nyj'.

Auf die Rückseite seines an Pūlād Sulṭān in Samarkand übersandten Diwans hat Bābur eine *qiṭ'a* geschrieben; sie beginnt mit den Versen *ol sarwnïng ḥarīmïġa gar yetsäng, ay ṣabā / bergil bu haǰr ḫastasïdïn yād köngligä* ... 'Wenn du das Allerheiligste dieser Zypresse erreichst, oh Brise aus dem Osten / dann rufe ihr ein von Heimweh verzehrtes Herz ins Gedächtnis ...'. In seiner Jugend hatte Bābur die herrlichen Zypressen in Muḥammad Tarḫāns *Čār-bāġ* in Samarkand bewundert.

♦ Beveridge vermutet, daß der Vers an Bāburs Halbschwester Mihr-bān, die Mutter von Pūlād Sulṭān, gerichtet war (S. 632, Fn. 3).

seb-i Samarqand (4a, 45b) — eine Apfelsorte.

Steingass 777 *ṣāb* '(in the dialect of Isfahān) an apple', afgh. AfRS 534 *seb* 'jabloko'.

Samarkand ist für seine guten Früchte bekannt; berühmt sind aber nur zwei davon – *ṣāḥibī-i Samarqand*, eine vorzügliche Traube, und *seb-i Samarqand*. Wie *anār-i Ḫuǰand* für einen ausgezeichneten Granatapfel steht, so steht *seb-i Samarqand* für einen exzellenten Apfel.

♦ Die Wertschätzung, die diese Apfelsorte genossen hat, verdankt sie zweifellos ihrer für zentralasiatische Verhältnisse hervorragenden Qualität. Im allgemeinen sind die meist aus Wildformen herausgezüchteten Äpfel wenig schmackhaft und mit europäischen Apfelsorten nicht vergleichbar.

si-barga (3a, 132b, 245a) — Kopfklee, *Trifolium.*

Steingass 710 *sih-barga* '(three-leaf) trefoil', usb. UzRS 360 *sebarga* 'klever; trifol''.

Unterhalb des Außenhofs einer am Fuß des Bara-Koh gelegenen Moschee erstreckt sich ein schattiges Kleefeld, auf dem Pilger und Reisende rasten. Im Herbst waren die Grünflächen im *Čār-bāġ* bei Adinapur ein Meer aus Klee; den schönsten Anblick hat jedoch der Südwestteil geboten, wo sich inmitten einer Kleewiese ein großes, von Granatbäumen (anār diraḫtlarï) und Orangenbäumen (nāranǰ diraḫtlarï) umstandenes Wasserbecken befand.

♦ Der niedrige Kopfklee bildet vor allem mit den Arten Rotklee, *Trifolium pratense* und Weißklee, *Trifolium repens* dichte Rasen. Bemerkenswerterweise hat Bābur im *Bāġ-i wafā*, der nicht wie die anderen *Čār-bāġ*s zu repräsentativen Zwecken genutzt wurde, sondern ausschließlich sein Refugium war, wildwachsende Pflanzen in die Gartengestaltung einbezogen.

sinǰid (129b) — die Frucht der Ölweide, *Elaeagnus angustifolia.*

Steingass 700 *sinjid* 'the jujube-tree and fruit', Brandis 546 *sinjit* ~ *sanjit* (Pushtu) 'Elaeagnus hortensis'.

Die auf dem Markt von Kabul angebotenen *sinǰid* stammen aus den gemäßigt temperierten Zonen des Umlands.

♦ Nach Löw I: 590 benennt pers. *sinǰid* neben der Jujube auch die Frucht von *Elaeagnus hortensis*, die in Afghanistan kultiviert wird. Für die Früchte der gleichfalls dort verbreiteten *Elaeagnus orientalis* führt Balfour I: 1035 den Namen *sanjit* an. Sowohl *Elaeagnus hortensis* wie *Elaeagnus orientalis* tragen braune Steinfrüchte, die roh oder gekocht gegessen werden. Die beiden Arten gelten heute als Varietäten der *Elaeagnus angustifolia*, deren gelbliche Früchte Bābur mit *čigdä* bezeichnet.

subḥānī (3b) — eine Aprikosensorte.

In Margelan gibt es eine Aprikosensorte, bei der die Steine vor dem Trocknen entnommen und anschließend wieder in die Frucht gesteckt werden. Man nennt sie dann *subḥānī*; sie schmeckt köstlich.

♦ In Indien entspricht *subḥānī* die *ḫūbānī*, die manchmal auch mit einer Mandel gespickt wird, s. Platts 495 *k͟hūbānī* 'an apricot; a dried apricot (with its kernel, or that of an almond inserted)'.

sumbul diraḫtï (231b) — Moschuswurzel, *Ferula moschata* (= Ferula sumbul).

Steingass 699 *sumbul* 'a flower (especially of an odoriferous plant); a hyacinth', Platts 680 *sumbul* 'a plant of sweet odour, spikenard', afgh. AfRS 523 *sumbúl* ~ *sumbál* 'ferula sumbul; nard (rastenie)', tkm. TuRS 599 *sünbül* 'indijskij nard; smolonosnica', usb. UzRS 386 *sumbul* ~ *sunbul* 'indijskij nard', BAL 116, Nr. 391 *sumbul* 'ferula muskusnaja'.

Nach der Überschreitung des Indus im Jahre 1519 stieß Bābur zum Sohan vor und kampierte auf einer Anhöhe jenseits des Flusses, wo zu seiner Überraschung der *sumbul*-Strauch wuchs, dessen Eigenschaften ihm vom Hörensagen bekannt waren. Dieser Strauch kommt dort vereinzelt an den Bergsäumen vor, im Bergvorland von Hindustan jedoch in sehr dichten und hohen Beständen.

♦ Beveridge definiert *sumbul* mit 'spikenard' (S. 392, Fn. 1); weil der Nardenbaldrian, *Nardostachys jatamansi* kein Strauch, sondern nur eine zwergwüchsige Pflanze ist und ihr Bāburs *diraḫt* deshalb "somewhat large for the plant" dünkt, übersetzt sie *sumbul diraḫtï* mit 'saṃbhal plant'. Vom Äußeren her war *sumbul* aber unzweifelhaft kein Kraut, denn Bābur gebraucht *diraḫt* konsequent für Bäume oder hohe Sträucher. Wahrscheinlich hat es sich um die von Zentralasien bis Afghanistan verbreitete Moschuswurzel gehandelt, die gleichfalls *sumbul* heißt und wie *Nardostachys jatamansi* Nardenöl liefert. Im Hinblick auf ihre mit farnartigen Blättern besetzten 2 m hohen Stengel ist es nicht verwunderlich, daß Bābur von einem Strauch spricht. Er hat jedoch *sumbul diraḫtï* offensichtlich mit dem im Himalaya und in Bengalen heimischen Nardenbaldrian verbunden, denn er fügt an, daß eine exakte Deskription der Pflanze im Bericht über die indische Flora erfolgen soll; die Beschreibung von *sumbul* blieb allerdings ausgespart.

šaftālū (129b, 282b, 287b, 341b) — Pfirsich, *Prunus persica*.

Steingass 748 *shaftālū* 'a peach', Brandis 279 *shaftálu* (Baluch.) 'the Peach, Prunus persica', usb. UzRS 537 *šaftåli* 'persik (derevo i plod)'.

In den kühleren Regionen rund um Kabul werden Pfirsiche gezogen. Das Blatt des Mangobaumes (amba) ähnelt dem Pfirsichblatt, seine Frucht einem *kārdī*-Pfirsich; die fünfblättrige Blüte des Oleanders (kaner) stimmt in der Form mit der Pfirsichblüte überein, der rote Oleander hat auch deren Farbe.

♦ Die Pfirsichblätter sind elliptisch-lanzettlich geformt, die fünfblättrigen Blüten vornehmlich rosarot gefärbt; s. **kārdī šaftālū**.

šalï (132a, 133b, 154a, 214a–b, 243b, 260a) — Reis, *Oryza sativa*.

Steingass 724 *šālī* 'rice in the husk', Platts 718 *śāli* 'rice', tkm. TuRS 751 *šalï* 'ris (neočiščennyj)', kirg. KiRS 899 *šalï* 'rastenie risa i ris v šeluxe', kas. KaRS 286 *salï* 'ris (v šeluxe); neočiščennyj ris', kkp. KkRS 561 *salï* 'neobrabotannyj, neočiščennyj ris', usb. UzRS 544 *šåli* 'šala, neočiščennyj ris', nuig. URL 544 *šali* 'neočiščennyj ris'.

In Nangarhar gedeiht der Reis sehr gut und ebenso in dem wasserreichen Dara-i Nur, wo man ihn auf terrassenförmig angelegten Feldern kultiviert. Der Reisanbau erreicht dort eine solche Ausdehnung, daß nur Platz für eine einzige Straße verbleibt. Als Bābur dringend Proviant benötigte und erfuhr, daß in dem zu Kafiristan gehörigen Mil die Reisernte noch nicht eingebracht war, überfiel er den Ort und ließ den Reis auf den Feldern in Massen requirieren. Auch die Afridi Afghan hatten viel Reis angebaut, wurden jedoch verschont, da Bābur wegen eines Grenzkonfliktes seine Truppen abziehen mußte. Während des fünften Hindustan-Feldzuges (1526) sah Bābur im Dschaswan-Tal einige versprengt daliegende Reisfelder.

♦ Mit *šalï* wird ungeschälter Reis bezeichnet, d.h. Reis, der noch auf dem Halm steht.

tabulġu yïġačï (5a–b) — Spierstrauch, *Spiraea hypericifolia*.

Tat. TaRS 551 *tubïlġï*, kum. KuRS 317 *toburġu*, kas. KaRS 346 *tobïlġï*, kirg. KiRS 686, alt. ORS 138, chak. XRS 212 *tabïlġï*, tsch. ČVS 495 *tupălha* 'tavolga', usb. BAL 202, Nr. 819 *tåbulġi* 'tavolga zveroboelistnaja'.

In den Bergen Ferganas wächst der *tabulġu*-Strauch; es gibt ihn an keinem anderen Ort. Es ist ein Strauch mit roter Rinde; man stellt aus ihm Stöcke, Peitschenstiele oder Vogelkäfige her und kann ihn zu Pfeilen zurechtschnitzen. Sein Holz ist sehr gut und wird als ein Segensbringer in weitentfernte Gebiete geschickt.

♦ Der Ausdruck *tabulġu*, der den in der nördlichen gemäßigten Zone verbreiteten Spierstrauch benennt, ist bereits in *Irk Bitig* 32 bezeugt. Kāšġarī erklärt DLT 245 *tawilqu* ~ *tawilġūč* mit 'aṭ-ṭabarḫūn', der arabischen Bezeichnung für die Purpurweide, *Salix purpurea*; er umschreibt damit vermutlich den Weidenspierstrauch, *Spiraea salicifolia*, der wie die Purpurweide rotüberlaufene Äste und lanzettliche Blätter hat. Aufgrund von Bāburs Angaben hinsichtlich der Verwendung des Holzes hält Beveridge *tabulġu* für die Rotweide, *Salix rubra* (S. 11, Fn. 1). Bei dem von Bābur erwähnten *tabulġu* dürfte es sich aber um *Spiraea hypericifolia* handeln, einen Strauch mit rutenartigen braunroten Zweigen, der im montanen Bereich von Fergana vorkommt und dort noch heute *tåbulġi* heißt. Wie auf der als Laxativ benutzten Bucharapflaume (ālū-yi buḫārī) ruht auch auf dem *tabulġu*-Holz ein Segen (tabarrukluk), denn seine Rinde hat eine adstringierende Wirkung.

tal (137a, 143a, 235b, 249b, 283b) — Weide, *Salix*.

PdC 201 *tal* 'saule', usb. UzRS 441 *tål* 'iva ostrolistnaja'; gtü.

Beim Fischfang am Baran werden Sperrzäune verwendet, die aus fingerdicken Weidenzweigen gefertigt sind. An einem Abhang in der Nähe der Chwadscha Seyaran-Quelle bei Istalif ließ Bābur eine Terrasse anlegen und mit Weiden sowie Platanen (čanār) umpflanzen; inmitten einer Wiese im *Čār-bāġ* bei Adinapur stand ebenfalls eine Gruppe von Weiden. Das Blattwerk der Jambolanapflaume (ǰāman) vergleicht Bābur mit Weidenblättern.

♦ Weidenzweige eignen sich wegen ihrer Biegsamkeit sehr gut zur Herstellung von Flechtwerken. Die Blätter der Weide haben eine lanzettliche, mitunter auch elliptische Form, während die *ǰāman*-Blätter elliptisch-lanzettlich sind.

tār (285b, 286a) — Palmyrapalme, *Borassus flabellifer* (= Borassus flabelliformis).

Brandis 657 *tār* (Hind.) 'the Palmyra, Borassus flabellifer', Platts 305 *tāṛ* 'the palmyra-tree or fan-palm, *Borassus flabelliformis*'.

"Alle Äste der Palmyrapalme befinden sich an der Spitze. Ebenso wie an der Dattelpalme (ḫurmā) befestigt man an der Palmyrapalme einen Krug, zapft ihren Saft ab und trinkt ihn. Der Saft wird *tārī* genannt; er soll wesentlich berauschender als Dattelpalmwein wirken. Die Äste sind auf einer Länge von einem halben bis zu einem *qarï* [ca. 30–60 cm] unbelaubt; danach breiten sich von einer einzigen Stelle am Astende 30–40 fast ein *qarï* [ca. 60 cm] lange Blätter handförmig aus. Man beschriftet sie oft mit Hindi-Buchstaben, und zwar nach Art der *defter*. Wenn die Einwohner von Hindustan in den großen Löchern ihrer Ohren keine Ringe tragen, machen sie Röllchen aus *tār*-Blättern und stecken sie hinein. Diese für die Ohrringlöcher bestimmten Röllchen werden auch in den Bazaren hergestellt und verkauft. Der Stamm der Palmyrapalme ist sehr viel schöner und glatter als der Stamm der Dattelpalme."

♦ Zur Gewinnung von Palmwein wird bei der Dattelpalme ein Einschnitt am Gipfeltrieb gemacht und der austretende Saft über ein in die Wunde gefügtes Blatt zur Krugöffnung geleitet. Bei der Palmyrapalme schnürt man hingegen den aufsprießenden Blütenstand ab, um die Blütenansätze zu zerstören, und verkürzt ihn dann stückchenweise. Sobald *tārī* hervorquillt, wird der Stengelrest in den Krug gesteckt; s. Platts 305 *tāṛī* 'the juice of the palmyra-tree, palm-wine, toddy'. Wenn der abgezapfte Saft einen Tag lang gegärt hat, bekommt er eine leicht berauschende Wirkung, die aber keineswegs größer als bei fermentiertem Dattelpalmwein ist; der Grad der Trunkenheit hängt stets von der konsumierten Menge ab. Als Äste der Palmyrapalme bezeichnet Bābur die langen Stiele der Blattwedel und als Blätter die fächerartig angeordneten Fliederblättchen. Das durch Ligaturen bestimmte Schriftbild des Hindi vergleicht Bābur mit den blockartigen Einträgen von Rechnungsbüchern.

teräk (45b) — Pappel, *Populus*.

PdC 213 *teräk* 'peuplier', usb. UzRS 425 *terak* 'topol''; gtü.

In seiner Beschreibung von Samarkand erwähnt Bābur, daß Tīmūr der Lahme zwischen *Bāġ-i-Dilkušā* und *Pīroza Darvāzasï* eine Allee anlegen ließ, die auf beiden Seiten mit Pappeln bepflanzt wurde.

♦ Wahrscheinlich handelte es sich um die im Orient oft kultivierte und sehr dekorative Pyramidenpappel, *Populus nigra* var. *italica*, die keine ausladende, sondern eine spitz zulaufende Krone hat und ein beliebter Alleebaum ist.

tindu (330b, 344a) — eine Ebenholzbaumart, *Diospyros embryopteris* (= Diospyros glutinosa).

Brandis 434 *tendu* 'Diospyros embryopteris', Platts 339 *tindu* 'a species of ebony, *Diospyros glutinosa* (from the fruit of which is obtained a kind of resin used in India as pitch for caulking vessels, &c.)' und *tindukī* 'the resinous fruit of the ebnoy tree called *tindu*'.

Anläßlich eines Besuchs in Gwalior wurde der Ebenholzbaum (ābnūs yïġačï) besichtigt; die Hindustani nennen ihn dort *tindu*.

♦ Unter *tindu* ist nicht der echte Ebenholzbaum, *Diospyros ebenum* zu verstehen, sondern die Spezies *Diospyros embryopteris*, deren Holz von minderer Qualität ist. Bābur hatte diesen Baum bereits bei einer Exkursion im Tschambal-Gebiet gesehen, wo man die Frucht mit *tindu* bezeichnet.

toraq (245b) — Euphratpappel, *Populus euphratica*.

Scully/Plants 219 *toghráq* 'a Poplar, *Populus balsamifera*', Le Coq 1922: 122 *toghráq* 'Populus balsamifera' (mit Verweis auf *Populus euphratica*), nuig. Schwarz 960 *toġraq* 'black poplar (Populus euphratica)'.

Bei einem Ausflug ins Barikao-Tal bewunderte Bābur die herbstliche Farbenpracht einiger Euphratpappeln (toraq diraḫtlarï).

♦ Die in Turkestan und Afghanistan häufige Euphratpappel ist ein einzelnstehender, an Flußrändern wachsender Baum, der wegen seiner nüßchenförmigen Früchte in *Irk Bitig* 64 als *yaġaqlïġ toġraq* zitiert wird; Kāšġarī erläutert DLT 235 *toġrāq* mit 'al-ġarab', einer Benennung für die Euphratpappel. Le Coq erwähnt die 'merkwürdige Verschiedenheit' der Blätter und damit ein spezifisches Kennzeichen der Euphratpappel; sie hat als junger Baum weidenähnliche Blätter, bildet aber im Alter zudem gezähnte ovale Blätter, wie sie für Pappeln charakteristisch sind. Beveridge, die *toraq* mit pers. *tūrak* gleichstellt, s. Steingass 334 *tūrak* 'purslain and its seed', übersetzt den Ausdruck mit 'purslain', obgleich der Portulak, *Portulaca oleracea* ein Kraut ist, Bābur jedoch von Bäumen spricht; im Index (S. 863) hat sie allerdings 'purslain' in 'poplar' verbessert.

turunǰ (129b, 132a, 133b, 134a, 286b, 287a) — Zitrone, *Citrus medica.*

Steingass 334 *tūrunj* 'an orange', afgh. AfRS 228 *turúndž* 'citron – *Citrus medica*', Platts 320 *turanj* ~ *turunj* 'a citron, an orange'.

"Es gibt zwei Arten von *turunǰ*; eine Art ist widerlich süß und ungenießbar, hat aber eine Schale, die sich für Marmelade eignet. Die Zitronen aus Laghman schmecken so widerlich süß. Die andere Art, die in Badschaur und Hindustan verbreitet ist, hat einen köstlich sauren Geschmack; aus ihr wird ein vorzüglicher Scherbet gemacht. In der Größe entspricht die Zitrone einer *ḫusrawī*-Melone. Ihre Schale ist runzlig und uneben; eines ihrer Enden verschmälert sich und hat einen Schnabel. Die Farbe der Zitrone ist von einem intensiveren Gelb als die Farbe der Orange (nāranǰ). Der *turunǰ*-Baum hat keinen Stamm; er ist recht klein und buschig. Seine Blätter sind länger als die von *nāranǰ*."

In Laghman werden vor allem in Nangarhar, Dara-i Nur und Kunar va Nur Gul Zitronen gezogen.

♦ Sowohl die Blätter der Orange wie der Zitrone sind 7,5–15 cm lang; Zitronenblätter erscheinen jedoch länger, da sie nicht eiförmig, sondern eiförmig-lanzettlich sind. Unter der sauren *turunǰ*-Art dürfte die mit *bajoura* bezeichnete *Citrus medica* var. *bajoura*, eine sehr saure und saftreiche Limonen-Zitrone, zu verstehen sein. Bei der süßen *turunǰ*-Spezies könnte es sich um die als *madhkankur* bekannte *Citrus medica* var. *madhkankur* handeln. Bonavia (S. 68–69) merkt an, daß man in Indien die echte Zitrone, *Citrus medica* von den Varietäten *bajoura* und *madhkankar* als *turunj* unterscheidet.

tūt (93b, 277b) — Maulbeerbaum, *Morus.*

Steingass 333 *tūt* 'a mulberry; the mulberry tree', Brandis 612 *tūt* 'Mulberry, Morus alba', usb. UzRS 456 *tut* 'tutovoe derevo, šelkovica'.

Während der Belagerung von Samarkand (1501) wurden die Pferde u.a. mit Maulbeerlaub gefüttert, da man aus Erfahrung wußte, daß es zu diesem Zweck geeignet war. In Laghman wachsen sehr viele Maulbeerbäume; zur Reifezeit fallen dort die Papageien aus Badschaur und den angrenzenden Regionen ein und machen sich über die Beeren her.

♦ Die Blätter des Maulbeerbaums dienten in Samarkand als Futter für die Seidenraupen, denn es gab dort zahlreiche Samtmanufakturen. Wie Bābur f. 48a berichtet, war die Stadt für ihren roten Samt (qïrmïzï mahmal) bekannt, der überallhin verschickt wurde.

ürük (3a–b, 129b, 287a) — Aprikose, *Prunus armeniaca.*

PdC 60 *ürük* 'prune, abricot', ttü. Stw 276 *erik* 'Pflaume', as. ARS 156 *ärik*, tkm. TuRS 792 *erik*, usb. UzRS 586 *orik* 'abrikos', kkp. KkRS 196 *erik*, kirg. KiRS 600 *örük* 'abrikos; urjuk', tat. TaRS 740 *örek* 'urjuk; abrikos', ba. BRS 428 *örök*, kas. KaRS 498 *örik* 'urjuk', nuig. Schwarz 966 *ürük* 'apricot (Prunus armeniaca)'.

Bābur rühmt die exzellenten Aprikosen von Margelan, insbesondere *subḥānī*; die auf dem Markt von Kabul angebotenen Aprikosen stammen aus den gemäßigt temperierten Regionen des Umlands. Den *sangtāra*-Baum vergleicht Bābur von der Größe her mit einem Aprikosenbaum.

♦ Kāšġarī definiert DLT 47 *ärük* als 'eine allgemeine Bezeichnung für Pfirsiche, Aprikosen und Pflaumen' und führt *sariġ ärük* als speziellen Namen der Aprikose an. Bei Bābur bezieht sich *ürük* eindeutig auf Aprikosen, und auch im modernen Sprachgebrauch ist *ürük* vornehmlich in dieser Bedeutung gebräuchlich. Der 3–8 m hohe Aprikosenbaum wird in Zentralasien vor allem in den Oasen kultiviert, wo er zwar nicht besonders saftige, aber zuckerreiche Früchte liefert, die meist in getrockneter Form in den Handel kommen.

üzüm (2a, 45b, 95b, 108b, 129b, 133b, 135a–b, 136a, 137b, 138a, 140a, 248a, 283b, 285a, 290b, 359a, 380b) — Weintraube, *Vitis vinifera.*

PdC 64 *üzüm* 'raisin', usb. UzRS 473 *üzüm* 'vinograd (plody)'; gtü.

Die Weintrauben von Andischan stuft Bābur als hervorragend ein, die von Samarkand als gut. In der Provinz Kabul werden gleichfalls Weintrauben angebaut; Bābur erwähnt die Trauben von Nidschrao und Ala Say sowie von Dara-i Nur, wo man die Reben nicht an laubenähnlichen Gerüsten, sondern an den Bäumen hochzieht. Die Trauben von Ghasni erreichen eine sehr gute Qualität; einzigartig sind aber die Weintrauben von Istarghidsch und Istalif. In Hindustan gibt es Bāburs Meinung nach nur schlechte Weintrauben, weshalb er aus Kabul Trauben herbeischaffen ließ. Im *Čār-bāġ* von Agra waren jedoch einige Weinstöcke angepflanzt worden, die zu seiner großen Freude vorzügliche Trauben trugen; gleichwohl gedenkt er in einem Brief, den er während des Ostfeldzugs (1529) an Ḫwāja Kalān geschrieben hat, mit Wehmut der ihm für immer versagten Trauben seiner Heimat. Der Geschmack der *kirnī*-Frucht erinnerte Bābur an Weintrauben und der Fruchtstand der Dattelpalme (ḫurmā) an ein Weintraubenbüschel.

Bābur berichtet von drei Ereignissen, die er mit Trauben verbunden hat. Nach seiner Flucht aus dem von Hungersnot betroffenen Samarkand bekam er in Dizak exzellente Trauben zum Nachtisch und während eines Herbstausfluges zum Koh Daman ließ er sich morgens in seinem Weingarten bei Istalif nieder und verzehrte genüßlich einige Trauben aus eigener Zucht. Weniger angenehm fiel der Besuch bei seinem Onkel Sulṭān Aḥmad Ḫān aus, denn in dessen Zelt lagen Trauben, Melonen (qawun) und andere Dinge wild durcheinander.

♦ Ungeachtet des für Muslime verbindlichen Alkoholverbots wurde in Chorasan, in Transoxanien, wo der starke Buchara-Wein sich besonderer Wertschätzung erfreute, und ebenso in der Provinz Kabul intensiv Weinbau betrieben. Die Weine aus Dara-i Nur – der gelbliche *aratāšī* und der tiefrote *sūhāntāšī* – sind in ganz Laghman berühmt. Beveridge vermutet, daß es sich bei *aratāšī*, wörtlich 'Steinsäge', und *sūhāntāšī*, wörtlich 'Steinfeile', um von Bābur erfundene oder lokal gebräuchliche Spitznamen handelt, die auf den äußerst sauren Geschmack der beiden Weine abzielen (Appendix G, S. xxv). Obwohl man in Tschighan Sarai keine Reben zieht, gibt es dort herbe gelbliche Weine, die allerdings nicht an die von Dara-i Nur heranreichen. Strenger und von schönerer Färbung als der Wein von Nidschrao, den die Einwohner kochen, sind die Weine von Ala Say. In den Jahren, in denen Bābur das Alkoholverbot mißachtet hatte, hegte er eine Vorliebe für die kräftigen Weine von den Hängen des Chwadscha Chawand Saʿid. Als er sie in seinen Memoiren erwähnt, war er aber zur Abstinenz bekehrt; er widmet ihnen deshalb kein eigenes Gedicht, sondern preist sie mit einem Vers aus fremder Feder: *Lizzat-i may mast dānad / hošyārānrā či ḥaẓẓ* 'Den Genuß des Weines kennt nur der Trinker / wie kann der Nüchterne daran Vergnügen finden'.

yabrūǰu'ṣ-ṣanam (5b) — Weibliche Alraune, *Mandragora officinarum.*

Steingass 1528 *yabrūj* 'the mandrake'.

In den Bergen von Fergana soll nach einigen Autoren die weibliche Alraune vorkommen. Bābur hatte darüber noch nie etwas gehört; in Yeti Kent glaubte er jedoch fündig geworden zu sein, denn dort kannte man eine Pflanze namens *ayïq otï*, der die Eigenschaften der Alraune zugeschrieben wurden.

♦ Die Alraune, die auch *mihr-giyāh*, wörtlich 'Liebeskraut', genannt wird, hat eine anthropomorphe Wurzel, nach deren verschiedenartiger Gestalt sie als weiblich oder männlich eingeordnet wird; mit der männlichen Alraune (yabrūj) ist *Mandragora vernalis* gemeint. Auch Kāšġarī vermerkt DLT 206 (s.v. *sīġun oti*), daß man die Alraune (satrang) als Männchen und Weibchen findet.

yangaq (129b, 284b, 285a–b) — Walnuß, *Juglans regia.*

PdC 537 *yangaq* 'noix', kas. KaRS 169, kirg. KiRS 230 *žaṅġaq* 'greckij orex', usb. UzRS 144 *yångåq* 'greckij orex (derevo i plod)', nuig. URL 776 *yaṅaq* 'greckij orex'.

Die auf dem Markt von Kabul angebotenen Walnüsse kommen aus den kühleren Zonen des Distrikts. Ein Mittelding zwischen Walnuß und Mandel (bādām) ist die Nuß des *čirūnǰī*-Baumes; die Kokosnuß (ǰawz-i hindī) hat eine grüne Außenhaut wie die Walnuß, aber eine aus Fasern bestehende Schale. Der eßbare Gipfeltrieb der Dattelpalme (ḫurmā) schmeckt nach Walnüssen.

♦ Walnußbäume werden in Afghanistan wegen ihrer Nüsse, aus denen man Öl gewinnt, häufig kultiviert; in Höhenlagen zwischen 3 000 und 1 000 m wachsen sie auch wild.

yāsaman (288a) — Jasmin, *Jasminum.*

Steingass 1526 *yāsaman* 'jasmine', ttü. Stw 1012 *yasemin* 'weißer Jasmin, Jasminum officinale', ba. BRS 243 *yäsmin*, nuig. URL 784 *yäsmin* 'žasmin'.

Einen höheren Wuchs und einen stärkeren Duft als die Jasminsträucher der Provinz Kabul (bizing yer) hat ein in Hindustan heimischer weißer Jasmin namens *čampā.*

♦ In Afghanistan ist der weißblühende Echte Jasmin, *Jasminum officinale* sowie die gelbblühende Spezies *Jasminum humile* verbreitet; mit *čampā* wird der Arabische Jasmin, *Jasminum sambac* bezeichnet, dessen wohlriechende weiße Blüten kleinen Rosen ähneln.

yorunčqa (141b) — Luzerne, *Medicago sativa.*

PdC 546 *yorunčqa* 'trèfle', tkm. TuRS 316 *yorunǰa* 'klever, ljucerna posevnaja', kas. KaRS 179 *žoṅïrïšqa* ~ *žoṅïšqa* 'klever', kkp. KkRS 256 *žoṅïšqa* 'klever, ljucerna', kum. KuRS 136 *yoṅurčġa*, kirg. KiRS 260 *žoṅġučqa* 'ljucerna', usb. BAL 149, Nr. 561 *yonġičqa* 'ljucerna posevnaja'.

Die Provinz Kabul liegt inmitten von Bergen, die nach Bāburs Beschreibung gleich Rampen aus *yorunčqa* an die besiedelten Täler heranreichen.

♦ Im *Sanglaḫ* f. 342v, 17 wird *yorunčġa* mit 'a fresh green plant (*nabāt*), which the oftener one cuts it the oftener it grows again; also called *yonca*; in Ar. *fiṣfiṣa*, in Pe. *aspist*' (zitiert nach EDPT 971) erläutert. Das Zitat bezieht sich eindeutig auf die Luzerne, die mit ar. *fiṣfiṣa* oder *qatt* sowie pers. *aspist* erfaßt wird; Kāšġarī erklärt DLT 631 *yorinčġa* und 608 *yorinča* ebenfalls mit 'al-qatt'. Bāburs Vergleich dürfte auf einer Reminiszenz beruhen, denn in seiner Heimat gab es rund um die Ortschaften große Luzernenfelder. Die bis zu 90 cm hohe Luzerne, die mehrfach im Jahr geschnitten werden kann, diente als Futter für die durchziehenden Karawanentiere und im Winter als Heu für die Pferde und Esel der ansässigen Bevölkerung.

za'farān (272b) — Safran, *Crocus sativus.*

Steingass 617 *za'farān* 'saffron', as. ARS 163 *zäfäran*, tkm. TuRS 333 *zaġpïran*, kkp. KkRS 280 *zapïran*, usb. UzRS 165 *za"farån* 'šafran'.

Bābur erwähnt, daß die in den Bergen südlich von Kaschmir lebenden Kas auch mit Safran handeln und dabei bis nach Bengalen und selbst zur Ozeanküste gelangen.

♦ Der von den Kas angebotene Safran stammte aus Kaschmir; er wird noch heute dort angebaut und nach Indien exportiert. Heimat des *Crocus sativus* ist Kleinasien, wo man ihn seit mehr als 3 500 Jahren kultiviert. Die als Gewürz sowie als Heil- und Färbemittel verwendete Droge besteht aus den dreiästigen Blütennarben, die den orangegelben Farbstoff Crocin enthalten. Um 1 kg getrockneten Safran zu gewinnen, müssen 120 000 bis 200 000 Blüten gepflückt werden; entsprechend hoch ist der Handelswert des Safrans.

zardak (306a) — Möhre, *Daucus carota.*

Steingass 614 *zardak* 'a carrot', kirg. KiRS 289 *zardek*, nuig. URL 473 *zärdäk* 'morkov''.

Am 21. Dezember 1526 wurde Bābur eine Mahlzeit serviert, deren Speisefolge er in einem Brief präzis vermerkt hat – geschmortes Hasenfleisch, gebackene Möhren (qalya zardak), ein vergiftetes indisches Gericht und getrocknetes Fleisch (qāq). Der Mordanschlag mißglückte, weil der Koch das Gift nicht in den Kochtopf, sondern auf den Boden der Servierschüssel gestreut hatte.

♦ Thackston übersetzt *qalya zardak* mit 'dressed saffroned meat', obgleich nicht von *za'farān*, sondern von *zardak* die Rede ist; s. Steingass 987 *qalya* 'fried; flesh-meat dressed with anything'.

zardālū (3a) — eine Aprikosensorte.

Steingass 614 *zard-ālū* 'a small apricot', Brandis 279 *zardālu* 'the Apricot, Prunus armeniaca', ttü. Stw 1049 *zerdali* 'kleine, gelblich-rötliche Aprikose mit bitterem Kern; wilde Aprikose, Prunus pseudoarmeniaca', usb. UzRS 164 *zardåli* 'abrikos'.

Die Süße von *dāna-kalān*, einer vorzüglichen Granatapfelsorte, hat ein wenig vom angenehmen Geschmack der *zardālū*-Aprikose.

♦ Mit *zardālū* meint Bābur wahrscheinlich eine bestimmte Aprikosensorte, denn er stellt anschließend *subḥānī* als *yana bir ǰins ürük* 'eine andere Aprikosensorte' vor. In den Oasen werden diverse Varietäten kultiviert, die sich vor allem durch den Zuckergehalt des Fruchtfleischs unterscheiden, der zwischen 4 und 20% schwanken kann. Da Bābur eine intensive Süße verabscheut hat, den Geschmack von *zardālū* jedoch als angenehm bezeichnet, handelte es sich wohl um eine säuerlich-süß schmeckende Aprikose.

zaytūn (140b) — eine Ölbaumart, *Olea cuspidita.*

Steingass 633 *zaitūn* 'an olive-tree; an olive', Brandis 445 *zaytūn* (Pushtu) 'Olea cuspidita', usb. UzRS 162 *zaytun* 'maslina, oliva (derevo i plody)'.

In den Bergen von Nidschrao, Laghman, Badschaur und Swat kommen viele wilde Ölbäume vor.

♦ Die Ölbaum-Spezies *Olea cuspidita* ist von Afghanistan bis zum Indus hin verbreitet. Sie steht zwar der *Olea europaea* sehr nahe, trägt aber nur etwa 0,7 cm große Früchte, die sich nicht zur Ölgewinnung eignen.

Bezeichnungen für Tiere

ʿakka (281a) — Elster, *Pica pica.*

Steingass 861 *ʿakka* 'a magpie', Scully/Birds 213 *ʿakka* 'the Andijani name for the Magpie'.

"Etwas kleiner als die Elster ist die *matā* genannte *ʿakka* von Hindustan. Die Elster hat eine weiße, *matā* hingegen eine rötlichbraune (mällä) Scheckung."

♦ Die 45 cm lange schwarzweiße Elster war Bābur aus seiner Heimat vertraut; anstelle der türkischen Bezeichnung *saġïzġan* benutzt er für sie den persischen Terminus *ʿakka*, eine Lautmalerei, die ebenso wie *saġïzġan* das Geschacker der Elster wiedergibt. Bei der in Hindustan heimischen Elsterart handelt es sich um die Wanderelster, *Dendrocitta vagabunda* (= Dendrocitta rufa). Sie ist an Kopf, Hals und Schwanz rußfarben, an den übrigen Teilen aber rötlichbraun; ihre Flügel haben eine grauweiße Zeichnung.

ala qarġa (281a) — Nebelkrähe, *Corvus corone cornix.*

Scully/Birds 209 *alá qárgha* 'the Hooded Crow, *Corvus cornix*', ba. BRS 326 *ala qarġa*, uzb. UzRS 301 *ålaqarġa* 'vorona seraja'.

"Hindustans *ala qarġa* ist schlanker und kleiner als die Nebelkrähe der Länder jenseits der Berge (ol vilāyatnïng) und hat nur am Hals ein wenig Weiß."

♦ Bābur verbindet mit *ala qarġa* die in Zentralasien häufigste Krähenspezies, die 48 cm lange weißlichgraue, an Kopf, Flügeln und Schwanz schwarze Nebelkrähe, zweifellos jedoch nicht den Eichelhäher, s. PdC 30 *ala qarġa* 'geai'. *Hindustānnïng ala qarġasï* ist die schwarze, am Nacken weißlichgraue Glanzkrähe, *Corvus splendens*; sie erreicht eine Gesamtlänge von 42–44 cm.

aq buzak (280b) — Schwarzkopfibis, *Threskiornis melanocephala.*

Steingass 183 *buzak* 'name of a black-coloured, long-beaked bird'.

"Kopf und Schnabel des weißen Ibis sind schwarz; er ist größer als der Ibis, der nach den Ländern jenseits der Berge (ol vilāyatqa) zieht, aber kleiner als der Ibis Hindustans."

♦ Der 76 cm lange Schwarzkopfibis hat ein weißes Gefieder; Kopf und Hals sind nackt und ebenso wie der Schnabel schwarz gefärbt. In der Größe übertrifft er den 63,5 cm langen Braunen Sichler, *Plegadis falcinellus*, der in Indien den Winter verbringt. Unter dem *Hindustān buzak* könnte nach Erskine der 80 cm lange Löffler, *Platalea leucorodia* zu verstehen sein (Beveridge, S. 500, Fn. 2). Der schneeweiße, am Hals gelbbraune Löffler gehört zu den Ibisvögeln, s. Platts 441 *ćammać-boza* 'the spoonbill, *Platalea leucorodia*', wörtlich 'Löffel-Ibis'. Er ist aber in Hindustan lediglich ein Wintergast; zudem hat er nicht den für die echten Ibisse typischen langen, gekrümmten Schnabel. Bābur dürfte mit *Hindustān buzak* deshalb eher den als *uluġ buzak* 'großer Ibis' erwähnten Warzenibis meinen; s. **buzak**.

aq käyik (3b, 4a, 5a, 142a, 276a) — Antilope, Gazelle.

Zu *aq käyik* s. **käyik**.

arqarġalča (141b, 276b) — Steppenschaf, *Ovis vignei*.

Budagov I: 30 *arqar* 'kamennyj baran (ovis arkar)', kas. KaRS 41 *arqar* 'arxar', kirg. KiRS 68 *arqar* 'arxar, gornyj baran (samka)', kkp. KkRS 50 *arqar* 'arxar, dikij gornyj baran', nuig. URL 29 *arxar* ~ 30 *arqar* 'arxar', usb. UzRS 39 *arxar* 'arxar, gornyj baran', alt. ORS 20 *arqar* 'samka dikogo kamennogo barana', tuv. TuvRS 66 *arġar* 'arxar, gornyj baran'.

Im Herbst und im Frühjahr zieht in den Bergen der Provinz Kabul das rote Wild (qïzïl käyik) zu den Winter- oder Sommerweiden. Es sind die *arqarġalča*; an bestimmten Engpässen lauern ihnen jagdbegeisterte junge Männer mit Hunden auf und bringen sie zur Strecke.

♦ Beveridge (S. 224, Fn. 2 bzw. S. 491) vermutet, daß es sich bei *arqarġalča* um das Altai-Wildschaf, *Ovis ammon ammon* oder das Pamir-Wildschaf, *Ovis ammon polii* handelt; beide Arten sind jedoch im Gegensatz zu dem rötlich-rehfarbenen Steppenschaf in der Kabul-Region nicht heimisch und haben auch kein rotbraunes Fell. Der Name *arqarġalča* hängt zweifellos mit *arqar* zusammen, der Benennung für das grau- bis dunkelbraune Altai-Wildschaf. Da alle Wildschafe turnusgemäß auf Wanderung gehen, kann der Wortteil *ġalča* aber nicht im Sinne von Steingass 892 *g͟halča* 'a vagabond' gebraucht sein; er dürfte vielmehr wie im Usbekischen 'klein von Wuchs' bedeuten, s. usb. UzRS 641 *ġalča* 'prizemistyj, nizkoroslyj'. Eventuell ist das nur im *Bābur-nāme* belegte *arqarġalča*, wörtlich 'kleiner *arqar*', ein von Bābur erfundener Ausdruck, mit dem er den Habitus der in Afghanistan verbreiteten Steppenschafe umschreibt. Das Steppenschaf hat nicht die gewaltigen Ausmaße von Altai- und Pamir-Wildschaf, denn es erreicht nur eine Schulterhöhe von 90 cm. Dem entspricht Bāburs Anmerkung, daß eine an den Bergrändern von Hindustan lebende kleinere Antilope (käyik) – wahrscheinlich die Indische Gazelle, *Gazella bennetti* – so groß wie das einjährige Lamm (*toqlï*) von *arqarġalča* ist. Die altersspezifische Bezeichnung *toqlï* läßt sich lediglich auf ein Lamm anwenden, nicht jedoch auf das Junge des Damwilds, s. PdC 14 *arqarġalča* 'espèce de daim'.

as (97b) — Hermelin, *Mustela erminea*.

Fazylov I: 71 *as* 'gornostaj', PdC 19 *as* 'hermine', ttü. Stw 58 *as* 'Hermelin, Mustela erminea', tat. TaRS 41, tuv. TuvRS 70 *as*, ba. BRS 56 *aṣ*, alt. ORS 12 *aġas*, kirg. KiRS 69 *ars* 'gornostaj'.

Nach der Flucht aus Samarkand (1501) verbrachte Bābur den Winter in Dachkat; als einige seiner Soldaten nach Andischan gingen, drängte ihn Qāsim Beg, ihnen ein Geschenk für J̌ahāngīr Mīrzā mitzugeben, und zwar ein eigenes Kleidungsstück. Bābur schickte seinem Halbbruder einen aus Hermelin gefertigten Börk.

♦ Beveridge setzt sowohl *as* wie *kiš* (S. 492, Fn. 4) mit 'ermine' gleich, während Thackston *as* mit 'sable' und *kiš* mit 'weasel' übersetzt. Beide Begriffe sind aber bereits bei Kāšġarī mit DLT 53 *ās* 'al-qāqūm' und 498 *kīš* 'as-sammūr' eindeutig definiert und im Sinne von 'Hermelin' bzw. 'Zobel' bis heute erhalten.

at (17a, 32a, 60b, 71a, 82a, 90a, 93b, 95b, 102b, 112a, 117a, 127a, 130a, 140b, 141a, 144b, 149b, 151a, 152a–b, 153b, 159a, 161b, 192b, 193b, 194a, 222a–b, 223a–b, 225b, 226a, 232b, 237a, 242a, 244b, 255a, 257b, 262b, 275b, 290b, 340a, 351a, 363b, 369b, 370a, 373b, 380a und *passim*) — Pferd.

PdC 2 *at* 'cheval', usb. UzRS 308 *åt* 'kon′, lošad′'; gtü.

Im Jahre 1506 war Bābur in Herat zu Besuch; für die Rückreise nach Kabul hatte er ungeachtet der winterlichen Verhältnisse die Route durch die Hazara-Berge gewählt. Als dort ein heftiger, lange anhaltender Schneesturm einsetzte, türmten sich die Schneemassen an manchen Stellen so hoch, daß die Pferde nicht mehr mit den Füßen den Boden berührten. Bābur und seine Begleiter mußten sich tagelang mühsam vorwärtskämpfen, indem sie zunächst den Schnee niedertrampelten und dann über den entstandenen Pfad ein unberittenes Pferd führten. Es wurde nach 10 bis 12 Schritten zur Seite gezogen, damit das nächste Pferd folgen konnte, das wie sein Vorgänger sofort bis zum Steigbügel im Schnee einsank. Bābur war überzeugt, daß weder Menschen noch Pferde die pfadlosen, schroff abfallenden Hänge der Hazara-Berge ohne den tiefen Schnee zu bewältigen vermocht hätten. Auf der Strecke zwischen Manar-Gebirge und Kabul reichte der Schnee den Pferden bis zum Knie; da er wegen der großen Kälte verharrscht war, blieb nichts anderes übrig, als den restlichen Weg über einzeln hintereinander zu reiten.

Nach der Niederlage bei Sar-i Pul (1501) floh Bābur mit einigen Mannen über den Kohak-Fluß, der Hochwasser führte. Die Pferde konnten den Fluß zunächst durchwaten, mußten dann aber über eine Distanz von mehr als einem Pfeilschuß schwimmen. Sobald das rettende Ufer erreicht war, zerschnitt man ihre *keǰim*, die sich voll Wasser gesogen hatten und die Pferde behinderten, und ließ sie dort liegen. Auf dem Rückmarsch vom Indus nach Kabul (1505) befanden sich die Pferde in einem äußerst schlechten Zustand; bevor sie am Ab-i-istada einen Hochwasser führenden Gießbach passierten, befreite man sie deshalb von einem Teil ihrer Traglast und zog die Bagage mit Hilfe von Seilen ans andere Ufer. Bei der ersten Indus-Überschreitung (1519) gelangten die Pferde durch eine Furt ans andere Ufer, während Troß und Reiter auf Flößen übersetzten. Als die Einwohner von Bila vor den anrückenden Truppen Bāburs auf eine Insel im Indus flüchteten, preschten die gepanzerten Soldaten ihnen nach und stürzten sich auf ihren gerüsteten Pferden ins Wasser; einige Pferde wurden mitsamt den Reitern von den Fluten weggerissen. Während die Armee in der Nähe von Bhera lagerte, gab es so starke Regenfälle, daß sich ein kleiner brackiger Fluß zwischen dem Lager und der Stadt in einen breiten

Strom verwandelte. Viele Soldaten ließen die Zelte sowie das schwere Gepäck zurück, schulterten Panzer, Pferderüstungen und Waffen, setzten sich ohne Sattel auf die Pferde und ließen sie ans andere Ufer schwimmen. Bei einer Exkursion nach Gwalior (1528) mußten die Pferde mit den vom Regen angeschwollenen Fluten des Kunwari fertig werden; die Reiter stiegen vorher ab und fuhren in einem Boot über den Fluß. Im Jahre 1529 wurde der Ganges in Booten überquert; die Pferde durchschwammen den Fluß, wobei man sie an den Mähnen nahe am Boot hielt.

Als die Armee Sulṭān Aḥmad Mīrzās 1494 über eine in der Nähe von Kuva gelegene Brücke zog, entstand ein großes Gedränge; zahlreiche Pferde und Lastkamele wurden in das morastige Wasser gestoßen und ertranken. Bei der Erstürmung des Forts Gangota (1525) war der Torweg durch gestürzte Pferde verstopft, so daß die eingeschlossenen Gegner nicht ausbrechen konnten. Um sich freie Bahn zu verschaffen, trieben sie die Kriegselefanten zum Tor hinaus, die viele Pferde unter ihren Füßen zu Tode getrampelt haben. Während des Pandschab-Vorstoßes im Jahre 1519 jagte das Gebrüll eines Tigers, der plötzlich aus einem Dschungel hervorkam, den Pferden einen solchen Schrecken ein, daß sie nach allen Richtungen durchgingen und sich in Gräben oder Aushöhlungen warfen.

Bei der Verteidigung von Achsi (1503) wurde Bāburs Pferd ins Bein getroffen; es strauchelte und warf seinen Reiter mitten unter die Feinde. Bābur stand aber sofort wieder auf, schoß sich mit einem Pfeil den Weg frei und bestieg das abgehetzte Pferd seines Knappen. Auf der Flucht von Samarkand nach Dizak (1501) drehte er sich nach seinen Gefährten um und wurde bei vollem Galopp aus dem Sattel geschleudert, weil sich dessen Gurt vermutlich gelockert hatte. Er schlug mit dem Kopf am Boden auf, konnte jedoch weiterreiten; bis zum Abend war er allerdings ganz benommen und nahm seine Umwelt nur wie im Traum wahr. Ein Ausritt entlang des Ganges (1529) führte Bābur unversehens vor eine Felsspalte; geistesgegenwärtig sprang er vom Pferd und ließ sich auf die Böschung fallen. Anschließend wurde ihm bewußt, daß er durch seine blitzschnelle Reaktion sowohl das Pferd wie sich selbst davor bewahrt hatte, in die Tiefe gerissen zu werden.

Die Auseinandersetzungen mit Sulṭān Aḥmad Tambal (1502/3) ruhten im Winter; gleichwohl stießen Bāburs Gefolgsleute von Osch und Andischan aus auf feindliches Terrain vor und trieben die Pferdeherden (ïlqï) des Gegners weg. In der Dascht-Region wurden 1505 bei den durchreisenden Kaufleuten und in den Dörfern zahlreiche Tragpferde erbeutet. Bei einem Anschlag auf das Winterlager der Turkman Hazara fielen Bābur deren Pferdeherden in die Hände; wie er anmerkt, sammelte er persönlich 20–25 Pferde ein. Anschließend übernachtete er mit seinen Männern in den Zelten der geflohenen Turkman Hazara. Da der Schnee abseits der Straße so hoch lag, daß er den Pferden bis zum Sattelgurt ging, konnte die Nachtpatrouille nicht zu Fuß, sondern nur zu Pferd absolviert werden. Pferderaub war für Bābur legal; als heimtückisch empfand er hingegen das Verhalten der Chizr-Chel, die auf die Nachzügler einer Truppe zu schießen pflegten, um sich der Pferde zu bemächtigen. Den Sultan Maʿsudi Hazara legte Bābur einen hohen Tribut an Pferden auf, dem sie aber nicht nachkamen; zu den tributsäumigen Dschakrak schickte er eine Armee unter Führung von Qāsim Beg, der 1 000 bis 1 500 Pferde requirierte und umgehend an die Soldaten verteilte.

Von dem jüngeren Bruder seiner Mutter bekam Bābur ein gesatteltes Pferd aus dessen eigenem Bestand geschenkt; Sangur Ḫān J̌anǰūha und Malik Hast J̌anǰūha machten ihm beide ein gepanzertes Pferd zum Präsent. Als Bābur im Jahre 1500 die Fan-Berge durchquerte, ließ ihm der Malik von Fan, der sowohl für seine Generosität wie für seine Unterwürfigkeit bekannt war, nur ein zweitklassiges Pferd schicken; zu diesem Affront merkt Bābur an, daß Sulṭān Maʿsūd Mīrzā bei seinem Zug durch Fan von demselben Malik 70 oder 80 Pferde erhalten hatte. Beg Mīrak Moġūl überbrachte Bābur die Nachricht vom Sieg Humāyūns über Ḥamīd Ḫān und wurde zum Dank mit einem Pferd aus den königlichen Ställen bedacht. Ein gesatteltes Pferd erhielt Yūsuf-i-ʿAlī, Bāburs Steigbügelhalter, weil es ihm gelungen war, hundertmal um das Wasserbecken im *Čanār Bāġī* von Kabul zu schwimmen.

Bei der Erkundung der Provinz Kabul achtete Bābur sehr genau auf die Vor- und Nachteile der Weiden, und zwar speziell im Hinblick auf Pferde. Er erwähnt, welche Gräser als Futter bekömmlich sind und welche Wiesen sich wegen des Vorkommens von Stechmücken nicht als Weide eignen. Futtermangel beeinträchtigt die Leistungsfähigkeit der Pferde und kann zu völliger Erschöpfung führen. Während der Belagerung von Achsi waren die Pferde schon zwei Tage und Nächte lang ohne Futter, weshalb sich Bābur und seine Gefährten entschlossen, ungeachtet der Gefahr ins Tal zu reiten und die Pferde weiden zu lassen. Eine besonders prekäre Situation entstand 1501 bei der monatelangen Belagerung von Samarkand; mangels anderer Nahrung mußten die Pferde mit dem Laub von Maulbeerbäumen und Ulmen sowie mit befeuchteten Holzspänen gefüttert werden. Im Jahre 1505 waren die Pferde bei den Raubzügen entlang des Indus äußerst strapaziert worden, aber kein einziges mußte zurückgelassen werden, da es in der Gegend sehr viel Grünfütter und unreifes Korn gab. Die Lage änderte sich jedoch, sobald die Truppen den Rückmarsch nach Kabul antraten und sich vom Indus weg in westlicher Richtung bewegten. Zwar fanden sich nach zwei oder drei Tagesmärschen manchmal kleine Felder mit unreifem Korn, aber kein Grünfutter. Dies hatte zum Ergebnis, daß an jedem Lagerplatz angeschlagene Pferde zurückblieben – an einem Tag bis zu 300 Tiere. Zahlreiche Männer, darunter hochrangige Personen, waren deshalb gezwungen, zu Fuß zu gehen, und schließlich konnte sogar Bāburs Faltzelt aus Mangel an Tragtieren nicht länger mitgeführt werden.

Im Februar 1519 entschloß sich Bābur ganz spontan, den Indus zu überqueren und Hindustan zu erobern; er folgte – wie er später einräumte – einer Wunschvorstellung, obgleich ihn seine Ratgeber aufgrund der ungünstigen Voraussetzungen vor diesem Unternehmen zu Recht gewarnt hatten. Das Truppenkontingent, mit dem Bābur bis zum Indus vorgestoßen war, verfügte nur noch über Pferde, die keinen harten Tagesritt mehr durchhalten konnten. Bereits vor Erreichen des Sohan mußte daher eine größere Anzahl von ermatteten Pferden auf der Straße zurückgelassen werden. Eine ähnliche Lage bahnte sich 1529 beim Ostfeldzug an; diesmal traf Bābur aber entsprechende Maßnahmen, denn er befürchtete, sonst viele Pferde zu verlieren. Er stellte einige Männer dazu ab, alle überanstrengten Pferde zusammenzutreiben, sie zu tränken, ihnen die nötige Rast zu geben und dann wieder zu ihm zu bringen.

Als Bābur 1498 in Ura-Tyube die Nachricht erhielt, daß ihm Margelan übergeben werden sollte, machte er sich sofort auf den nahezu 250 km langen Weg, unterbrach jedoch den Ritt, um die Pferde abschwitzen zu lassen und sie zu füttern. Vor einem Gewaltritt von Adampur nach Agra, der über eine ebenso weite Distanz führte, verabreichte man den Pferden als Kraftfutter eine Portion Gerste. Kuriere führten ein *qoš-at*, ein Pferdepaar, mit sich; die Pferde wurden abwechselnd geritten, um sie nicht zu überlasten. Auf der Straße von Kabul nach Agra ließ Bābur in bestimmten Abständen Poststationen einrichten, in denen stets sechs Relaispferde (yam atï) zum Austausch bereitstanden.

Bei der Beschreibung des Nashorns (karg) hebt Bābur hervor, daß das Pferd unter allen Tieren dem Nashorn am meisten ähnelt, weil es mit ihm in der Beschaffenheit von Magen, Fesselgelenken und Hufen übereinstimmt.

♦ Das Pferd wird im *Bābur-name* vor allem im Zusammenhang mit den Aktivitäten des Reiters erwähnt; eine Reihe von Schilderungen verweist aber auch auf die Strapazen, denen die Reit- und Tragpferde bei Exkursionen und im Krieg ausgesetzt waren. Pferde für die Armee verschaffte sich Bābur durch Raub oder in Form von Tribut. Die Pferde, die man ihm zum Geschenk machte, verstanden sich als Zeichen der Verbundenheit oder der Unterwerfung, mitunter auch als gezielte Geste der Geringschätzung. Ein gesatteltes Pferd (egärlig at) brachte die wohlwollende Gesinnung, ein gepanzertes Pferd (kejimlig at) hingegen die Unterwerfung des Schenkers zum Ausdruck. Bābur wußte nicht nur die Qualität eines Pferdes sehr genau zu beurteilen, sondern ebenso dessen Kondition einzuschätzen. Es war für ihn von vorrangiger Bedeutung, in welchem Zustand sich ein Pferd befand, das er auf einer längeren Strecke oder bei einer Attacke ritt. Als ihm sein Stallmeister beim Aufbruch zu einem Raubzug gegen die Yusufzai ein ungeeignetes Pferd brachte, geriet Bābur in Wut und versetzte dem Mann einen so heftigen Schlag ins Gesicht, daß er selbst sich dabei den Daumen ausgerenkt hat.

Pferde waren als Reittiere unentbehrlich, wie auch das Sprichwort DLT 29 *qūš qanatin är atin* 'Der Vogel durch den Flügel, der Mann durch das Pferd' besagt. Außerdem dienten sie zum Transport von Lasten, und zwar bei merkantilen Unternehmungen und bei Feldzügen. Beveridge (S. 235, Fn. 1) unterlegt dem Begriff *sawda atlarï*, den Bābur im Zusammenhang mit der Ausraubung einer Handelskarawane verwendet, die Bedeutung 'perhaps, pack-ponies, perhaps, bred for sale and not for own use'. Der Ausdruck wird aber von Bābur offensichtlich nur für die Packpferde gebraucht; die für den Handel bestimmten Pferde bezeichnet er in diesem Passus mit *topïčaq atlar*. Auf der Rückkehr von einer Exkursion ließ Bābur die zwischen Zielort und Lager zurückgelegte Strecke nach Pferdeschritten bemessen, wobei ein Pferdeschritt zwei *qadam* [ca. 1,8 m] entsprach. Pferde schlachtete man lediglich im Notfall; als Bābur und seine Getreuen völlig ausgehungert aus Samarkand geflüchtet waren, töteten sie ein Pferd und brieten das Fleisch am Spieß. Bei kriegerischen Einsätzen trugen die Pferde eine *kef̌im* genannte Panzerung, die sowohl Kopf wie Körper bedeckt hat und ihnen ein befremdliches Aussehen verlieh. Bābur nutzte diesen Effekt während der Belagerung Kabuls; um die Bewohner einzuschüchtern, ließ er seine Truppen in voller Rüstung und auf gepanzerten Pferden bis vor die Festung ziehen. Sobald die Soldaten begannen, drohend ihre Waffen zu schwingen, ergriffen die Kabuli, die sich auf das Glacis hervorgewagt hatten, um das Schauspiel anzusehen, schleunigst die Flucht.

Die einfachen Soldaten ritten die durch Raub oder Tribut verschafften Pferde; Bābur und den höheren Rängen waren Rassepferde vorbehalten, vor allem die aus Zentralasien stammenden *topïčaq*. In Hindustan, wo es seiner Meinung nach nur schlechte Pferde gab, verschenkte Bābur als besondere Auszeichnung einen *topïčaq*. Zu einem Rassepferd konnte man aber auch auf andere Art gelangen; denn wie Bābur berichtet, wurde sein im *Čār-bāġ* von Kabul abgestellter Fuchs (ǰerdä at) von einem Angehörigen des für Straßenraub bekannten Chirildschi-Clans gestohlen. Ein *ǰerdä at* ist im Gegensatz zu dem häufig vorkommenden Braunen an Mähne und Schwanz nicht schwarz, sondern gleichfalls rotbraun gefärbt.

babr (232b) — Tiger, *Panthera tigris*.

Steingass 154 *babr* 'a tiger'.

Nach der ersten Indus-Überschreitung (1519) wurden Bāburs Truppen unweit des Flusses mit einem Tiger konfrontiert, dessen Gebrüll die Pferde in helle Aufregung versetzt hat. Da der Tiger sich umgehend in den Dschungel zurückzog, ordnete Bābur an, am Rand des Dickichts einen Büffel (gāvmeš) anzubinden, um den Tiger wieder herauszulocken. Als der Tiger daraufhin erneut auftauchte, ging man ihn mit Pfeilen und Schwertern an. Das schwerverwundete Tier ließ sich in den Fluß fallen; es wurde im Wasser getötet und anschließend enthäutet.

♦ Der Tiger ist heute in der Indus-Region völlig ausgerottet; er kommt nur noch im Süden Indiens vor.

bağrïqara (49b, 280a) — Spießflughuhn, *Pterocles alchata*.

PdC 152 *bağïr-i qara* 'espèce d'oiseau au plumage rayé, plus grand que le pigeon', TS I: 372 'qaṭāt [Flughuhn] ... Türkide bağırtlak ve bağrı kara tâbir olunan kuştur'.

"Das Spießflughuhn von Hindustan ist kleiner und schlanker als das Spießflughuhn in den Ländern jenseits der Berge (ol bağrïqara); es hat zudem eine weniger dunkle Brust und einen schrilleren Schrei."

Bābur hebt die auffallende Ähnlichkeit hervor, die zwischen der im Distrikt Karschi häufigen Spießente (qïlquyruq) und *bağrïqara* besteht.

♦ Der Begriff *bağrïqara* benennt die Flughühner nach ihrer dunkelgebänderten Brust; dasselbe Benennungsmotiv findet sich auch im Persischen, s. Schapka 140, Nr. 464 *siyāh-sīna* 'Sandflughuhn, *Pterocles orientalis*', wörtlich 'Schwarzbrust'. Beveridge vermutet allerdings, daß sich *baghrī qarā* auf den Schrei (bāghir) des Vogels bezieht; eine Übersetzung mit 'black liver' oder 'gorge noir' verbietet sich ihrer Meinung nach, weil Vogelnamen, die aus einem türkischen Nomen + Adjektiv bestehen, in der Regel keine persische Konstruktion haben (Appendix B, S. vi–vii). Nach persischer Art ist aber ebenso die Tierbezeichnung *arqarğalča* sowie der gleichfalls im *Bābur-nāme* zitierte Pflanzenname *aman qara* gebildet.

Unter *baghrī qarā* versteht Beveridge (S. 498, Fn. 7) das Sandflughuhn, *Pterocles orientalis* (= Pterocles arenarius); der breite schwarze Bruststreifen des Sandflughuhns kann jedoch zu keinem Vergleich mit der weißbrüstigen Spießente angeregt haben. Bābur meint mit *bağrïqara* offensichtlich das Spießflughuhn, das wie der Spießentenerpel zwei pfriemenartig verlängerte Schwanzfedern hat, die zur Steuerung dienen. *Hindustān bağrïqarasï* ist das 32 cm lange Braunbauchflughuhn, *Pterocles exustus*, über dessen gelblichbraune Brust sich nur ein schmales schwarzes, am Rand weißes Band zieht; der Schwanz ähnelt dem des größeren Spießflughuhns. Sein Schrei ist ein durchdringendes 'kot-ra', während das Spießflughuhn 'kaa-kaa' ruft.

baḥrī (233a) — Wanderfalke, *Falco peregrinus*.

Schapka 21, Nr. 66 *baḥrī* 'Wanderfalke, *Falco peregrinus*', Scully/Birds 210 *baḥri* 'the Peregrine Falcon, *Falco peregrinus*'.

Während einer Exkursion nach Bigram entflog einer von Bāburs Lieblingsfalken, ein exzellenter *baḥrī*, der schon zahlreiche Kraniche (turna) und Störche (laklak) gestoßen hatte. Bābur war nach eigenem Eingeständnis an der Beizjagd zunächst wenig interessiert gewesen; dieser Falke begeisterte ihn jedoch so sehr, daß er ein passionierter Falkner wurde.

♦ Der Ausdruck *baḥrī*, nach Schapka wörtlich 'der zum Meer gehörige, der über See zieht', bezeichnet speziell den weiblichen Wanderfalken. Le Coq 1914: 9 erwähnt, daß *baḥrī* ein hochgeschätzer Beizvogel ist, den man auf Reiher, Gänse, Enten und Trappen abrichtet.

baḥrī qotas (100a, 272b, 276a) — Jak, *Bos mutus*.

Zu *baḥrī qotas* s. **qotas**.

bak denk (280b) — Wollhalsstorch, *Dissoura episcopus*.

"Es gibt einen Storch (*laklak*), der einen weißen Hals hat; sein Kopf und alle anderen Teile sind hingegen schwarz. Er ist kleiner als der nach den Ländern jenseits der Berge (ol vilāyatlarğa) ziehende Weißstorch. Die Hindustani nennen ihn *bak denk*."

♦ Anstelle von *bak denk* steht in den Handschriften auch *yak denk* oder *yak-rang*. Thackston bevorzugt die Schreibung *bag dek*; er folgt damit der persischen Übersetzung, in der für *denk* stets *dek* steht. Im Text hat sich Beveridge für '*yak-rang* (one colour?)' entschieden, im Index aber für *bak-dīng*, und zwar mit der Begründung "The name *bak-dīng* appears due to the clapping of the bird's mandibles and its pompous strut" (S. 862, Fn. 2). Sie definiert *bak-dīng* als 'adjutant', obgleich die von Bābur angegebene Größe keineswegs auf den Marabu (denk) zutrifft. Der Begriff *bak denk* bezeichnet wahrscheinlich den 80 cm langen schwarzen, nur an Hals und Unterbauch weißen Wollhalsstorch. Da Marabu und Wollhalsstorch beide klappern, läßt sich *bak denk* jedoch kaum im Sinne von 'Klapper-*denk*' interpretieren. Nach Platts 159 hat *bak* zum einen die Bedeutung 'prattle', zum andern benennt es den Silberreiher, *Egretta alba* (= Ardea nivea), der fast ebenso groß wie der Wollhalsstorch ist; *bak denk* könnte deshalb den Wollhalsstorch als 'Reihermarabu' umschreiben, d.h. als einen Vogel mit dem schwarzen Gefieder des *denk*, aber dem weißen Hals, dem schwarzen Schnabel und den kleineren Ausmaßen des *bak*. Eine ähnliche Assoziation liegt bei VocIB 56 *bag-hāns* 'the Flamingo (Phoenicopterus roseus)' vor; mit *bag-hāns*, wörtlich 'Reihergans', wird der Flamingo als eine Gans mit den hohen Beinen und dem langen, gebogenen Hals eines Reihers charakterisiert.

balïġ ~ balïq (143a–b, 144a, 240a–b, 249a, 251a, 282a, 367b, 378a) — Fisch.

PdC 154 *balïġ ~ balïq* 'poisson', usb. UzRS 52 *baliq* 'ryba'; gtü.

Die Fische im Baran machen sich zu denselben Jahreszeiten wie die Zugvögel auf Wanderschaft; sie werden dann nach besonderen Methoden eingefangen. Um die Fische zu betäuben, streut man im Herbst die zerquetschten Samen von *qulan quy-ruġu* sowie eine zerkleinerte Beifuß-Art (kök šïbaq) ins Wasser. Die sofort betäubten Fische treiben stromabwärts auf einen im Wasser errichteten Sperrzaun zu, wo sie eingesammelt werden. Dasselbe Verfahren wendet man an den Wasserläufen von Gulbahar, Parwan und Istalif an. In der Nähe des Dorfes Muhammad Agha sowie am Parwan-Fluß warfen auch Bābur und seine Gefährten Fischdroge (balïq dārūsï) ins Wasser und fingen auf diese Art mehr oder weniger erfolgreich Fische.

Bei einem Ausflug nach Laghman besichtigte Bābur die künstlichen Teiche, aus denen man dort im Winter den Bedarf an Fischen deckt. Unterhalb eines Gefälles wird im Flußbett eine Grube vom Umfang eines Zeltes ausgehoben und mit Steinen so ummauert, daß unter Wasser nur eine einzige Öffnung verbleibt. Außer dieser Öffnung gibt es für die Fische keinen Ein- und Ausgang; das Wasser kann aber ungehindert durch die aufgeschichteten Steine fließen. Die Öffnung führt in eine Reuse aus Flechtwerk, in der eine zweite Reuse steckt, die nur halb so lang ist. Ihr Einlaß stimmt in der Größe mit dem der ersten Reuse überein; zum Auslaß hin verschmälert sie sich jedoch, so daß ein Fisch, der in sie hineingeschwommen ist, nicht mehr wenden kann. Er gelangt zwangsläufig von der kleinen in die große Reuse, aus der es kein Entkommen gibt. In einem solchen Becken sammeln sich etwa 30 bis 40 Fische an, die im Winter auf einen Zug herausgeholt werden. Wie Bābur erwähnt, hat er diese Art von Fischfang nirgendwo sonst gesehen.

Das Fleisch der Fische in Hindustan ist sehr schmackhaft; es hat keinen Geruch und keine kleinen Gräten. Die Fische sind überraschend agil; als man ein Netz, das von einer Seite des Flusses zur anderen reichte, bereits an beiden Rändern ein halbes *qarï* [ca. 30 cm] hoch aus dem Wasser gezogen hatte, entkamen ihm die meisten Fische mit einem ein *qarï* [ca. 60 cm] höheren Sprung. In vielen Flüssen gibt es kleine Fische, die ein halbes bis ein *qarï* hoch aus dem Wasser schnellen, wenn laute Geräusche oder Fußtritte vernehmbar sind. Durch einen Ganges-Gavial (gariyāl), der plötzlich zwischen Bāburs Kriegsbooten auftauchte, wurde ein Fisch so erschreckt, daß er einen gewaltigen Luftsprung machte und in einem der Boote landete. Am Parsaru konnte Bābur eines Nachts beobachten, wie die Fische mit Kerzenlicht an die Oberfläche gelockt und dann massenweise mit bloßen Händen eingesammelt wurden; er hat sich ebenfalls an dieser Fangaktion beteiligt. Den Delphin (ḫūk-i ābī) beschreibt Bābur als ein Tier, das sowohl Kopf wie Körper eines Fisches hat und gleich dem Fisch niemals das Wasser verläßt.

♦ In den Samen von *qulan quyruġu*, einem Schmetterlingsblütler aus der Gattung *Eremospartum*, kommen Saponinsubstanzen vor, die auf die Fische eine betäubende Wirkung ausüben; die Beifußart *kök šïbaq* verdankt ihre narkotische Effizienz vermutlich dem in Kraut und Stengeln enthaltenen Thujon.

bāndar (276b) — Affe, speziell Rhesusaffe, *Rhesus maluttus rhesus*.

Platts 169 *bandar* 'monkey, ape', Blanford 13 *bandar* 'the Bengal Monkey, *Macacus rhesus*'.

Zu *bāndar* s. **maymūn**.

baqa (282b) — Frosch.

PdC 153 *baqa* 'grenouille', usb. UzRS 57 *baqa* 'ljaguška'; gtü.

"Die Frösche Hindustans sind dieselben Frösche wie andernorts; sie können aber sechs bis sieben *qarï* [ca. 3,6–4,2 m] weit über den Wasserspiegel laufen."

♦ Ein Frosch, der sich mittels Sprüngen sehr flink auf der Wasseroberfläche fortbewegt, ist der bis zu 7 cm lange Indische Wasserfrosch, *Rana cyanophlyctis*.

bödänä (19a, 162b, 279b, 280a) — Wachtel.

PdC 164 *bödänä* 'caille', Scully/Birds 210 *baidina* 'the Common Quail, *Coturnix communis*', tkm. TuRS 83 *bedene*, usb. UzRS 61 *bedana*, kum. KuRS 73, nog. NRS 86, kkp. KkRS 116 *bödene*, kirg. KiRS 150, alt. ORS 34 *bödönö*, nuig. URL 207 *bödünä* 'perepel'.

"Von den Wachteln sind vier oder fünf Arten für Hindustan eigentümlich. Eine davon zieht in die Provinz Kabul; sie ist größer und weiter verbreitet als die anderen. Außerdem gibt es eine Wachtel, die kleiner als diese Art ist; Flügel und Schwanz sind rötlich (qïzïlraq) gefärbt, und sie fliegt in Schwärmen wie der Wallich-Fasan (čïr). Eine Wachtel, die gleichfalls kleiner als die erstgenannte Spezies ist, hat mehr

Schwarz an Kehle und Brust. Eine andere Wachtel, die ganz selten nach Kabul zieht, ist sehr klein, vielleicht ein wenig größer als die Felsenschwalbe (qarča); man nennt sie in Kabul *qūrātū*."

Von Sulṭān Aḥmad Mīrzā berichtet Bābur, daß er bei zunehmender Leibesfülle nicht mehr mit Pfeil und Bogen zurechtkam und deshalb mit Kriegsflegeln (piyāzī) auf Wachteljagd ging. Weiterhin erwähnt Bābur, daß es wegen einer Wachtel zu Unstimmigkeiten mit seinem Halbbruder J̌ahāngīr Mīrzā kam; ein Gefolgsmann Bāburs hatte angeblich in beleidigender Weise das Verhalten von J̌ahāngīr Mīrzās Jagdfalken beim Stoßen einer Wachtel kommentiert.

♦ Der Ausdruck *bödänä* geht auf mong. *büdüne* 'Wachtel' zurück (Schönig 76 s.v. *bödene*). Bābur stellt vier in Hindustan verbreitete Wachtelarten vor, und zwar zunächst die größte Spezies, die 18–20 cm lange gemeine Wachtel, *Coturnix coturnix*; sie ist ein Zugvogel und hat ein braunes, an Rücken und Flügeln schwarzgebändertes, an der Brust jedoch nur schwarzgestricheltes Gefieder. An zweiter Stelle nennt er die 16,5–17,5 cm lange Frankolinwachtel, *Perdicula asiatica*, die oberseits in einem hellen Rotbraun getönt ist und außerhalb der Brutzeit kleine Schwärme bildet. Als dritte Wachtelart führt er die 17,5 cm lange Regenwachtel, *Coturnix coromandelica* an; sie hat dieselbe Färbung wie die gemeine Wachtel, aber eine völlig schwarze Brust und eine schwarzgesprenkelte Kehle. Bei der *qūrātū*-Wachtel dürfte es sich um die nur 15 cm lange Schwarzbrust-Kampfwachtel, *Turnix suscitator* handeln, die manchmal bei großer Hitze in andere Gebiete ausweicht. Der von Sulṭān Aḥmad Mīrzā benutzte *piyāzī* besteht aus einem Holzstab, an dem eine mit einem Widerhaken versehene Eisenkugel angebracht ist.

buğu (276a) — das Männchen des Altai-Marals, *Cervus elaphus sibiricus*.

PdC 172 *buğu* 'cerf', uzb. UzRS 93 *buğu* 'olen′ (samec)'.

Maralhirsch und Schweinshirsch (kotah-pāy) tragen beide ein Geweih, das jedes Jahr abgeworfen wird; das verzweigte Gehörn des *kotah-pāy* ist aber kleiner als das *buğu*-Geweih.

♦ Die Geweihstangen des Maralhirsches können eine Länge von 100 cm, die des Schweinshirsches von 45 cm erreichen.

buğu-maral (4a, 5a, 71a, 219a, 276a) — Altai-Maral, *Cervus elaphus sibiricus*.

Bābur erwähnt das reiche Vorkommen von *buğu-maral* in Chodschent, in den Dschungeln auf der Andischan-Seite des Syr-Darja sowie entlang der Ufer des Ilamisch. Zudem berichtet er, daß die *buğu-maral* in den Bergen zwischen Badschaur und Dschandol im Winter sehr dunkel (qapqara) gefärbt sind und nur der Schwanz eine andere Farbe hat. Er fügt hinzu, daß sie weiter südwärts, in Hindustan, vermutlich völlig schwarz werden. Das Weibchen (māda) von *nīlagāv*, der Nilgauantilope, hat dieselbe Farbe wie *buğu-maral*.

♦ Das Hendiadyoin *buġu-maral*, das Bābur stets dann gebraucht, wenn es um den Wildbestand geht, setzt sich aus den Bezeichnungen für Hirsch und Hindin zusammen, s. PdC 498 *maral* 'biche' < mong. *maral* 'Hirschkuh' (Schönig 135 s.v. *maral*). Beveridge merkt zu f. 5a an: "The W.-i-B. here translates *būghū-marāl* by *gazawn* [recte *gawazn*] and the same word is entered, under-line, in the Hai. MS" (S. 10, Fn. 3). Mit pers. *gawazn* bzw. ar. *ayyil* wird nach EI² V: 1219 (s.v. *mahāt*) der in Vorderasien heimische Axis-Hirsch, *Cervus axis* bezeichnet; auch Kāšġarī erklärt DLT 206 *sīġun*, eine Benennung für den Maralhirsch, mit 'ayyil'. Der Altai-Maral trägt im Sommer eine rötlichbraune Decke, die farblich dem Fell der weiblichen Nilgauantilope entspricht. Bei der dunkelgetönten Art von *buġu-maral* dürfte es sich um den mit dem Altai-Maral engverwandten Kaschmir-Hirsch, *Cervus elaphus affinis* handeln, dessen Winterfell nicht schiefergrau wie das des Marals, sondern mit Ausnahme des weißen Spiegels schwarzbraun ist. Nach Jerdon/Mammals 251 kommt der Kaschmir-Hirsch auch in einigen Teilen Irans vor, wo er mit *maral* bezeichnet wird. Zu Bāburs wohl ironisch gemeinter Vermutung, daß die *buġu-maral* in Hindustan ganz schwarz werden, äußert sich Beveridge wie folgt: "There is here, perhaps, a jesting allusion to the darkening of complexion amongst the inhabitants of countries from west to east, from Highlands to Indian plains" (S. 373, Fn. 3).

bulbul (281b) — Nachtigall, *Luscinia megarhynchos.*

Steingass 197 *bulbul* 'the bulbul, a bird with a melodious voice, the nigthingale', usb. UzRS 89 *bulbul* 'solovej'.

Die Nachtigall wird wegen ihres ungewöhnlich schönen Gesanges bewundert; dieselbe Wertschätzung genießt bei den Hindustani der Koël (koyal), der Hindustans *bulbul* sein soll.

♦ Bābur bezieht sich wahrscheinlich auf die vom Kaspischen Meer bis zum Altai hin heimische Turkestanische Nachtigall, *Luscinia megarhynchos hafizi*, deren Lied einen besonders betörenden Klang hat. Der Ausdruck *bulbul*, der in Persien ausschließlich die Nachtigall bezeichnet, wird in Indien für diverse Singvögel benutzt (Balfour I: 509–510).

būqalamūn (135a, 278b) — Himalaya-Glanzfasan, *Lophophorus impeyanus.*

Afgh. AfRS 134 *buqalamún* 'xameleon; monal (gimalajskij fazan)'.

Der Glanzfasan (lūja), der in den Bergen von Nidschrao sowie in den weiter südlich gelegenen Gebirgszügen verbreitet ist, wird auch *būqalamūn* genannt.

♦ Bei *būqalamūn* handelt es sich um eine Namensübertragung, die den Farbwechsel auf der Chamäleonhaut mit dem in vielen Nuancen schillernden Gefieder des Glanzfasans assoziiert. Beveridge kommentiert: "Bābur's *būqalamūn* may have come into his vocabulary, either as a survival direct from Greek occupation of Kābul and Panj-āb, or through Arabic writings" (S. 213, Fn. 7). Da der Begriff noch heute im Afghanischen als Benennung für den Glanzfasan belegt ist, kann man davon ausgehen, daß Bābur mit *būqalamūn* ein in Nidschrao gebräuchliches Synonym für *lūǰa* zitiert hat.

buzak (280b) — Warzenibis, *Pseudibis papillosa* (= Geronticus papillosus).

Steingass 183 *buzak* 'name of a black-coloured, long-beaked bird', Phillott 1910: 343 *buza* (Hindu. and Panj.) 'the Black Ibis, *Geronticus papillosus*'.

"Der große Ibis erreicht die Ausmaße eines Bussards (sār); der Rücken seiner Flügel ist weiß, und sein Schrei ist laut."

♦ Der Warzenibis hat ein völlig schwarzes Gefieder, aber am Ansatz der Flügel einen auffälligen weißen Fleck; wenn er im Verband fliegt, stößt er durchdringende Schreie aus, die denen der Brandgans ähneln. Bābur bezeichnet den 68 cm langen Warzenibis als den großen Ibis (uluġ buzak), obwohl er kleiner als der anschließend erwähnte Schwarzkopfibis (aq buzak) ist. Dies läßt sich vermutlich damit erklären, daß der Warzenibis den Schwarzkopfibis in der Flügelspannweite sowie in der Schwanzlänge deutlich übertrifft und deshalb im Flug größer erscheint. Da er nur in Hindustan und den angrenzenden Gebieten vorkommt, dürfte er mit dem *Hindustān buzak* identisch sein, der laut Bābur größer als der Schwarzkopfibis ist.

buzaw (222b) — Kalb.

PdC 169 *buzaw* 'veau, jeune buffle, jeune rhinocéros', kas. KaRS 112 *buzaw*, usb. UzRS 88 *buzåq* 'telënok'; gtü.

Vor seiner ersten Indus-Überquerung veranstaltete Bābur auf der nach Swat hin gelegenen Seite des Flusses, die *karg-ḫāna* 'Nashorn-Heim' heißt, eine Treibjagd auf Nashörner. Ein von einem Kalb begleitetes Nashorn (buzawlïġ karg) kam aus dem Dschungel hervor; als es sich vor dem Pfeilhagel dorthin zurückflüchtete, zündete man den Dschungel an. Das Nashorn blieb verschwunden, aber ein vom Feuer versengtes, gekrümmt am Boden liegendes Nashornkalb (karg buzawï) wurde gefunden und durch einen Kehlschnitt getötet.

♦ Mit *buzaw* wird speziell ein Milchkalb benannt; im Osmanischen konnte *buzağu* auch die Kälber ähnlicher Hornträger erfassen, s. TS I: 733–734 *buzağu* 'inek ve benzeri hayvanların yavrusu'. Die Jungen von wilden Tieren bezeichnet man im allgemeinen mit *bala*, s. *Sanglaḫ* 118r, 11 (s.v. *enük*) '*bala* is the word used for the young of elephants, wild beasts, and reptiles' (zitiert nach EDPT 332). Bemerkenswerterweise benutzt Bābur für das Junge des Nashorns jedoch nicht *bala*, sondern *buzaw*, wozu ihn die Behörnung des Nashorns veranlaßt haben könnte. Im *Sanglaḫ* 134r, 8 wird *buzağu* ~ *buzaġ* ~ *buzaw* zwar im Sinne von 'the young of a cow, buffalo, or rhinoceros' angeführt (zitiert nach EDPT 391), doch geht die Einbeziehung des Nashornkalbs ebenso wie bei Pavet de Courteille wahrscheinlich auf das Zitat im *Bābur-nāme* zurück.

bürküt (219a, 281a) — Steinadler, *Aquila chrysaëtus*.

PdC 167 *bürküt* 'aigle noir', Scully/Birds 210 *birgut* ~ *burgut* 'the Golden Eagle, *Aquila chrysaetus*', Ross 269, Nr. 52 *borgut* 'a general name for eagles, especially for the Golden Eagle or Bearcoote, *Aquila chrysaëtus*', tkm. TuRS 122, tuv. TuvRS 116 *bürgüt*, usb. UzRS 90 *burgut*, tat. TaRS 93 *börket*, kas. KaRS 111, kkp. KkRS 128 *bürkit*, kirg. KiRS 168, nuig. URL 218 *bürküt*, alt. ORS 11 *mörküt* 'orël, berkut'.

Während einer Jagd in den Bergen zwischen Badschaur und Dschandol beobachtete Bābur, wie ein Steinadler ein Wild (käyik) gerissen hat. In der Größe kommt dem Steinadler ein in Hindustan verbreiteter Adler namens *zummaǰ* gleich.

♦ Für die Beizjagd wird der 79–84 cm lange Steinadler auch auf Gazellen abgerichtet; weitere Einzelheiten finden sich bei Le Coq 1914: 3–6.

čamgiddar (281a) — Flugfuchs, *Pteropus edwardsii*.

Platts 442 *čamgiddaṛ* 'a flying fox; a bat'.

"Die große Fledermaus (uluġ šabpara) wird von den Hindustani *čamgiddar* genannt. Sie hat etwa die Ausmaße der Waldohreule (yapalaq); ihr Kopf gleicht dem eines Hundewelpen (itning küčüki). Wenn sie sich auf einem Baum niederläßt, umklammert sie einen Zweig und hängt sich mit dem Kopf nach unten daran auf; sie ist ein sehr eigenartiges Geschöpf."

♦ Den Flugfuchs, der wie die Fledermaus zu den Fledertieren gehört, bezeichnet Bābur als *uluġ šabpara*, weil er im Gegensatz zu den maximal 10 cm langen Fledermäusen ein Ausmaß von 30 cm erreicht. Er hat einen hundeähnlichen, aber nur für das Stadium eines Welpen typischen Kopf. Bābur stellt *čamgiddar* unter den Vögeln Hindustans vor; dazu merkt Beveridge an: "The inclusion of the bat here amongst birds, may be a clerical accident, since on f. 136 [recte 135] a flying-fox is not written of as a bird" (S. 500, Fn. 6). Die älteren Autoren rechnen die Fledermäuse aber stets zu den *ṭuyūr*, d.h. zu den Vögeln oder geflügelten Dingen. Auch Bābur hält sich an diese Einordnung und zieht deshalb als Vergleichsobjekt einen Vogel, nämlich die Waldohreule, heran. Er beschreibt f. 135 allerdings nicht den Flugfuchs, sondern das Flughörnchen (rūbah-i parān), dessen vogelähnliches Verhalten er anhand der Fledermaus (šabpara) vermittelt.

čarz (280a) — Flaggentrappe, *Sypheotides indica* (= Sypheotides auritus).

Steingass 391 *charz* 'a bustard; a bird of game, whose flesh is delicate and tender', VocIB 59 *charaǰ* ~ *charz* 'the Bengal Florikin (Sypheotides bengalensis)' und *charaz* ~ *charz* 'the Lesser Florikin (Sypheotides auritus)'.

"Der Körper der Flaggentrappe ist kleiner als der Körper der Kragentrappe (tuġdārī); der Rücken des Hahns (nar) hat die Farbe von *tuġdārī*, aber seine Brust ist schwarz. Die Henne (māda) ist einfarbig; das Fleisch von *čarz* schmeckt köstlich. Wie die Hindutrappe (ḫarčal) der Großtrappe (tuġdāq) ähnelt, so ähnelt *čarz* der Kragentrappe."

♦ Die Flaggentrappe ist 45–47,5 cm, die Kragentrappe hingegen 62,5–75 cm lang; der Flaggentrappenhahn hat wie die Kragentrappe auf dem Rücken ein marmoriertes Gefieder, Brust und Bauch sind jedoch nicht weiß, sondern schwarz. Zwischen Kragentrappe und Flaggentrappe besteht nicht nur eine partielle farbliche Übereinstimmung; beide Vögel tragen auch Schopffedern. Mit *čarz* wird zudem die Barttrappe, *Eupodotis bengalensis* (= Sypheotides bengalensis) bezeichnet, die Bābur aber nicht gemeint haben kann, da sie der Kragentrappe in der Größe nahezu gleichkommt und außerdem auf dem Rücken schwarz ist.

čibin (130a) — Stechmücke.

PdC 301 *čibin* 'mouche', tat. TaRS 632 *čeben*, kum. KuRS 139 *ǰibin*, kas. KaRS 398, kkp. KkRS 745 *šibïn*, kirg. KiRS 887, alt. ORS 183 *čïmïn*, nuig. URL 416 *čivïn* 'muxa', tkm. TuRS 742 *čibïn*, usb. UzRS 519 *čibin* 'komar'.

Die rund um Kabul liegenden großen Wiesen beurteilt Bābur ausschließlich nach ihrer Eignung als Pferdeweide, wobei für ihn nicht nur die Qualität des Grases, sondern auch das Vorkommen von Stechmücken eine wichtige Rolle spielt. Auf der Song Qorghan-Wiese im Nordosten gibt es wenige Stechmücken, auf der Tschalak-Wiese im Nordwesten stellen sie hingegen eine große Plage für die Pferde dar. Die Diurin-Wiese im Westen hat keine Stechmücken, aber die Siyah Sang-Wiese im Osten wird zur Sommerzeit massenweise von Stechmücken heimgesucht und ist daher als Weide nahezu wertlos.

♦ Unter *čibin* dürfte hier speziell die Pferdebremse, *Tabanus bovinus* zu verstehen sein.

čilsī (279b) — Koklasfasan, *Pucrasia macrolopha.*

"Der Koklasfasan hat dieselbe Gestalt wie das Schwarzkopf-Satyrhuhn (pulpaykār), das jedoch schöner gefärbt ist; er kommt in den Bergen von Badschaur vor."

♦ Der wie das Schwarzkopf-Satyrhuhn kurzgeschwänzte Koklasfasan hat ein grau und schwarz gemustertes Gefieder; Schwanz und Schopf des Hahns sind rostbraun, die Seitenfedern des Schopfes, die er während der Balz wie Hörner aufrichtet, schwarz. Beim Schwarzkopf-Satyrhahn ist der Kopf völlig schwarz, das übrige Federkleid braunschwarz und mit tropfenförmigen bunten Flecken übersät; sowohl Hals wie Brust haben eine karmesinrote Tönung. Der balzende Satyrhahn bläht den Kehllappen zu einem großen Schild auf, das in einem mit himmel- und kornblumenblauen Tönen vermischten Blutrot erstrahlt, und stellt über jedem Auge ein türkisfarbenes fleischiges Horn hoch.

Beveridge (S. 497, Fn. 3) vermutet, daß mit *čilsī* das Gelbbrauen-Bambushuhn, *Bambusicola fytchii* gemeint ist, in Entsprechung zu Ross 286, Nr. 127 *čil murgh* 'a Bamboo-Partridge, *Bambusicola sonorivox*'. Es kann sich bei *čilsī* jedoch kaum um ein Bambushuhn handeln, denn diese Gattung ist nur von Hinterindien bis China verbreitet. Der türkische Begriff *čil* bezeichnet Hühnervögel mit gesprenkeltem Gefieder; in diesem Sinne wird er bei Ross 287, Nr. 128 mit *čil* 'Pallas' sandgrouse,

Syrrhaptes paradoxus' angeführt und ebenso in älteren Quellen – z.B. als Benennung des Wüstenhuhns, *Ammoperdix griseogularis* mit Muhenna 175 'aṭ-ṭaihūj' *čil*. Da der Koklasfasan in Hindustan vorkommt, dürfte *čilsī* ein Hindi-Name sein, der sich wahrscheinlich aus *čil* + *-sī* 'wie' zusammensetzt. Wegen seines schrillen Schreies 'ewe-wir-wir-wir' wird der Schwarze Milan in Indien *čīl* genannt, s. Ali 23, Nr. 46 *cheel* 'Common Pariah Kite, *Milvus migrans*' sowie Platts 438 *ćil* 'confused noise' und *ćilānā* 'to make a noise like a kite'. Wie *čil*, d.h. wie ein konfuses Geräusch oder ähnlich verworren wie der Schrei des Milans, klingt auch der durchdringende Ruf 'ah kroak kroak kroakak krok', den der Koklasfasan ausstößt.

čīr (279b) — Wallich-Fasan, *Catreus wallichii* (= Phasianus wallichii).

VocIB 59 *chīr* 'the Cheer Pheasant (Phasianus Wallichii)'.

Der Wallich-Fasan fliegt in Schwärmen; ebenso verhält sich eine an Schwanz und Flügeln rötlich gefärbte Wachtel (bödänä), die in Hindustan heimisch ist.

♦ Die rostgelben Wallich-Fasane, die den Namen *čīr* ihrer Rufreihe 'tschirr e pirr, tschirr e pirr, tschirr, tschirr' verdanken, schließen sich zu kleinen Schwärmen zusammen. Sobald sie aufgeschreckt werden, setzen sie zu einem kurzen Flug an; danach gehen sie wieder in Deckung und fliegen nicht nochmals hoch. Ein ähnliches Verhalten zeigt die außerhalb der Brutzeit in kleineren Scharen lebende Frankolinwachtel, *Perdicula asiatica*; bei einer Störung fliegt der ganze Schwarm los, versammelt sich aber sehr bald wieder am Boden. Thackston liest *čir* und definiert das Wort mit 'sparrow'; der Sperling kommt zwar scharenweise vor, ist jedoch nicht gesellig wie ein Hühnervogel. Im übrigen läßt sich *čir* nirgends als Benennung des Sperlings nachweisen.

čīūrtka (249a) — Himalaya-Königshuhn, *Tetraogallus himalayensis*.

Jerdon/Birds II: 549–550 *chourtka* (Afghanistan) 'the Himalayan Snow-Cock, *Tetraogallus himalayensis*'.

Im Januar 1520 sah Bābur beim Abstieg vom Badpach-Paß eine überraschend große Anzahl von *čīūrtka*.

♦ Sowohl de Courteille wie Thackston lesen *čevürtkä* 'sauterelle' bzw. 'locust'. Da es Anfang Januar war, kann es sich aber, wie Beveridge zu Recht feststellt, nicht um Heuschrecken gehandelt haben (Appendix N, S. l), denn Heuschrecken werden nur bei sehr hohen Wärmegraden aktiv. Wahrscheinlich beobachtete Bābur eine Schar von Himalaya-Königshühnern, deren afghanischen Namen *chourtka* er mit *čīūrtka* wiedergegeben hat. Die Königshühner, die Bābur ansonsten mit *kabg-i darī* bezeichnet, sind im Hochgebirge bis zur Zone des ewigen Schnees verbreitet, ziehen jedoch im Winter zur Baumgrenze hinab. Bei Jerdon wird neben *chourtka* auch *kabg-i darī* als eine in Afghanistan gebräuchliche Bezeichnung für *Tetraogallus himalayensis* angeführt.

čuġurčuq (278b) — Gemeiner Star, *Sturnus vulgaris*.

Ttü. Stw 821 *sïġırcık* 'Star, Sturnus vulgaris', tat. TaRS 493 *sïyïrčïq*, ba. BRS 490 *sïyïrsïq*, kirg. KiRS 884 *čïġïrčïq*, usb. UzRS 530 *čuġurčiq* 'skvorec'.

Der Hirtenstar, eine in Laghman vorkommende Maina (šārak), hat einen größeren und gedrungeneren Körper als der gemeine Star.

♦ Der Bābur aus seiner Heimat bekannte gemeine Star hat eine Gesamtlänge von 22 cm, der Hirtenstar von 25 cm; beide Vögel halten sich gern in der Nähe der Herden auf und verfügen über ein variantenreiches stimmliches Repertoire. Bei PdC 295 ist *čuġurčuq* mit 'espèce de passereau' erklärt, Beveridge (S. 495, Fn. 3) verbindet den Begriff mit Ross 314, Nr. 271 *čighirčiq* 'the Northern Swallow', und Thackston übersetzt *čuġurčuq* mit 'lark' – in Entsprechung zu *ǰal* 'Lerche' in der persischen Übersetzung. Man kann aber von so zierlichen Vögeln wie Sperling, Schwalbe oder Lerche schwerlich auf die Ausmaße einer Maina schließen; *čuġurčuq* ist eine Abwandlung von *sïġïrčuq*, das in den arabisch-kiptschakischen Wörterlisten als *az-zurzūr* 'Star' definiert wird.

čupčuq (4a) — Sperling, *Passer*.

Fazylov II: 518 *čïpčuq* 'vorobej', PdC 290 *čupčuq* 'espèce de passereau', tat. TaRS 646 *čïpčïq*, kum. KuRS 142 *ǰïmčïq*, kkp. KkRS 748 *šïmšïq*, usb. UzRS 529 *čumčuq* 'vorobej'.

In Chodschent, wo die Luft sehr ungesund ist, grassiert im Herbst die Malaria; es geht dort das Gerücht um, daß dann selbst die Sperlinge Sumpffieber bekommen.

♦ Die Lautmalerei *čupčuq* ahmt das Geschilpe des Sperlings nach.

denk (235a, 280a–b) — Argala-Marabu, *Leptoptilos dubius*.

Ali 10, Nr. 20 *dhenk* 'Adjutant Stork, *Leptoptilos dubius*'.

"Der Marabu ist ein Tier mit einem großen Körper; jeder Flügel mißt ein *qulač* [ca. 90 cm]. Kopf und Hals sind nicht befiedert; an seinem Hals hängt eine Art Beutel. Sein Rücken ist schwarz, seine Brust weiß. Mitunter zieht er nach Kabul."

Bei einem Aufenthalt in Istalif bekam Bābur von Vogelfängern einen Marabu gebracht. Er hatte noch nie zuvor diesen Vogel gesehen, dessen Aussehen ihn recht fremdartig anmutete. Der Marabu wurde sehr zahm; wenn man ihm Fleisch zuwarf, fing er es stets im Schnabel auf. Einmal verschluckte er einen genagelten Schuh, ein andermal ein ganzes Huhn mit Flügeln und Federn.

♦ Kopf und Hals des Argala-Marabus sind nur leicht bedaunt; von der Brust hängt ein großer rötlichgelber Kehlsack herab. Das Gefieder an Rücken, Flügeln und Schwanz ist schwarz, an Brust und Bauch weiß. Bābur gibt die Länge des Flügels mit einem *qulač* an; Beveridge und Thackston übersetzen *qulač* mit 'fathom', und zwar unter Bezug auf Zenker 720 *qulač* 'so viel als man mit beiden Armen in die Länge erspannt, Klafter, Faden'. Ein *qulač* erfaßt demnach die Weite, die sich bei ausgestreckten Armen von Fingerspitze zu Fingerspitze ergibt, d.h. ca. 180 cm. Der Flügel des 140 cm langen Marabus ist aber nur 82 cm lang; trotzdem stimmt Bāburs

Angabe damit überein, denn sie bezieht sich auf die Länge, die dem *qulač* im Osten der Turcia zugekommen ist, s. Zenker 720 *qulač* (osttürkisch) 'so viel sich ein Bogen spannen läßt'. Die Türken benutzten zusammengesetzte Bogen, die in der Länge differierten, weil sie immer auf die Körpergröße des Schützen zugeschnitten waren; ihre mittlere Länge hat 108 cm betragen und die entsprechende Bogenweite ca. 90 cm.

In der persischen Übersetzung sowie im Elphinstone-Kodex steht *dek* anstelle von *denk*. Beide Termini leiten sich von *ḍeg* her und haben die wörtliche Bedeutung 'taking long strides'; *dek* ist jedoch eine Bezeichnung für den Saruskranich (sāras), s. Platts 575 *ḍhek* ~ *ḍheṅka* 'the Indian crane'. Nach FBrI VI: 327 heißt der Marabu in Hindustan auch *peda-dhauk*; der Name umschreibt ihn als einen *dek* mit Korb, d.h. als einen Vogel, der in der Größe an den Saruskranich heranreicht und einen Kehlsack hat.

durrāǰ (277b, 279a) — Halsbandfrankolin, *Francolinus francolinus*.

Steingass 506 *durrāj* 'the francolin, a kind of partridge', Schapka 94, Nr. 324 *durrāǰ* 'Frankolinhuhn, Francolinus francolinus', Platts 510 *durrāǰ* 'a partridge, francolin'.

"Der Halsbandfrankolin ist nicht für Hindustan eigentümlich, denn er kommt ebenfalls in anderen warmen Regionen vor; einige *durrāǰ*-Arten finden sich aber nur in Hindustan. Von der Gestalt her ähnelt der Halsbandfrankolin dem Chukarsteinhuhn (käklik). Der Hahn (nar) ist am Rücken wie die Fasanenhenne (qïrġawul mādasï) gefärbt, Kehle und Brust sind hingegen schwarz mit reinweißen (aq aq) Flecken; unterseits der Augen verläuft ein roter Streifen. Er schreit in einer Weise, daß man *šir dāram šakrak* zu hören glaubt; *šir* stößt er wie *qet* aus, *dāram šakrak* jedoch sehr deutlich. Die *durrāǰ* von Astarabad sollen *bat meni tutïlar* rufen, die von Arabien und dessen Distrikten *bi'l šakar tadawm al ni'am*. Das Weibchen (māda) hat die gleiche Farbe wie die Fasanenhenne (qïrġawulnïng bozlaġï). Der Halsbandfrankolin ist unterhalb von Nidschrao verbreitet."

♦ Der Halsbandfrankolinhahn – bei Thackston unzutreffend als 'quail' definiert – hat einen gesprenkelten bräunlichen Rücken sowie einen zimtfarbenen Halsring; die Unterseite ist an der Bauchmitte kastanienfarben, ansonsten aber schwarz und mit tropfenförmigen weißen Flecken besetzt. Das Weibchen trägt ein schlichtes bräunliches Federkleid, das in Entsprechung zu dem dunkelgefleckten und -gebänderten graubraunen Gefieder der Fasanenhenne schwarzgesprenkelt ist. Halsbandfrankolin und Chukarsteinhuhn haben beide einen kurzen, abgerundeten Schwanz. Der Schrei des Halsbandfrankolinhahns wird von Ornithologen mit 'tschick-tschiik-tschiik-kiräikek' beschrieben, doch im Volksmund sehr unterschiedlich ausgelegt: *bat meni tutïlar* 'Schnell, sie haben mich gefangen', *bi'l šakar tadawm al ni'am* 'Mit Zucker nimmt das Vergnügen kein Ende' und *šir dāram šakrak*, wozu Beveridge konstatiert: "Various translations have been made of this passage, 'I have milk and sugar' (Erskine), 'J'ai du lait, un peu de sucre' (de Courteille), but with short *sh:r*, it might be read in more than one way ignoring milk and sugar" (S. 496, Fn. 9). Beveridge setzt den Namen des Halsbandfrankolins mit ar. *durrāǰ* 'tell-tale' gleich (S. 496, Fn. 8), obwohl die Auslegungen seines Schreies kaum auf Ohrenbläserei hindeuten. Bei Schapka 94, Nr. 324 wird *durrāǰ* hingegen mit 'das kleine Einhergehende', d.h. als diminutive *quttāl*-Form von *drǰ* 'einhergehen', erklärt.

ešäk (93b, 180a, 222b) — Hausesel.

PdC 115 *išek* 'âne', usb. UzRS 560 *ešak* 'osël'; gtü.

Während der monatelangen Belagerung Samarkands durch Šaybāq Ḫān kam es zu einer so großen Hungersnot, daß den ärmeren Leuten nichts anderes übrigblieb, als das Fleisch von Eseln und Hunden (it) zu essen. Bei der ersten Indus-Überquerung (1519) durchschritten die Pferde und die Lastkamele den Fluß an einer Furt, die Tragesel sowie Marktvolk und Fußsoldaten gelangten hingegen auf Flössen an das andere Ufer. Über den Dichter Bannā'ī erzählt Bābur eine amüsante Episode; als Bannā'ī auf Druck von 'Alīšīr Nawā'ī den Herater Hof verlassen mußte, ließ er für seinen Esel einen neuartigen Packsattel anfertigen, der – vermutlich zu Bannā'īs großem Verdruß – als *'alīšīrī* bekannt wurde, da man dem sehr erfindungsreichen 'Alīšīr Nawā'ī häufig Novitäten zugeschrieben hat.

♦ Esel dienten vor allem der sozial schwächer gestellten Bevölkerung als Reit- und Lasttier, wurden aber auch im Heer mitgeführt. Die Traglast eines Esels nennt man *ḫarvār*; nach der Eroberung Kandahars (1507) stapelten sich in Bāburs Lager die erbeuteten Schätze in *ḫarvār ḫarvār*. Eine erdrückende Steuer in Höhe von 30 000 Eselsladungen Getreide erhob Bābur von der Provinz Kabul; der Tribut, den er den Afghan in Badschaur und Swat abverlangt hat, betrug gleichfalls mehrere Tausend Eselsladungen Korn.

fīl ~ pīl (157b, 253b, 257a–b, 261a, 262b, 263b, 264a–b, 265b, 266b, 267a, 270a, 274b, 275a–b, 297b, 306b, 328b, 331a, 332a, 336b, 337a, 338b, 340b, 341a, 350b, 352a, 364b, 367a, 370a) — Asiatischer Elefant, *Elephas maximus*.

Steingass 945 *fīl* 'an elephant', usb. UzRS 490 *fil* 'slon'.

"Der Elefant, den die Hindustani *hātī* nennen, ist an den Grenzen des Landes Kalpi verbreitet, und je weiter man von dort nach Osten geht, umso mehr wilde Elefanten (ṣaḥrā'ī fīl) gibt es; aus diesen Regionen werden die eingefangenen Elefanten herbeigebracht. In Kara und Manikpur leben in 30 bis 40 Dörfern die Bewohner vom Elefantenfang; sie unterstehen direkt dem dafür zuständigen Amt. Der Elefant ist ein riesiges und zugleich kluges Tier; er versteht, was man ihm sagt, und tut, was man ihm befiehlt. Sein Wert richtet sich nach der Größe; er wird nach *qarï* [ca. 60 cm] verkauft, und je größer er ist, desto höher ist der Preis. Es geht das Gerücht, daß der Elefant auf einigen Inseln 10 *qarï* [ca. 6 m] mißt, doch wurden bisher keine Elefanten über vier bis fünf *qarï* [ca. 2,4–3 m] gesehen. Der Elefant ißt und trinkt mit seinem Rüssel; ohne Rüssel kann er nicht leben. Im Oberkiefer hat er zwei große Stoßzähne, je einen zu beiden Seiten des Rüssels. Er bringt selbst Mauern oder Bäume zum Umfallen, wenn er seine Stoßzähne dagegen stemmt. Mit den Stoßzähnen kämpft er und mit ihnen verrichtet er jede ihm auferlegte Arbeit. Die Stoßzähne werden *'aǰ* [Elfenbein] genannt; sie sind für die Hindustani sehr wertvoll. Der Elefant hat keine Behaarung. Bei den Hindustani genießt er eine hohe Achtung; es ist selbstverständlich, daß im Heer zu jeder Einheit einige Elefanten gehören. Elefanten haben mehrere gute Eigenschaften; sie können mühelos schwere Lasten durch große und reißende Flüsse tragen, und drei oder vier Elefanten ziehen einen Mörserwagen, den nur vier- bis fünfhundert Mann zu schleppen vermögen. Sie haben jedoch einen enormen Futterbedarf; ein Elefant frißt so viel wie zwei Reihen (qiṭār) Kamele."

Bābur berichtet, daß seine Verbündeten bei einem Scharmützel mit den zahlenmäßig unterlegenen Gefolgsleuten Sulṭān Ibrāhīms in die Flucht geschlagen wurden, weil die Gegner mit einem Elefanten anrückten. Ebenso erging es einigen von Bāburs Mannen, die mit einem Boot den Ganges überquert hatten, um das am anderen Ufer gelegene Lager der Afghan zu überfallen. Sie mußten flüchten, denn der Feind stellte sich ihnen nicht nur mit einem großen Aufgebot von Soldaten, sondern auch mit einem Elefanten entgegen; bevor sie sich aber in ihr Boot retten konnten, wurde es von dem Elefanten versenkt. Weshalb die Elefanten so gefürchtet waren, wird an einem Vorfall deutlich, der sich während der Erstürmung von Gangota ereignet hat. Da der Torweg von hingefallenen Pferden blockiert war, konnten die eingeschlossenen Afghan nicht ausbrechen; sie trieben deshalb ihre Elefanten hinaus, die viele Pferde zu Tode trampelten. Dasselbe Schicksal widerfuhr einer Frau, die in einen auf Bābur verübten Mordanschlag verwickelt war; sie wurde zur Strafe unter einen Elefanten geworfen. Bei der entscheidenden Schlacht von Panipat, aus der Bābur als Sieger hervorging, verfügte sein Gegner Sulṭān Ibrāhīm – einschließlich der Elefanten seiner Emire – über 1 000 Kriegselefanten; Bābur führt diese Zahl mehrmals als ein erschwerendes Moment beim fünften Hindustan-Feldzug an. Zunächst bezifferte Bābur sehr genau die Menge der bei kleineren Gefechten erbeuteten Elefanten. Nach dem Sieg von Panipat (1526) nennt er jedoch keine Zahlen; stattdessen spricht er von Elefantenherden, die herbeigebracht und ihm von den Treibern vorgeführt wurden. Um die wahre Gesinnung von Šayḫ Bāyazīd auszuloten, der von ihm mit Ländereien belehnt worden war, aber ein undurchsichtiges Verhalten zeigte, verlangte Bābur bei Verhandlungen mehrere Elefanten – er bekam zehn Elefanten. Zu den Insignien, die Bāburs Sohn ʿAskarī anläßlich seiner Ernennung zum Kommandeur der Ostarmee erhalten hat, gehörten u.a. zehn Elefanten.

Elefanten wurden zudem bei der Treibjagd auf Nashörner (karg) eingesetzt; bei einem solchen Anlaß beobachtete Bābur, daß ein ausbrechendes Nashorn in eine andere Richtung rannte, sobald es sich mit den Elefanten konfrontiert sah. Die in den Ländern jenseits der Berge (ol vilāyatlarda) verbreitete Meinung, Nashörner könnten mit ihrem Horn einen Elefanten hochheben, hielt Bābur für unzutreffend. Bemerkenswerterweise scheint sich das Kamel (tewä) nicht vor Elefanten zu fürchten; Bābur erwähnt, daß man während eines Festes im *Čār-bāġ* von Agra auf einer gegenüberliegenden Insel wütende Kamele und aufgereizte Elefanten miteinander kämpfen ließ.

Im Jahre 1528 besichtigte Bābur in Gwalior das *Hātī Pol* im Ostturm des Mān Sing-Palastes; am Ausgang dieses Tores steht die Figur eines Elefanten, auf dessen Rücken zwei Treiber sitzen. Sie ist ein genaues Abbild des Elefanten, und ihretwegen heißt das Tor *Hātī Pol* 'Elefantentor'. Von einem Fenster im untersten Stock des Gebäudes läßt sich die Skulptur aus nächster Nähe betrachten.

♦ Der Asiatische Elefant, der kleiner als sein afrikanischer Verwandter ist, kann analog zu Bāburs Angabe eine Widerristhöhe von 3 m erreichen; als die von Istarghidsch nach Maidan führende Straße durch ein Erdbeben aufgerissen wurde, türmte sich der Boden an manchen Stellen so hoch wie ein Elefant auf, an anderen aber war er ebenso tief eingesunken. In der Karawane gehen die Kamele hintereinander in einer Reihe (qiṭār), die fünf bis sieben durch Nasenriemen verbundene Tiere umfaßt. Die Futtermenge (boġuz), die ein Elefant täglich benötigt, entspricht dem Bedarf von zwei Kamel-Reihen. Beveridge merkt dazu an: "The item of food compared is corn (*būghūz*) and takes no account therefore of the elephant's green food" (S. 489, Fn. 5). Mit *boġuz* wird jedoch Futter jeglicher Art bezeichnet; zudem besteht die Nahrung der Kamele nicht aus Korn, sondern wie bei den Elefanten aus Grünfutter. Kulturhistorisch interessant ist Bāburs Hinweis, daß die westliche Verbreitungsgrenze des Elefanten bei Kalpi lag und daß auch in den am Ganges gelegenen Dschungeln unweit von Tschunar sehr viele dieser Tiere vorkamen; wilde Elefanten gibt es heutzutage nur noch im Norden Westbengalens.

Bāburs Beschreibung des Elefanten im Rahmen der indischen Fauna ist äußerst objektiv; sie verrät nicht, welche Bedeutung Bābur selbst dem Elefanten beigemessen hat, und zwar dem gezähmten Elefanten, den seine Feinde im Heer mitgeführt haben. Der ungewohnte Anblick der Elefanten versetzte Bāburs Truppen in Angst, und das Trompeten der Elefanten löste bei den Pferden panische Reaktionen aus. Vermutlich hat Bābur aus diesem Grund auf den Einsatz von Kriegselefanten verzichtet; jedenfalls gibt es keine entsprechenden Hinweise. Gleichwohl betrachtete er den Besitz von Elefanten als augenfälligen Beweis von Macht.

gariyāl (281b, 367b) — Ganges-Gavial, *Gavialis gangeticus* (= Lacerta gangetica)'.

Platts 934 *ghaṛiyāl* 'a crododile; the Gangetic alligator, *Lacerta gangetica*'.

"Der *gariyāl* soll groß werden; die Soldaten sahen mehrere davon im Gogra. Er soll auch Menschen wegtragen; am Gogra-Ufer wurden eine oder zwei alte Sklavinnen von ihm gepackt und zwischen Ghazipur und Benares drei oder vier Soldaten."

Am Ganges hat Bābur vom Ufer aus einen *gariyāl* gesehen, der inmitten der halbkreisförmig aneinandergereihten Kriegsboote aufgetaucht ist.

♦ Der Ganges-Gavial, der wie Leistenkrokodil (siyah-sār) und Sumpfkrokodil (šer-i ābī) kein Alligator, sondern ein Krokodil ist, kann bis zu 6 m lang werden.

Gegen Beveridge's Anmerkung "Bābur's distinction between the three crocodiles he mentions seems to be that of names he heard, *shīr-abī*, *siyāh-sār*, and *gharīāl*" (S. 501, Fn. 5) spricht zum einen, daß Bābur nach eigener Angabe einen Gavial beobachtet hat, zum andern die präzise Beschreibung eines eingefangenen Leistenkrokodils; außerdem liefert Bābur Informationen zu Standort und Verhalten der drei Krokodilarten. Bemerkenswert ist auch, daß er sowohl *siyah-sār* wie *šer-i ābī*, die beide eine kurze Schnauze haben, mit dem kurzschnäuzigen Wüstenwaran (käläs) vergleicht, nicht aber den *gariyāl*, dessen Schnauze auffallend lang ist.

gāv (97b, 146b, 233a, 255b) — Hausrind, Kuh, Ochse.

Steingass 1072 *gāv* 'a bull; a bullock; a cow'.

Nach seiner Flucht aus Samarkand hielt sich Bābur in Dachkat auf, von wo aus er zu Fuß die umliegenden Berge durchstreifte. Bei einer dieser Wanderungen hatte er die Orientierung verloren; als er gegen Abend eine Kuh (uy) einen schmalen, kaum auszumachenden Pfad hinablaufen sah, hieß er seinen Begleiter, die Kuh so lange nicht aus den Augen zu lassen, bis sie wüßten, wohin der Pfad führt, worauf die launige – auf Persisch gestellte – Frage kam: "Und was machen wir, wenn die Kuh (gāv) verloren geht?" Bei Bāburs erstem Vorstoß in den Pandschab (1505) wurden in Kohat viele Rinder und Hausbüffel (gāvmeš) erbeutet. Von der Beute, die bei der Pandschab-Expedition von 1519 gemacht wurde, erhielten die Anführer der Dilazak Afghan je drei Ochsen und einen Büffel zum Geschenk. Während des fünften Hindustan-Feldzugs entschloß sich Bābur, dem Treiben der Dschat und Gudschar, die dem Raub von Rindern und Büffeln nachgingen, endlich Einhalt zu gebieten, und ließ zur Abschreckung zwei oder drei ihrer Männer in Stücke hauen.

♦ Bābur verwendet *gāv* sowohl als Sammelbegriff für Rinder wie als Benennung für das einzelne Tier, d.h. für eine Kuh oder einen Ochsen; welche Bedeutung er dem Begriff unterlegt, ergibt sich aus dem Kontext. Bei den aus dem Indus-Bereich stammenden Rindern dürfte es sich vornehmlich um Buckelrinder gehandelt haben.

gāvmeš (146b, 232b, 233a, 255b, 275b, 276a, 281b, 364b) — Wasserbüffel, *Bubalus bubalis*.

Steingass 1074 *gāv-mesh* 'a buffalo'.

"Der wilde Büffel (ṣaḥrā'ī gāvmeš) ist größer als der Hausbüffel; auch sind seine Hörner nicht wie beim Hausbüffel bis zum Rücken hin gekrümmt. Er ist ein sehr zerstörungswütiges und bösartiges Tier."

Bei einer Treibjagd am Ganges preschte anstelle der erwarteten Löwen (šer) und Nashörner (karg) ein wilder Büffel aus dem Dschungel hervor. Ein Hausbüffel, der am Rande eines in der Nähe des Indus gelegenen Dschungels angebunden wurde, diente als Locktier für einen im Dickicht verborgenen Tiger (babr). Bābur erwähnt, daß das Nashorn so groß wie drei Büffel ist und daß das Sumpfkrokodil (šer-i ābī) nicht nur Menschen, sondern selbst Büffel verschleppt.

♦ Wie die Tiger-Episode zeigt, hat man die beidseits des Indus erbeuteten Büffel als lebenden Proviant im Heer mitgeführt. Bābur verwendet bei der Beschreibung der Hindustan-Feldzüge mehrmals den Ausdruck *kälä qara*, der in EDPT 644 mit 'livestock' erklärt wird. Da Bābur jedoch f. 220a das in Pandschkora geraubte Herdenvieh nach *kälä qaralar* und Rindern (uylar) unterscheidet, könnten mit *kälä qaralar*, wörtlich 'schwarze Herden', speziell die dunkelfarbigen Büffel erfaßt worden sein.

gaynī uy (276b) — eine Zwergform des Buckelrindes, *Bos indicus*.

Platts 942 *gainā* (f. *gainī*) 'a small species of bullock'.

"Die *gaynī*-Kuh ist eine sehr kleine Kuh; in den Ausmaßen entspricht sie dem großen Widder der Länder jenseits der Berge (ol yerlärning). Ihr Fleisch ist äußerst zart und schmackhaft."

♦ Unter dem großen Widder ist das Männchen des östlich von Buchara verbreiteten Katschgar oder Pamir-Wildschafs, *Ovis ammon polii* zu verstehen.

gilāhrī (277a) — Palmenhörnchen, *Funambulus palmarum* (= Sciurus palmarum).

Platts 914 *gilahrī* 'a squirrel', Blanford 383 *gilehri* 'the Palm-Squirrel, *Sciurus palmarum*'.

"Es gibt eine Maus (sïčqan), die *gilāhrī* genannt wird; sie hält sich fast immer in den Bäumen auf. Mit erstaunlicher Gewandtheit und Schnelligkeit läuft sie an einem Baum hinauf oder hinunter."

♦ Das Palmenhörnchen, das einschließlich Schwanz nur 30 cm mißt, ist zwar mit dem Eichhörnchen verwandt, aber wesentlich kleiner; außerdem hat es keine Haarbüschel an den Ohren, so daß es eher an eine große Maus bzw. an eine Ratte erinnert.

ġarm-pāy (281a) — Fleckschnabelente, *Anas poecilorhyncha*.

VocIB 62 *garm-pai* 'the Spotted-billed Duck (Anas pœcilorhyncha)'.

"Die *ġarm-pāy* genannte Ente ist größer als die Stockente (sona-borčin); Männchen (nar) und Weibchen (māda) haben dieselbe Färbung. Man findet sie zu allen Jahreszeiten in Haschnaghar; manchmal zieht sie aber auch nach Laghman. Ihr Fleisch schmeckt sehr delikat."

♦ Das Gefieder der Fleckschnabelente ist bei beiden Geschlechtern auf dem Rücken braun und am Bauch sandfarben mit braunen Sprenkeln; die Fleckschnabelente hat eine Länge von ca. 63 cm, die kleinere Stockente von 58 cm.

hātī (274b, 340b) — Asiatischer Elefant, *Elephas maximus*.

Platts 1215 *hāthī* 'an elephant', Blanford 463 *hathi* 'the Indian Elephant, *Elephas maximus*'.

Zu *hātī* s. **fīl ~ pīl**.

hona (276a) — das Männchen der Kropfgazelle, *Gazella subgutturosa.*

PdC 517 *hona* 'espèce de cerf' ~ 165 'les Turcs appellent *houneh* le mâle du cerf.

Der Hirschziegenantilopenbock (kalahara) ähnelt *hona*, dem Männchen der Kropfgazelle (ǰeränning erkäki).

♦ Der Ausdruck *hona* geht auf mong. *ona* 'Antilopenbock' zurück (Schönig 143 s.v. *ona*) und ist nach Pavet de Courteille im Tschaghataischen für einen männlichen Hirsch gebräuchlich. Ein Hirschgeweih läßt sich jedoch nicht mit den Hörnern einer Antilope vergleichen; Bābur benutzt *hona* hier im ursprünglichen Sinn, und zwar speziell für den Kropfgazellenbock.

ḫačïr (124b, 159a, 212a, 350b) — Maultier.

PdC 312 *ḫačïr* 'chameau de course ou de charge, mulet', tat. TaRS 243, kum. KuRS 197, kirg. KiRS 362 *qačïr*, kas. KaRS 442, kkp. KkRS 390 *qašïr*, nuig. URL 429 *xečir*, usb. UzRS 499 *xačir* 'mul'.

Nachdem Ḫusraw Šāh sich unterworfen hatte, ordnete Bābur an, daß ihm seine tragbare Habe verbleiben sollte – eine großzügige Geste, denn Ḫusraw Šāh belud drei oder vier Reihen (qiṭār) von Maultieren und Kamelen mit Juwelen, Gold, Silber und anderen Kostbarkeiten. Bei der Einnahme von Kandahar (1507) wurden nicht nur unvorstellbare Mengen von Silbermünzen, sondern auch zahlreiche Tragtiere erbeutet, darunter reihenweise (qiṭār qiṭār) Maultiere. Als Bābur von einem seiner Raubzüge nach Kabul zurückkehrte, ließ er die Reit- und Lasttiere die Nacht über im *Čār-bāġ* abstellen; ein Dieb drang in den Garten ein und stahl Bāburs Pferd mitsamt der Rüstung sowie eines der ihm persönlich vorbehaltenen Maultiere. Zu den Insignien, die ʿAskarī anläßlich seiner Ernennung zum Kommandeur der Ostarmee erhalten hat, gehörte eine Maultier-Reihe.

♦ Der Begriff *ḫačïr* < türkisch *qatïr* ist eine Rückentlehnung aus dem Mongolischen; *qatïr* geht nach TMEN III: 1395 auf sogdisch *xartar* 'Maultier' zurück. Mit *qiṭār* wird analog zur Kamel-Reihe eine aus fünf bis sieben Maultieren bestehende Reihe bezeichnet.

ḫarčal (280a) — Hindutrappe, *Ardeotis nigriceps* (= Eupodotis edwardsi).

Steingass 453 *kharchāl* 'a bustard'.

"Die Hindutrappe hat etwa die Ausmaße der Großtrappe (tuġdāq) und scheint Hindustans *tuġdāq* zu sein. Ihr Fleisch schmeckt köstlich; bei einigen Vögeln ist der Schenkel gut, bei anderen die Brust, doch bei der Hindutrappe ist alles Fleisch ausgezeichnet."

♦ Die mit einem Federschopf geschmückte Hindutrappe wird über 120 cm lang; ihr zentralasiatisches Pendant ist die Großtrappe, *Otis tarda*, die gleichfalls eine weißliche Unterseite sowie eine schwarzgewellte rostfarbene Oberseite hat. Sie trägt aber keinen Federschopf, sondern einen zu beiden Seiten des Schnabels herabhängenden Federbart.

ḫūk-i ābī (281b, 282a) — Delphin, *Platanista gangetica.*

"Der Delphin ist in allen Flüssen Hindustans zu finden. Er kommt plötzlich aus dem Wasser heraus; sein Kopf erscheint und verschwindet. Dann taucht er wieder ins Wasser ein und bleibt darin, wobei er den Schwanz zeigt. Seine Schnauze ist so lang wie die Schnauze des Leistenkrokodils (siyāh-sār) und hat dieselben Reihen von kleinen Zähnen; Kopf und Körper sind nach Art eines Fisches gestaltet. Wenn er sich im Wasser tummelt, ähnelt er einem Wassersack (mašk). Die Delphine im Gogra springen beim Spielen aus dem Wasser heraus; wie die Fische verlassen sie aber niemals das Wasser."

♦ Mit *ḫūk-i ābī* wird der Delphin als 'Wasserschwein' umschrieben. Da der Vergleich mit *mašk* Gestalt und Haut des Delphins einbezieht, dürfte Bābur einen aus einem gegerbten Ziegen- oder Schafbalg hergestellten Wassersack gemeint haben; s. Steingass 1247 *mashk* 'a sheep-skin tanned or not, especially for carrying buttermilk or water' sowie Platts 1040 *mašk* 'a leather ḅag (esp. for carrying water); the entire hide of a goat or sheep made into a bag and used by water-carriers'.

it (84b, 93b, 141b, 281a, 290b, 306a) — Hund.

PdC 93 *it* 'chien', usb. UzRS 184 *it* 'sobaka'; gtü.

Wie man mit einem von Tollwut befallenen Hund umging, läßt sich aus Băburs Anmerkung ersehen, daß man nach der Einnahme von Samarkand (1500) viele Uzbeg wie tolle Hunde mit Steinen und Knüppeln erschlagen hat. Als wenig später Bābur von Šaybāq Ḫān monatelang in Samarkand belagert wurde, entstand in der Stadt eine so große Hungersnot, daß die ärmere Bevölkerung gezwungen war, das Fleisch von Hunden und Eseln (ešäk) zu essen. In der Provinz Kabul lauert man den Steppenschafen (arqarġalča), die im Frühjahr und im Herbst die Berge durchziehen, um zu den Sommer- oder Winterweiden zu wandern, an Engpässen auf und erlegt sie mit Hilfe von Hunden. Bābur hebt als einen der Mängel Hindustans hervor, daß es dort keine guten Jagdhunde gibt.

Am Hof von Agra bekam Bābur eine indische Speise serviert, von der er allerdings nur einige Bissen zu sich nahm; danach mußte er sich heftig übergeben. Weil er den Verdacht hegte, daß das Essen vergiftet war, ließ er das Erbrochene einem Hund zu fressen geben. Am anderen Morgen lag der Hund völlig apathisch mit geschwollenem Bauch am Boden und stand auch nicht auf, als man Steine nach ihm warf; erst gegen Mittag besserte sich sein Zustand. Mit dem Kopf eines Hundejungen (itning küčüki) vergleicht Bābur den Kopf des Flugfuchses (čamgiddar).

♦ Der von den großen Ohren dominierte, weichkonturierte Kopf des Flugfuchses hat eine erstaunliche Ähnlichkeit mit dem noch nicht profilierten Kopf eines Welpen. Über die Rolle des Hundes bei den Türkvölkern informiert Tryjarski 1979.

ǰangalī ṭūṭī (278a) — Kleiner Alexandersittich, *Psittacula krameri.*

Zu *ǰangalī ṭūṭī* s. **ṭūṭī**.

ǰerän (276a) — Kropfgazelle, *Gazella subgutturosa.*

PdC 303 *ǰerän* 'gazelle'.

Der Bock der Kropfgazelle ähnelt dem Männchen der Hirschziegenantilope (kalahara).

♦ Der Ausdruck *ǰerän* ist aus dem Mongolischen rückentlehnt, s. mong. *ǰegeren* 'Antilope' (Schönig 114–115 s.v. *ǰeren*); er bezeichnet bei Bābur die von Zentralasien bis Iran hin verbreitete Kropfgazelle. Beveridge (S. 491, Fn. 3) definiert *ǰerän* als die Steppenantilope, *Saiga tatarica*; deren Männchen tragen jedoch im Gegensatz zu den Kropfgazellenböcken nur ein kleines, nach oben gerichtetes Gehörn, das sich keinesfalls mit den langen, zurückgebogenen Hörnern von *kalahara* vergleichen läßt. Die südsibirischen Türkvölker benennen mit *ǰerän* die in der Mongolei heimische Kropfantilope, *Gazella gutturosa*; sie hat wesentlich kürzere Hörner als die verwandte Kropfgazelle und ist zudem größer.

kabg-i darī (135a, 279a–b) — Kaspi-Königshuhn, *Tetraogallus caspius.*

Steingass 1012 *kabgi darī* 'a beautiful kind of partridge; according to others, a mountain partridge', Schapka 201, Nr. 650 *kabk-i darrī* 'Tetraogallus caspius', Jerdon/Birds II: 550 *kabg-i darī* (Afghanistan) 'the Himalayan Snow-cock, *Tetraogallus himalayensis*'.

In der Größe entspricht dem Kaspi-Königshuhn das Schwarzkopf-Satyrhuhn (pulpaykār) sowie der Himalaya-Glanzfasan (lūja), der nach Bāburs Ansicht vermutlich Hindustans *kabg-i darī* ist, weil er nach Art des Kaspi-Königshuhns auf den Bergkuppen herumläuft.

♦ Kaspi-Königshuhn, Schwarzkopf-Satyrhuhn und Himalaya-Glanzfasan haben eine Gesamtlänge von 70–75 cm. Beveridge (Appendix N, S. xlviii–xlix) geht davon aus, daß Bābur den *lūǰa*-Vogel f. 135a in der Größe den *kabg-i darī* der Kabul-Region, f. 279a aber nach Größe und Farbe den *kabg-i darī* von Hindustan gleichsetzt, s. Platts 809 *kabk-ĕ-darī* 'the mountain partridge, *Tetrao coturnix*; the Greek partridge or *čakor*'. Bābur erwähnt das für Afghanistan charakteristische Himalaya-Königshuhn, *Tetraogallus himalayensis* jedoch mit *čīūrtka*; bei den *kabk-ĕ-darī* genannten Feldhuhnarten verbietet sich ein Vergleich mit dem Glanzfasan, da sie nur ca. 35 cm groß sind. Unter *kabg-i darī* versteht Bābur stets *Tetraogallus caspius*, das Königshuhn seiner Heimat; aus dem an beiden Stellen wörtlich übereinstimmenden Text wird eindeutig ersichtlich, daß der Glanzfasan etwa so groß wie das Kaspi-Königshuhn ist und wegen seines montanen Standorts Hindustans *kabg-i darī* sein könnte.

kabūtar (6b, 135a, 165a, 237b, 278b) — Haustaube.

Steingass 1013 *kabūtar* 'a pigeon, dove', usb. UzRS 201 *kaptar* 'golub''.

Die Taubenhaltung ist im Orient sehr verbreitet; Bābur berichtet, daß Sulṭān Ḥusayn Mīrzā ein großer Herrscher war, aber ebenso wie die kleinen Leute seine Freude an Tauben hatte. Auch Bāburs Vater ʿUmar Šayḫ Mīrzā hielt Tauben; er kam 1494 in

Achsi zu Tode, als er – vermutlich infolge eines Erdrutsches – mitsamt seinen Tauben und dem Taubenschlag in den Abgrund unterhalb der Burgmauer stürzte. Bābur besaß in Kabul gleichfalls ein Taubenhaus, das anscheinend sehr geräumig war, denn auf seinem Dach fand ein Gelage statt. In denselben Farben wie die Kehle einer Taube schillert das Rückengefieder des Glanzfasans (lūǰa).

♦ In Zentralasien wurden sowohl von den Türkvölkern wie von den Mongolen Brieftauben gezüchtet; zur Taubenhaltung s. Tryjarski 1990.

kaka balïġ (282a) — ein Raubwels, *Clarias magur*.

"Beim *kaka*-Fisch stehen in Höhe der beiden Kiemen (qulaq) zwei Gräten (süngäk) heraus, die etwa drei *elig* [ca. 7,5 cm] lang sind. Wenn er eingefangen wird, schüttelt er die beiden Gräten und erzeugt dabei ein eigentümliches Geräusch; offenbar nennt man ihn deshalb *kaka*."

♦ In den Handschriften findet sich die Schreibung *kaka* und *kala*; nach Beveridge dürfte *kaka* einen Stotterlaut nachahmen, während *kala* vermutlich im Sinne von *kala* 'Lärm' gebraucht ist (S. 502, Fn. 2). Bei *kaka* könnte aber auch eine Namensübertragung von Krähe auf Fisch vorliegen, die das Krähengekrächze mit dem vom Fisch verursachten Geräusch assoziiert, s. Platts 802 *kāka* 'a crow'. Beveridge hält den *kaka*- oder *kala*-Fisch für einen großen Krebs; damit ist jedoch kaum die von ihr zitierte Passage aus den *Ṭabaqāt-i-bāburī* zu vereinbaren, denn in Ergänzung zu Āburs Notiz erwähnt Šayḫ Zayn, daß der *kaka*-Fisch 45 cm lang wird, ein überraschend schmackhaftes Fleisch hat und fast einen Meter hoch aus dem Wasser schnellt, sobald er mit einem Netz in Berührung kommt. Die letztere Angabe läßt nicht auf ein Krustentier schließen; sie entspricht vielmehr Bāburs Feststellung, daß die Fische Hindustans ungewöhnlich agil sind und häufig durch Luftsprünge dem Netz entwischen. Im Hinblick auf Šayḫ Zayns Schilderung ist mit *kaka* wahrscheinlich die Raubwelsart *Clarias magur* gemeint, die nach Day I: 115 im Pandschab *kag-ga* ~ *kug-ga* heißt. Dieser ca. 45 cm lange Fisch hat zu beiden Seiten des Oberkiefers eine bis zum Ende der Brustflosse reichende Bartel, gibt bei Gefahr Grunzlaute von sich und wird wegen seines nahrhaften Fleisches äußerst geschätzt.

kalahara (276b) — Hirschziegenantilope, *Antelope cervicapra*.

Blanford 521 *haran* (male), *kala* (male) 'the Indian Antelope or black Buck, *Antilope cervicapra*'.

"Es gibt einen Antilopenbock (käyik), der *hona*, dem Männchen der Kropfgazelle (ǰeränning erkäki), ähnelt; er hat einen schwarzen Rücken und einen weißen Bauch. Seine Hörner sind aber länger als die Hörner von *hona* und mehr gedreht. Die Hindustani nennen ihn *kalahara*; ursprünglich war das *kālā-haran* 'schwarzer Bock', sie haben es jedoch zu *kalahara* erweicht. Das Weibchen (māda) ist hell (aq). Wilde Böcke werden mit Hilfe eines gezähmten *kalahara* eingefangen. Man befestigt an seinen Hörnern eine Schlinge und hängt an einen seiner Läufe einen großen Stein, der ihn am Weglaufen hindert. Wird ein wilder Bock gesichtet, stellt man ihm den zahmen *kalahara* gegenüber. Da die *kalahara* unglaublich angriffslustig sind, beginnen sie sofort miteinander zu kämpfen. Sie stoßen sich mit ihren Hörnern und schieben einander vor- und rückwärts, wobei sich die Hörner des wilden Bocks in der Schlinge an den Hörnern des zahmen *kalahara* verhakeln. Versucht der wilde Bock nun zu fliehen, kann ihm das gezähmte Tier nicht folgen, denn es wird von dem Stein an seinem Fuß zurückgehalten. Auf diese Weise fängt man viele wilde Böcke ein; sie werden gezähmt und dann ihrerseits zum Einfangen von Antilopen benutzt. Die zahmen *kalahara* läßt man auch in den Häusern miteinander kämpfen; sie kämpfen sehr gut."

♦ Die Hirschziegenantilopen haben wie alle Antilopen eine weiße Bauchseite; auf dem Rücken und an den Flanken ist der Bock braungrau bis schwarz, die Hindin rötlich-sandfarben. Die Hörner des Männchens sind 50–65 cm lang, rückwärts gewendet und drei- bis viermal gedreht. Beim Kropfgazellenbock erreichen die Hörner eine Länge von 35–50 cm; sie sind ebenfalls nach hinten gebogen, aber nur an ihrer Spitze nach innen gekrümmt.

kanǰāl (279a) — Wachtelfrankolin, *Francolinus pondicerianus.*

"Ein Vogel von der Art des Halsbandfrankolins (durrāǰ) wird *kanǰāl* genannt; er hat dieselbe Gestalt wie der Halsbandfrankolin. Seine Stimme ähnelt der Stimme des Chukarsteinhuhns (käklik), ist aber schriller. Hahn (nar) und Henne (māda) unterscheiden sich kaum in der Färbung. Es gibt ihn in Peschawar und Haschnaghar sowie weiter südwärts, nicht jedoch in den oberhalb davon gelegenen Regionen."

♦ Der Wachtelfrankolin hat wie der Halsbandfrankolin einen plumpen Körper und einen kurzen, gestutzten Schwanz. Bei beiden Geschlechtern ist das graubraune, an den Flügeln rötlichbraune Gefieder mit sandfarbenen und schwarzen Sprenkeln gemustert; der durchdringende Schrei des Wachtelfrankolins klingt wie 'ka-tie-tar'. Wenn man *ganǰāl* anstelle von *kanǰāl* liest, könnte die Bezeichnung eine Metathese von *ǰāṅgal* sein, s. Platts 373 *ǰāṅgal* 'the francoline partridge'.

karg (222b, 253b, 254a, 275a–b, 276a, 364a–b) — Panzernashorn, *Rhinoceros indicus.*

Steingass 1024 *karg* 'a rhinoceros', usb. UzRS 202 *kark* (folk.) ~ *karkidån* 'nosorog'.

"Das Nashorn ist ein großes wildes Tier; sein Umfang kommt dem von drei Büffeln (gāvmeš) gleich. In den Ländern jenseits der Berge (ol vilāyatlarda) behauptet man, daß es einen Elefanten (fīl) mit dem Horn hochheben kann; dies scheint jedoch ein Irrtum zu sein. Es hat auf seiner Schnauze ein einziges Horn, das mehr als ein *qarïš* [ca. 20 cm] lang ist; ein Horn von zwei *qarïš* [ca. 40 cm] Länge wurde noch nicht gesehen. Aus einem großen Horn machte man ein Trinkgefäß und einen Satz Spielknöchel; trotzdem blieben von dem Horn etwa drei bis vier *elig* [ca. 7,5–10 cm] übrig. Die Haut des Nashorns ist sehr dick; ein Pfeil, der von einem harten Bogen abgeschossen wird, bohrt sich – falls er eindringt – nur vier *elig* [ca. 10 cm] tief ein. Angeblich gibt es einige Hautstellen, an denen ein Pfeil leicht eindringen kann. Von den Flanken der Vorder- und Hinterbeine hängen Hautfalten herab, die von weitem wie Schabracken aussehen. Mehr als jedem anderen Tier ähnelt das Nashorn dem Pferd (at). Wie das Pferd hat es keinen großen Magen, wie das Pferd hat es anstelle von Knöchelchen (ašuq) ein Stück Knochen (parča süngük), und wie beim Pferd ist auf seiner Hand eine knöcherne Schicht (kömük). Das Nashorn ist blindwütiger als der Elefant und kann nicht gezähmt werden. Zahlreiche Nashörner leben in den Dschungeln von Peschawar und Haschnaghar sowie in den Dickichten zwischen dem Indus und dem Land Bhera; auch in Hindustan ist das Nashorn entlang der Ufer des Gogra in großen Mengen verbreitet. Einige Nashörner wurden in den Dschungeln von Peschawar und Haschnaghar während des Vormarschs nach Hindustan getötet. Das Nashorn stößt kräftig mit seinem Horn zu; bei Jagden sind viele Männer und Pferde aufgespießt worden. Während einer solchen Jagd wurde das Pferd eines gewissen Maqṣūd eine Speerlänge weit durch die Luft geschleudert, weshalb der Mann den Spitznamen *Maqṣūd-i karg* [Nashorn-Maqṣūd] erhielt."

Auf der nach Swat hin gelegenen Seite des Indus, die *karg-ḫāna* 'Nashorn-Heim' heißt, ging Bābur vor seiner ersten Indus-Überquerung im Jahre 1519 auf Nashornjagd. Mehrere Nashörner wurden dort ausfindig gemacht, aber der Dschungel war sehr dicht, und sie kamen nicht heraus. Endlich betrat ein von einem Kalb begleitetes Nashorn das offene Gelände; es ergriff sofort die Flucht und entkam trotz des Pfeilhagels in das Dickicht. Daraufhin zündete man den Dschungel an, fand jedoch nur ein vom Feuer versengtes, gekrümmt am Boden liegendes Nashornkalb (karg buzawï); ihm wurde die Kehle durchgeschnitten.

Während des fünften Hindustan-Feldzuges jagte Bābur gemeinsam mit seinem Sohn Humāyūn am Siyah Ab nach Nashörnern. Sie überquerten den Fluß in der Höhe von Bigram und umzingelten das Gelände flußabwärts. Als sie hörten, daß in einem Dickicht bei Bigram ein Nashorn gesichtet worden war, kehrten sie um, kreisten den Dschungel ein und trieben mit viel Lärm das Nashorn aus seinem Versteck auf eine Phalanx von Elefanten zu – sehr zum Vergnügen Humāyūns, der noch nie ein Nashorn gesehen hatte. Das Nashorn wurde über eine größere Strecke verfolgt, mit zahlreichen Pfeilen beschossen und schließlich erlegt, ohne daß Reiter oder Pferde zu Schaden kamen; man tötete noch zwei weitere Nashörner. Bābur hatte sich oft gefragt, wie ein Nashorn und ein Elefant reagieren, wenn sie plötzlich einander gegenüberstehen. Bei dieser Jagd konnte er beobachten, daß ein ausbrechendes Nashorn die Konfrontation mit den ihm entgegengetriebenen Elefanten vermied und in eine andere Richtung rannte. Als Bābur im Jahre 1529 während seines Vorstoßes nach Bengalen in der Nähe von Tschunar kampierte, hörte er, daß sich auf einem unweit des Lagers in einer Flußschleife gelegenen Dschungelgebiet Nashörner und Löwen (šer) aufhalten sollten. Am anderen Morgen wurde der Ort umstellt, wobei auch Elefanten im Einsatz waren; die Jagd blieb jedoch erfolglos, da sich weder Nashörner noch Löwen zeigten.

♦ Bāburs Anmerkungen zu Pferd und Nashorn machen deutlich, daß er die beiden Tiere aufgrund bestimmter Merkmale als eine eigene Gruppe innerhalb der Huftiere betrachtet hat. Er hebt zum einen den kleinen Magen hervor, womit er allerdings nicht auf einen geringeren Appetit anspielt, wie Beveridge vermutet, sondern auf die Tatsache, daß die beiden Unpaarhufer im Gegensatz zu den wiederkäuenden Paarhufern keinen mehrteiligen Magentrakt haben. Zum andern konstatiert Bābur, daß bei Pferd und Nashorn anstelle von *ašuq* ein Stück Knochen sitzt. Mit *ašuq* meint Bābur die für Paarhufer typischen Afterklauen, stummelartige Reste der zweiten und fünften Zehe, die am Fesselgelenk nach hinten abstehen. Bei den Unpaarhufern liegen die Zehenrudimente als Griffelbeine dem Mittelfußknochen an; das Fesselgelenk wird deshalb nur von dem wulstigen Sesambein akzentuiert.

Den beinharten Hornüberzug der Zehen beschreibt Bābur präzis mit *kömük*; Thackston übersetzt *nečük kim atnïng eligidä kömük bolur, munïng ham eligidä kömük bar* mit 'as a horse have a hoof, so does the rhinoceros', obwohl dies weder den zoologischen Fakten noch Bāburs Formulierung entspricht. Am Fuß des Nashorns befinden sich drei Hufe, da drei Zehen voll entwickelt sind; beim einhufigen Pferd ist nur eine einzige Zehe ausgebildet. Außerdem benutzt Bābur *kömük* und nicht *tuynaġ*, das im Tschaghataischen sowohl Huf wie Klaue bezeichnen kann, s. *Sanglaḫ* 188r, 20 *tuynaġ* ~ *tuynaq* 'a quadruped's hoof, or nail, also called *tuwaġ*' (zitiert nach EDPT 519). Mit *tuynaġ* verbindet Bābur die rundlich-ovalen Pferdehufe und die beiden länglich-ovalen, spitzigen Klauen von Paarhufern wie Kamel oder Antilope. Der Nashornfuß, der halbkreisförmig mit drei dem Pferdehuf ähnlichen, aber wie beim Kamel in eine Schwielensohle eingebetteten Hufen besetzt ist, stellte für ihn hingegen ein Phänomen dar, das sich mit *tuynaġ* nicht erfassen ließ.

Zu Zeiten Bāburs hat sich das Verbreitungsgebiet des Nashorns bis jenseits des Indus erstreckt; heute findet sich das Nashorn nur noch am Fuß des Himalayas in einigen Reservaten der Tarai-Region.

Kašmīr ṭūṭīsi (278a) — Pflaumenkopfsittich, *Psittacula cyanocephala*.

Zu *Kašmīr ṭūṭīsi* s. **ṭūṭī**.

käklik (279a) — Chukarsteinhuhn, *Alectoris graeca chucar* (= Caccabis chukor).

PdC 459 *käklik* 'perdrix', Scully/Birds 214 *kaklik* 'the Chukor Partridge, *Caccabis chukor*', tkm. TuRS 425 *käkilik*, kirg. KiRS 367 *kekilik*, usb. UzRS 197 *kaklik* 'kuropatka kamennaja'.

Das Chukarsteinhuhn hat dieselbe Gestalt wie der Halsbandfrankolin (durrāǰ); sein Ruf ähnelt dem Schrei des Wachtelfrankolins (kanǰal), ist aber weniger gellend.

♦ Typisch für das in den montanen Regionen Zentralasiens verbreitete Chukarsteinhuhn sowie für den Halsbandfrankolin ist ein kurzer, abgerundeter Schwanz. Während der Ruf des Chukarsteinhuhns wie eine Art Gegacker klingt, stößt der Wachtelfrankolin ein schrilles 'ka-tie-tar' aus. Thackston übersetzt *käklik* unzutreffend mit 'snow-cock'; das Königshuhn, *Tetraogallus* wird im Türkischen *ular* genannt und bei Bābur mit *čīūrtka* und *kabg-i darī* erwähnt.

käläs (281b) — Wüstenwaran, *Varanus griseus.*

PdC 459 *käläs* 'lézard', Budagov II: 132 *käläs* 'rod' zemnoj jaščericy, malen'kij zemnoj krokodil; susmar', Zenker 756 *käläs* 'sūsmār, eine Art Eidechse', kas. QSE V: 348 *keles* 'Varanus griseus'.

Eine habituelle Ähnlichkeit mit dem Wüstenwaran zeigt sowohl das Sumpfkrokodil (šer-i ābī) wie das Leistenkrokodil (siyah-sār).

♦ Beveridge vermutet, daß Bābur mit *gīlās* [= *käläs*] die in Transoxanien häufige Agamenart *Stellio Lehmanni* gemeint hat (S. 501, Fn. 6); diese etwa 30 cm lange Agame dürfte sich aber kaum zu einem Vergleich mit dem Krokodil eignen. Der bereits bei Herodot als Landkrokodil erwähnte 1,3 m lange Wüstenwaran sieht jedoch tatsächlich wie ein kleineres Krokodil aus. Er kommt vom Kaspischem Meer bis zum Tien-schan vor und war Bābur wahrscheinlich aus seiner Heimat Fergana vertraut, wo er weit verbreitet ist.

käyik (3b, 4a, 5a, 141a–b, 142a, 184b, 204a, 219a, 248b, 249a, 251a, 276a–b) — Schalenwild.

PdC 486 *käyik* 'cerf', tkm. TuRS 387 *keyik* 'gazel'; kijik; džeyran', usb. UzRS 212 *kiyik* 'kiik, sajgak; olen''; gtü.

In den Bergen rund um Kabul ist das Wild rar; hingegen wurde bei einer Jagd in der Katawaz-Ebene sehr viel *käyik* erlegt, und zwar unglaublich fettes Wild, nach Meinung von Kennern fetter als in Moghulistan. Reich an *käyik* sind die westlich von Kabul gelegenen Bergregionen von Dara-i Zindan, Dara-i Suf, Gurzuwan und Ghardschistan. Gute Jagdgründe finden sich außerdem am Koh-i Saf und in Laghman. Eine Jagd in den Ghar-Bergen erbrachte eine umfängliche Ausbeute an *käyik*; Bābur, der wegen einer Handverletzung längere Zeit keinen Bogen gehandhabt hatte, schoß an diesem Tag versuchsweise mit einem leichten Bogen. Er traf ein *käyik* in die Schulter, wobei der Pfeil so tief eindrang, daß nur noch die Hälfte des gefiederten Schaftes herausragte. Auf den Hügeln zwischen Alischang und Alingar wurde das Wild von beiden Richtungen her umzingelt, hügelabwärts getrieben und in großer Zahl getötet. Als Bābur in den Bergen zwischen Badschaur und Dschandol jagte, beobachtete er, wie ein Steinadler (bürküt) ein *käyik* gerissen hat.

Viel *aq käyik* gibt es in der Nähe von Margelan und Chodschent sowie in der Wüste, die sich entlang der Achsi-Seite des Syr-Darja erstreckt. Im Hinblick auf die Provinz Kabul konstatiert Bābur, daß in Churd Kabul und am Surch-ab zwar der Onager (qulan), aber kein *aq käyik* vorkommt. In Ghasni sind hingegen Onager und *aq käyik* verbreitet; fettes *aq käyik* wie in Ghasni ist allerdings selten. Die durch die Berge der Provinz Kabul ziehenden *arqarġalča* kennzeichnet Bābur als *qïzïl käyik.* Als ein kleineres *käyik*, das etwa so groß wie das einjährige Lamm (toqlï) von *arqarġalča* ist, beschreibt Bābur die Indische Gazelle, *Gazella bennetti.* Den kurzbeinigen Schweinshirsch (kotah-pāy) vergleicht er von der Größe her mit *aq käyik.*

♦ Bābur benutzt *käyik* als generelle Bezeichnung für Antilopen, Gazellen, Wildschafe und Wildziegen; s. auch DLT 518 *käyik* '... wenn das Wort umfassend gebraucht wird, bezieht es sich auf *aẓ-ẓibā'*, *al-'ufr* und *al-wu'ūl* oder auf jede von derlei Arten, die eßbar ist'. Mit ihrem speziellen Namen benennt Bābur stets Onager und Maralhirsch, d.h., daß er den Wildbestand nach *käyik* sowie nach *qulan* und *buǧu-maral* einteilt. Unter *aq käyik* versteht Bābur die auf der Unterseite weißen Antilopen bzw. Gazellen, unter *qïzïl käyik* die rötlich-rehfarbenen Steppenschafe; hingegen ist heute alt. ORS 82 *aq-kiyik* bzw. chak. XRS 35 *axkiik* für 'olen′' (Hirsch) und kirg. KiRS 385 *qïzïl kiyik* für 'kozerog' (Steinbock) gebräuchlich.

kiriča (281b) — Trauerdrongo, *Dicrurus macrocercus.*

Phillott 1910: 346 *kāl-kirich* ~ *kāl kirichhī* (Panj.) 'King-crow or Drongo-shrike'.

"Der *kiriča* ähnelt der Schwalbe (qarluǧač); er ist jedoch beträchtlich größer als die Schwalbe und zudem einfarbig, nämlich tiefschwarz (qapqara)."

♦ Bei Budagov II: 122 wird der Ausdruck mit *keredže* wiedergegeben und dem Hindi zugeordnet. Beveridge (S. 501, Fn 3) liest *karča*; sie geht, obwohl es sich um einen indischen Vogel handelt, von einem türkischen Begriff aus, der ihrer Ansicht nach mit *kirich qarloghách* identisch ist und den Haussegler, *Apus affinis* (= Cypselus affinis) benennt, s. Scully/Birds 214 *Kirich qarloghách* 'a Swift, *Cypselus pekinensis*'. Bāburs Beschreibung paßt jedoch nicht auf den zwar rauchfarbenen, an Kehle und Bauch aber weißen Haussegler, der außerdem einen gestutzten Schwanz hat. Sie entspricht vielmehr dem bläulichglänzenden schwarzen Trauerdrongo; er ist mit einer Länge von 30 cm wesentlich größer als die 19 cm lange, lediglich auf dem Rücken blauschwarze Rauchschwalbe, *Hirundo rustica* und fällt gleichfalls durch einen tiefgegabelten Schwanz auf. Der Name *kiriča* könnte sich auf die Schwanzform des Trauerdrongos beziehen, s. Platts 824 *kirč* ~ *kirić* 'a splinter'.

kiš (277a) — Zobel, *Martes zibellina.*

PdC 486 *kiš* 'martre-zibeline', kum. KuRS 168, kirg. KiRS 390, usb. UzRS 215, alt. ORS 83 *kiš*, tat. TaRS 249, ba. BRS 255 *keš*, nog. NRS 167, tuv. TuvRS 228 *kis*, jak. JaRS 164 *kiis* 'sobol′'.

Etwas kleiner als der Zobel ist der Kleine Indische Mungo (newal).

♦ Obgleich *kiš* stets für den Zobel gebraucht wird, definieren sowohl Beveridge wie Thackston *kiš* als ein Wiesel. Beveridge (S. 492, Fn. 4) hält *kiš* für das Hermelin, *Mustela erminea* (= Putorius ermina), das jedoch *as* genannt und von Bābur unter diesem Namen zitiert wird. Ihre Vermutung, daß der *newal* mit dem Palmenhörnchen (mūš-i ḫurmā) identisch ist, läßt sich zwar mit dem 35 cm langen Hermelin vereinbaren, nicht aber mit dem 63 cm langen Zobel.

kotah-pāy (141a, 276a) — Schweinshirsch, *Axis porcinus.*

Platts 858 *kotāh-pā'e* 'a kind of quadruped with a spotted back and horns like a deer'.

"Der Schweinshirsch hat die Größe von *aq käyik*, aber kürzere Vorder- und Hinterläufe; aus diesem Grund nennt man ihn *kotah-pāy*. Seine Hörner sind verzweigt wie die Hörner des Maralhirsches (buġu), jedoch kleiner; er wirft sie wie *buġu* jedes Jahr ab. Da er sich nur unbeholfen bewegen kann, verläßt er nicht das Dickicht."

Der Schweinshirsch kommt auch in den Bergen von Swat vor.

♦ Mit *aq käyik* ist wahrscheinlich die Kropfgazelle, *Gazella subgutturosa* gemeint, die wie der Schweinshirsch eine Gesamtlänge von ca. 1,2 m erreicht; wegen seiner kurzen Beine – *kotah-pāy* bedeutet wörtlich 'der Kurzbeinige' – hat der Schweinshirsch nur eine Schulterhöhe von 70 cm. Die Geweihstangen des Maralhirsches werden bis zu 100 cm, die des Schweinshirsches lediglich 45 cm lang.

koyal (281b) — Koël, *Eudynamis scolopacea* (= Cuculus indicus).

Platts 866 *koyal* 'the black or Indian cuckoo, *Cuculus indicus*'.

"Der Koël ist so groß wie die Dohle (zāġča), aber wesentlich schlanker. Er singt eine Art Lied und soll Hindustans *bulbul* sein. Von den Hindustani wird er ebenso bewundert wie andernorts die Nachtigall (bulbul); er bewohnt Gärten mit vielen Bäumen."

♦ Der Größenvergleich dürfte sich auf die Körperausmaße von Koël und Dohle beziehen; die Gesamtlänge beträgt bei dem langgeschwänzten Koël 39 cm, bei der Dohle 34 cm. Eigentümlich für den zu den Kuckucksvögeln zählenden Koël ist, daß er seine Eier in fremde Nester legt und nie auf den Boden herabkommt. Den Namen verdankt er seinem Balzruf 'ko-el, ko-el', den er mit steigender Tonhöhe und zunehmender Lautstärke vorträgt. Bābur verbindet mit *bulbul* die für ihren herrlichen Gesang bekannte Turkestanische Nachtigall, *Luscinia megarhynchos hafizi* und äußert sich deshalb über die sängerischen Qualitäten des Koëls mit einem gewissen Vorbehalt; offenbar hat er nicht gewußt, daß in Indien diverse Singvögel *bulbul* genannt werden.

laklak (233a, 280b) — Weißstorch, *Ciconia alba*.

Steingass 1126 *laqlāq* 'a stork', Schapka 242, Nr. 746 *laqlaq* 'Weißstorch, Ciconia alba', Scully/Birds 215 *laglag* 'the White Stork, *Ciconia alba*', kum. KuRS 218 *laqlaq*, usb. UzRS 238 *laylak* 'aist'.

"Eine Art *laklak* stimmt mit den Weißstörchen, die nach den Ländern jenseits der Berge (ol vilāyatlarġa) ziehen, in Farbe und Gestalt überein, hat aber einen dunkleren (qararaq) Schnabel und ist erheblich kleiner. Außerdem gibt es einen Vogel, der sowohl dem Graureiher (uqar) wie dem Weißstorch gleicht. Er hat einen dickeren und längeren Schnabel als der Graureiher und einen kleineren Körper als der Weißstorch."

Ein Wanderfalke (baḥrī), der schon viele Störche gestoßen hatte, wurde von Bābur besonders geschätzt.

♦ Weißstörche verbringen den Winter in Indien und kehren im Frühjahr in ihre angestammten zentralasiatischen Brutgebiete zurück; sie werden mit Beizvögeln gejagt. Der Storchenvogel, der wie ein kleiner Weißstorch aussieht, ist der nur 80 cm lange Weiße Klaffschnabel, *Anastomus oscitans*; auch er hat schwarz und weiß gefiederte Flügel, aber keinen roten, sondern einen grünbraunen Schnabel. Nach Beveridge (S. 499, Fn. 3) handelt es sich um *Ciconia nigra*; der Schwarzstorch ist jedoch lediglich 5 cm kleiner als der 110 cm lange Weißstorch und mit Ausnahme des Bauches völlig schwarz. Der Vogel mit den Merkmalen von Graureiher und Weißstorch könnte der in Indien häufige schneeweiße Löffler, *Platalea leucorodia* sein, der zu den Ibisvögeln gehört, aber manchmal fälschlich als Löffelreiher bezeichnet wird. Der Löffler ähnelt in der Gestalt dem Weißstorch und kann ebenso klappern, erreicht allerdings nur eine Gesamtlänge von 80 cm. Er hat lange Schopffedern wie der Graureiher und fischt gleichfalls in seichten Gewässern. Die Schnabellänge beträgt beim Graureiher 15 cm, beim Löffler hingegen 20 cm; zudem ist der Schnabel des Löfflers wesentlich breiter und am Ende löffelartig ausgeweitet.

lūja ~ lūča qušï (135a, 141a, 278b) — Himalaya-Glanzfasan, *Lophophorus impeyanus*.

"Dieser Vogel heißt auch *būqalamūn*, weil er zwischen Kopf und Schwanz fünf bis sechs verschiedene Farben hat, die wie die Kehle der Taube (kabūtar) schillern. In der Größe entspricht er dem Kaspi-Königshuhn (kabg-i darī); vermutlich ist er das Königshuhn Hindustans, denn wie *kabg-i darī* läuft er auf den Bergkuppen herum. Er kommt in den Nidschrao-Bergen und in den weiter südlich gelegenen Gebirgszügen vor, doch nicht oberhalb von Nidschrao. Man erzählt über ihn eine wundersame Geschichte: Sobald diese Vögel, die bei Winterbeginn von den Gipfeln zu den Bergsäumen ziehen, über einen Weingarten streichen, können sie nicht mehr weiterfliegen und sind dann leicht einzufangen. Ihr Fleisch schmeckt sehr gut."

♦ Bāburs Schilderung weist eindeutig auf den Himalaya-Glanzfasan hin, dessen Hahn auf der Bauchseite schwarz ist, oberseits aber ein in roten, goldenen, purpurnen, grünen und blauen Tönen schillerndes Gefieder hat. In der Größe stimmt der Glanzfasan mit dem Kaspi-Königshuhn annähernd überein; auch haben beide Hühnervögel ihren Standort oberhalb der Baumgrenze. Nach FBrI V: 336 erstreckt sich das Verbreitungsgebiet des Himalaya-Glanzfasans von Bhutan bis zur Ostgrenze Afghanistans; Bāburs Angaben zufolge kam er früher auch innerhalb Afghanistans vor. Die unter den indischen Vögeln erfolgte Deskription des Glanzfasans deckt sich teilweise wörtlich mit Bāburs Anmerkungen zum Vorkommen des *lūča qušï* in Nidschrao. Beveridge hält einen Zusammenhang zwischen dem nur im *Bābur-nāme* nachweisbaren Begriff *lūja ~ lūča* – in den persischen Übersetzungen mit *luḫa* wiedergegeben – und ar. *loḥ* 'shining splendour' für möglich (Appendix N, S. xlviii–xlix). Wegen der mit dem Glanzfasan verbundenen abergläubischen Vorstellungen könnte *lūja ~ lūča* jedoch ein Tabuname sein, der den farbenprächtigen Vogel als spärlich befiedert beschreibt, s. afgh. AfRS 766 *lučá* 'oblezlyj'.

mānik (280b) — Indischer Riesenstorch, *Xenorhynchus asiaticus*.

"In der Höhe erreicht der *mānik* beinahe den Saruskranich (sāras), er hat aber einen kleineren Körper. Er ähnelt dem Weißstorch (laklak), ist jedoch sehr viel größer. Sein Schnabel ist länger als der Schnabel des *laklak* und schwarz, sein Kopf ist irisierend und sein Hals weiß. Die Flügel sind gescheckt, an den Ansätzen und Rändern weiß, in der Mitte schwarz."

♦ Beveridge und Thackston halten den *mānik* für den Wollhalsstorch, *Dissoura episcopus* (= Ardea leucocephala), der in Indien *mānik-joṛ* genannt wird, s. Platts 986 *mānik-joṛ* 'the white-necked stork, *Ardea leucocephala*'. Der Wollhalsstorch hat zwar einen weißen Hals, aber seine Flügel und fast das gesamte übrige Gefieder sind schwarz. In aufrechter Haltung ist er 85 cm hoch, der Saruskranich indessen bis zu 150 cm; die Gesamtlänge des Wollhalsstorches beträgt 80 cm und die Schnabellänge etwa 17 cm, während der Weißstorch 110 cm lang wird und einen 20 cm langen Schnabel hat. Bāburs Daten zu *mānik* sind daher keineswegs mit dem Wollhalsstorch zu vereinbaren; sie entsprechen vielmehr dem 135 cm hohen Indischen Riesenstorch, dessen schwarzer Schnabel 30 cm lang ist. Sein Kopf schimmert grünblau, purpurn und bronzefarben; die gescheckten Flügel sind – in Übereinstimmung mit Bāburs Angabe – in der Mitte schwarz, am Flügelansatz und an den Rändern weiß. Der Hals ist allerdings nicht weiß, sondern schwarz; möglicherweise hat Bābur dem *mānik* versehentlich den weißen Hals des anschließend erwähnten *bak denk* zugeschrieben. Da *mānik* wörtlich 'Edelstein' bedeutet, könnte sich der Ausdruck auf den schillernden Kopf des Riesenstorches beziehen; im Elphinstone-Kodex findet sich *mānik-sā* 'wie ein Edelstein' anstelle von *mānik*. Hingegen dürfte *mānik-joṛ* im Sinne von 'Edelsteinflecken' zu verstehen sein, denn das schwarze Gefieder des Wollhalsstorches glänzt auf dem Scheitel grün, an Brust und Rücken purpurn, abwärts davon grünblau.

matā (281a) — Wanderelster, *Dendrocitta vagabunda* (= Dendrocitta rufa).

Ali 92, Nr. 183 *mătā* 'Tree Pie, *Dendrocitta vagabunda*'.

Zu *matā* s. **ʿakka**.

maymūn (133b, 141a, 260b, 276b, 277a) — Affe.

Steingass 1364 *maimūn* 'a baboon, ape, monkey', ttü. Stw 614 *maymun* 'Affe', kum. KuRS 222, usb. UzRS 247, nuig. URL 700 *maymun* 'obez'jana'.

"Die Affen, die von den Hindustani *bāndar* genannt werden, kommen in vielen Arten vor. Eine Art, die man in die Länder jenseits der Berge (ol vilāyatlarġa) bringt und der die Gaukler Kunststücke beibringen, lebt in einer Bergschlucht des Dara-i Nur und in den zur Chaiber-Region hin gelegenen Vorbergen des Safed Koh sowie unterhalb dieser Gebiete und in ganz Hindustan, oberhalb davon jedoch nicht. Ihr Fell ist gelb, ihre Schnauze weiß und ihr Schwanz nicht sehr lang. Eine Art, die man weder in Badschaur und Swat noch in den angrenzenden Regionen antrifft, ist wesentlich größer als die Affen, die man in die Länder jenseits der Berge bringt. Sie hat einen sehr langen Schwanz, ein weißliches Fell sowie ein tiefschwarzes (qapqara) Gesicht. Man findet sie nur in den Bergen und Dschungeln Hindustans; in den Ländern jenseits der Berge ist sie nicht bekannt. Es gibt noch eine weitere Art, bei der Fell, Gesicht und Gliedmaßen ganz dunkel (qapqara) sind."

Während des fünften Hindustan-Feldzugs hat Bābur an den unbesiedelten Stellen des Dschaswan-Tales sehr viele Affen gesehen.

♦ Bābur führt *bāndar* offenbar als generelle Affenbezeichnung an; speziell wird damit der als erste Art vorgestellte gelbliche Rhesusaffe, *Rhesus maluttus rhesus* benannt. Mit der langgeschwänzten weißlichen Affenspezies ist der Vorderindische Hulman, *Presbytis entellus entellus* gemeint, der in Indien *langūr* heißt, s. Platts 966 *laṅgūr* 'the long-tailed, black-faced monkey, the baboon'. Bei der gänzlich dunklen Affenart könnte es sich um den erd- bis graubraunen Berghulman, *Presbytis entellus schistaceus* handeln.

mor (277b) — Pfau, *Pavo cristatus*.

Platts 1088 *mor* 'a peacock', VocIB 71 *mor* 'the Common Peacock (Pavo cristatus)'.

Zu *mor* s. **ṭāūs**.

murġak-i qaršī (49b) — Spießente, *Anas acuta*.

Zu *murġak-i qaršī* s. **qïlquyruq**.

murġ-i ǰangal (281a) — Heckenkuckuck, *Centropus sinensis*.

"Ein Vogel, der Krähe (qarġa) und Elster (ʿaqqa) ähnelt, wird in Laghman *murġ-i ǰangal* genannt. Kopf und Brust sind schwarz, Flügel und Schwanz rötlich (qïzïlraq), die Augen tiefrot (qïpqïzïl). Weil er schlecht fliegen kann, verläßt er nicht das Dickicht; deshalb heißt er *murġ-i ǰangal*."

♦ Wie Nebelkrähe und Elster hat der *murġ-i ǰangal*, wörtlich 'Dschungelvogel', einen schwarzen Kopf sowie ein geschecktes Gefieder. Die Flügel sind rotbraun, die Unterseite und – abweichend von Bāburs Angabe – auch der Schwanz hingegen schwarz; die Iris ist karmesinrot. Der Heckenkuckuck, der Dschungelgebiete als Standort bevorzugt, lebt vorwiegend am Boden; er setzt nur bei Gefahr zum Fliegen an, und zwar in einer sehr unbeholfenen Weise.

mūšak (135a) — Flugfuchs, *Pteropus edwardsii*.

Steingass 1345 *mūshak* 'a bat'.

Das Flughörnchen (rūbah-i parān), das in den Wäldern von Nidschrao vorkommt, ist größer als *mūšak*.

♦ Ein Vergleich mit der maximal 10 cm langen Fledermaus ergibt keinen Hinweis auf die Größe des Flughörnchens, dessen Körperlänge 35 cm beträgt. Bābur kann daher mit *mūšak* nur den 30 cm langen Flugfuchs, einen Verwandten der Fledermaus, gemeint haben. Vermutlich ist *mūšak* ein in Nidschrao gebräuchlicher Name für den Flugfuchs, den Bābur an anderer Stelle als *uluġ šabpara* 'große Fledermaus' beschrieben und unter dem Hindi-Namen *čamgiddar* angeführt hat.

mūš-i ḫurmā (277a) — Kleiner Indischer Mungo, *Herpestes auropunctatus.*

Blanford 121 *mush-i-khourma* 'the small Indian Mungoose, *Herpestes auropunctatus*'.

Der Kleine Indische Mungo (newal) wird von einigen Leuten auch *mūš-i ḫurmā* genannt.

♦ Mit *mūš-i ḫurmā* wird nach Beveridge (S. 492, Fn. 4) in Indien das Palmenhörnchen, *Funambulus palmarum* (= Sciurus palmarum) bezeichnet, s. Steingass 1345 *mūshi khurmā* 'a squirrel'; die Benennung wurde vermutlich auf den *newal* übertragen.

mūš-i miškīn (135b) — Braune Moschusspitzmaus, *Suncus murinus* (= Crocidura murina).

In Nidschrao soll es eine Maus (sïčqan) geben, die *mūš-i miškīn* heißt, denn von ihr geht angeblich ein Moschusgeruch aus. Bābur hebt ausdrücklich hervor, daß er diese Maus nicht selbst gesehen hat.

♦ Beveridge (S. 214, Fn. 3) findet Bāburs Einlassung insofern erstaunlich, als die Moschusspitzmaus heute in Hindustan sehr häufig ist. Bābur bezieht sich aber nicht auf Hindustan, sondern auf den Distrikt Nidschrao nördlich von Kabul. Dort hat man ihm allerlei merkwürdige Geschichten erzählt, an deren Wahrheitsgehalt er gewisse Zweifel hegte; auch die Existenz einer nach Moschus duftenden Maus erschien ihm wenig glaubhaft. Die in Waldungen lebende Braune Moschusspitzmaus kann Bābur keinesfalls bekannt gewesen sein, da sie in seinen alten Territorien nicht vorkommt. Ob er in Indien mit der Grauen Moschusspitzmaus, *Pachyra caerulea* (= Crocidura caerulea), die sich vor allem in Wohnungen aufhält, Bekanntschaft gemacht hat, ist fraglich, da er sie nirgends erwähnt.

newal (277a) — Kleiner Indischer Mungo, *Herpestes auropunctatus.*

Platts 1170 *newal* ~ (dialec.) *ne'ul* 'a mungoose, an ichneumon, *Viverra mungo*, and *V. ichneumon*; a ferret; a weasel', Blanford 121 *núl* (Kashmir) 'the small Indian Mungoose, *Herpestes auropunctatus*'.

"Der *newal* ist etwas kleiner als der Zobel (kiš) und klettert auf Bäume. Einige Leute nennen ihn *mūš-i-ḫurmā*; er gilt als glückverheißend."

♦ Beveridge und Thackston setzen *kiš* mit dem Wiesel gleich, obwohl dieser Begriff DLT 498 eindeutig mit 'as-sammūr' definiert und im Sinne von 'Zobel' bis heute bewahrt ist. Der Zobel erreicht nur eine Gesamtlänge von 63 cm, so daß ein Größenvergleich mit dem insgesamt 90 cm langen Indischen Mungo, *Herpestes edwardsii* (= Viverra mungo bzw. Herpestes mungo) nicht in Betracht kommt. Eine passende Relation bietet sich aber bei dem in Nordindien heimischen Kleinen Indischen Mungo an, denn er wird einschließlich Schwanz lediglich 55 cm lang. Da Mangusten generell Bodenbewohner sind, schließt Thackston aus, daß mit *newal* ein Mungo gemeint ist; der Kleine Indische Mungo bewohnt jedoch Baumhecken und kann deshalb im Gegensatz zu seinen größeren Verwandten klettern. Außerdem ist bei Blanford 121 neben *núl* auch *mush-i-khourma* als Name des Kleinen Indischen Mungos bezeugt.

Mit *mūš-i-ḫurmā*, wörtlich 'Dattelpalmenratte', wird in Indien das Palmenhörnchen, *Funambulus palmarum* (= Sciurus palmarum) bezeichnet; weil Bābur *mūš-i-ḫurmā* als Synonym für *newal* anführt, vermutet Beveridge, daß der von ihm zitierte *newal* mit *Sciurus palmarum* identisch ist. Zur Begründung beruft sie sich auf eine Marginalie im Elphinstone-Kodex, die *newal* mit *rāsū* erläutert, einer Benennung für das Wiesel sowie die Eichhörnchenspezies *Sciurus indicus* (S. 492, Fn. 4). Wahrscheinlich ist *rāsū* aber hier im Sinne von 'Manguste' gebraucht, s. Blanford 123 *rasu* 'the common Indian Mungoose, *Herpestes mungo*'. Im übrigen läßt sich zwischen dem Zobel und dem 30 cm langen Palmenhörnchen kein Größenvergleich anstellen. Da Bābur betont, daß der Begriff *mūš-i-ḫurmā* nur von einigen Leuten anstelle von *newal* benutzt wird, dürfte eine vom Palmenhörnchen auf den Mungo erfolgte Namensübertragung vorliegen, die das ähnliche Artverhalten der beiden Tiere assoziiert.

Ein weiteres Indiz, das auf den Kleinen Indischen Mungo hindeutet, ergibt sich aus Bāburs Hinweis, daß der *newal* für ein gutes Omen gehalten wird. Eine solche Funktion kommt u.a. Tieren zu, die sich durch ihre weiße Färbung oder ein weißes Abzeichen von den dunkleren Artgenossen unterscheiden. *Herpestes auropunctatus* hat im allgemeinen einen braunen Pelz mit gelben Tüpfeln, manchmal jedoch ein weißpunktiertes hellgraues, an den unteren Partien völlig weißes Fell.

nīlagāv (141a, 276a) — Nilgauantilope, *Boselaphus tragocamelus* (= Antelope picta).

Steingass 1444 *nīl-gāv* 'the white-footed antelope of Pennant, and antelope picta of Pallas', Platts 1168 *nīl-ga'o* (m.), *nīl-gā'e* (f.) 'blue bull; a species of deer; the white-footed antelope of Pennant, and *Antilope picta* of Pallas', Blanford 518 *nilgao* (male), *nilgai* (female) 'the Nilgai or blue bull, *Boselaphus tragocamelus*'.

"Die Nilgauantilope ist etwa so hoch wie ein Pferd, aber schlanker gebaut. Das Männchen (erkäk) ist blau (kök); vermutlich wird es deswegen *nīlagāv* genannt. Es hat zwei recht kleine Hörner und an seiner Kehle ein über ein *qarïš* [ca. 20 cm] langes Haarbüschel, worin es dem Jak (baḥrī qotas) ähnelt; seine Hufe (tuwaġ) sind gespalten wie Rinderhufe. Die Farbe des Weibchens (māda) gleicht der Farbe des Marals (buġu-maral); das Weibchen hat keine Hörner und auch kein Haarbüschel an der Kehle; im Vergleich zum Männchen ist es ein *topïčaq*."

Diese Antilopenart kommt nicht nur in Hindustan, sondern ebenfalls in den Bergen von Swat und in den angrenzenden Gebieten vor.

♦ Der Ausdruck *nīlagāv* bedeutet wörtlich 'blauer Bulle', denn das dunkelaschgraue Fell der männlichen Nilgauantilope schimmert bläulich; das Weibchen hat dieselbe rötlichbraune Tönung wie ein Altai-Maral im Sommer. Mit dem Haarbüschel an der Kehle des Bocks wird der buschige Jakschwanz assoziiert. Bābur beschreibt *nīlagāv* zwar als pferdeähnlich, stellt aber klar, daß die Hufe denen des Rindes gleichen. Das Rind, das mit zwei Zehen aufsetzt, hat zwei länglich-ovale zugespitzte Klauen, die so dicht nebeneinander stehen, daß sie Bābur wie ein gespaltener Pferdehuf erscheinen. Es bedarf eines sehr guten Pferdes, um den Nilgauantilopenbock zu verfolgen und zu erlegen; bei der Hindin ist ein solches Unterfangen aussichtslos, da sie das Tempo eines *topïčaq*, d.h. eines Rennpferdes, vorlegt. Beveridge und Thackston übersetzen *topïčaq* mit 'plumper'; das Weibchen ist jedoch wesentlich kleiner und zierlicher als das Männchen.

ördäk (142a, 247a, 281a) — Ente.

Fazylov II: 196 *ördäk* 'utka', Scully/Birds 209 *aurdák* 'equivalent to our word *duck*, but applied specially to the Mallard, *Anas boschas*', ttü. Stw 726 *ördek* 'Ente, Anas', as. ARS 279 *ördäk*, tkm. TuRS 505, kum. KuRS 252 *ördek*, tat. TaRS 751 *ürdäk*, kirg. KiRS 598 *ördök*, usb. UzRS 586 *ordak*, alt. ORS 120 *örtök*, chak. XRS 137 *örtek* 'utka'.

Bābur berichtet zum einen, daß am Ende des Winters dichte Schwärme von sehr feisten Enten als erste Zugvögel die Ufer des Baran erreichen. Zum andern erwähnt er voll Stolz, daß sein Sohn Humāyūn vom Boot aus eine Wildente treffsicher erlegt hat. Von den in Hindustan vorkommenden Enten führt Bābur die Fleckschnabelente (ġarm-pāy) und die Glanzente (šāhmurġ) an.

♦ Beveridge definiert die am Baran gesichteten Enten als 'mallards'; da in Indien zahlreiche Entenarten überwintern, die in Zentralasien oder weiter nördlich brüten, dürfte *ördäk* jedoch hier nicht für die Stockente, sondern eher als Sammelbegriff gebraucht sein.

pindväy (278b) — Hügelatzel, *Eulabes intermedia*.

"Eine Art Maina (šārak), die man *pindväy* nennt, wird aus Bengalen nach Hindustan gebracht; sie ist ganz schwarz und übertrifft die Maina [von Laghman] bei weitem an Größe. Schnabel und Füße sind gelb; an beiden Ohren hängen häßlich aussehende gelbe Häute. Sie lernt gut und deutlich zu sprechen."

♦ Die Hügelatzel, *Eulabes intermedia* erreicht im Gegensatz zu dem in Laghman häufigen nur 25 cm langen Hirtenstar, *Acridotheres tristis* eine Gesamtlänge von 38–39 cm. Sie hat ein glänzendes tiefschwarzes Gefieder und zu beiden Seiten des Kopfes einen orangegelben Flecken aus nackter Haut mit einem gleichfarbenen fleischigen Anhang, der an den Kehllappen des Hahnes erinnert. Der Name *pindväy* – in der persischen Übersetzung *pindāwalī* – könnte sich aus *piṇḍ* 'Klumpen' + *väy* ~ *vā'e* 'Weben' bzw. *way* 'Weber' zusammensetzen und auf die aus einem häutigen Gewebe bestehenden Kopflappen der Hügelatzel anspielen; andere Interpretationsmöglichkeiten werden bei Beveridge diskutiert (S. 495, Fn. 4).

pulpaykār (279b) — Schwarzkopf-Satyrhuhn, *Tragopan melanocephalus*.

"Der *pulpaykār* hat etwa die Größe des Kaspi-Königshuhns (kabg-i darī), die Figur des Haushuhns (üy tawuġï) und auch die Farben des Haushuhns (mākiyān); von der Kehle abwärts bis zur Brust hin ist ein wundervolles tiefes Rot (qïpqïzïl). Er kommt in den Bergen Hindustans vor."

♦ Wie Beveridge (S. 497, Fn. 1) anmerkt, wird das Schwarzkopf-Satyrhuhn in *Tuzuk-i-jahangiri* unter dem Namen *phūl-paikār* beschrieben. Da die Komponente *p(h)ul* sowohl 'Blume' wie 'Schwellung' bedeuten kann, läßt sich *p(h)ulpaykār* – nach Beveridge wörtlich 'flower-faced' – ebenfalls im Sinne von 'swelling-faced' interpretieren, denn während der Balz wird der Hautlappen an der Kehle des Hahns zu einem großen Schild aufgebläht, und oberhalb der Augen stellen sich zwei türkisfarbene fleischige Hörner hoch. Das über 70 cm lange Schwarzkopf-Satyrhuhn ist von gedrungener Gestalt und *mākiyān rangliġ*, weil die Geschlechter wie beim Haushuhn auch außerhalb der Balzzeit unterschiedlich gefärbt sind. Die Henne hat ein schwarzgesprenkeltes hellgraues Federkleid, der Hahn hingegen ein mit tropfenförmigen bunten Flecken verziertes schwarzbraunes Gefieder; sein Kopf ist völlig schwarz, der Kehllappen in einem leuchtenden Karmesinrot getönt.

Beveridge übersetzt *üy tawuġï* mit 'house-cock' und *mākiyān* – ebenso wie Thackston – mit 'hen'; der Schwarzkopf-Satyrhahn hat aber keine sichelförmigen Schwanzfedern wie der Haushahn und ist auch nicht wie eine Haushenne gefärbt. Der Passus *rangi ham mākiyān rangliġ dur* ist nur dann verständlich, wenn Bābur *mākiyān* als Synonym für *üy tawuġï* 'Haushuhn' verwendet hat, s. Schapka 244, Nr. 755 *mākiyān* '(Haus-)Huhn'. Dies ergibt sich indirekt aus der anschließenden Beschreibung des Bankivahuhns (ṣaḥrā'ī tawuq), das nicht alle Farben des Haushuhns hat (üy tawuġï dek har rang har rang bolmas). Im Gegensatz zum Haushahn verliert der Bankivahahn nach der Balz seine bunten Schmuckfedern und hebt sich dann farblich kaum von der Henne ab.

qarča (280a) — Felsenschwalbe, *Ptyonoprogne rupestris*.

PdC 399 *qārča* 'espèce de petite hirondelle', 418 *qarča* ~ *qarčan* 'espèce de petit oiseau de couleur jaune; en arabe *waṭwāṭ*, en persan *tarand*'.

Etwas größer als *qarča* ist eine sehr kleine Wachtel (bödänä), die in Kabul *qūrātū* genannt wird.

♦ Beveridge hält *qarča* für die Zitronenstelze, *Motacilla citreola*; sie stützt sich bei ihrer Definition ausdrücklich auf "de Courteille's *Dictionary* which gives *qārcha*, wagtail, and Zenker's which fixes the colour" (S. 498, Fn. 2). Pavet de Courteille führt jedoch *qarča* als eine kleine Schwalbenart an bzw. als einen kleinen gelben Vogel, der im Arabischen *waṭwāṭ*, im Persischen *tarand* heißt, s. Eisenstein 301 *waṭwāṭ* 'Schwalbe', Steingass 1473 *waṭwāṭ* 'a mountain-swallow' und 297 *tarand* 'a very small yellow bird'; Zenker 678 erläutert den Begriff mit 'ein kleiner Vogel'. Außerdem ist die Zitronenstelze etwa so groß wie die gemeine Wachtel, *Coturnix coturnix*; sie kann deshalb nicht kleiner als die *qūrātū* genannte Wachtel sein, bei der es sich um die nur 15 cm lange Schwarzbrust-Kampfwachtel, *Turnix suscitator* handeln dürfte, weil Bābur sie in Relation zur 18–20 cm langen gemeinen Wachtel als sehr klein bezeichnet. Unter *qarča* – möglicherweise auch *qarača*, s. usb. UzRS 624 *qårača* 'smuglovatyj, černovatyj' – ist wahrscheinlich die 14 cm lange bräunliche, auf der Unterseite rostgelbe Felsenschwalbe zu verstehen.

qarčïġay (226b) — Habicht, *Accipiter gentilis* (= Astur palumbarius).

PdC 399 *qarčïġay* ~ *qarčïġa* 'espèce de faucon', Scully/Birds 213 *qárchigha* 'the Goshawk, *Astur palumbarius*', usb. UzRS 606, nuig. URL 581 *qarčiġay* 'jastreb-teterevjatnik'.

Im Jahre 1519 schickte Bābur einen Gesandten zu Verhandlungen nach Delhi und ließ bei dieser Gelegenheit Sulṭān Ibrāhīm einen Habicht überbringen.

♦ Der Ausdruck *qarčïġay*, eine Rückentlehnung von mong. *qarčiġai*, das nach TMEN I: 278 auf urtürkisch **qartïqa* zurückgeht, ist seit dem 13. Jahrhundert bekannt, aber vornehmlich in der Form *qarčïġa* gebräuchlich. Er benennt den in den Steppen und Wäldern Zentralasiens heimischen Habicht, der neben Adler, Wanderfalke und Würgfalke zu den vier klassischen Beizvögeln zählt; weitere Details zum Habicht finden sich bei Le Coq 1914: 6.

qarġa (281a) — Krähe.

PdC 400 *qarġa* 'corneille', Scully/Birds 213 *qárgha* 'a Crow', usb. UzRS 607 *qarġa* 'vorona'; gtü.

Der gescheckte Heckenkuckuck (murġ-i ǰangal) ähnelt sowohl der Krähe wie der Elster (ʿakka).

♦ Beveridge definiert *qarġa* als die in Indien häufige Glanzkrähe, *Corvus splendens*, die am Nacken weißlichgrau, ansonsten jedoch schwarz ist. Da Bābur nur Vergleiche mit Tieren seiner Heimat anstellt, dürfte er mit *qarġa* die Nebelkrähe, *Corvus corone cornix* meinen, die wie Heckenkuckuck und Elster einen schwarzen Kopf sowie ein gechecktes Gefieder hat. Bābur greift an dieser Stelle die für die Nebelkrähe in der vorhergehenden Passage verwendete Bezeichnung *ala qarġa* in verkürzter Form auf. Er bleibt für seine Leser gleichwohl verständlich, denn sie verbinden auch mit *qarġa* stets die Nebelkrähe, die häufigste Krähenart Zentralasiens, s. Pallas I: 382 'Tataris Karghà'.

qarluġač (281b) — Rauchschwalbe, *Hirundo rustica*.

PdC 401 *qarluġač* 'hirondelle', Scully/Birds 213 *qárloghách* 'a Swallow', Ross 312, Nr. 265 *qarloghač* 'the Common Swallow, *Hirundo rustica*', usb. UzRS 601 *qaldirġåč* 'lastočka'; gtü.

Der Schwalbe gleicht der Trauerdrongo (kiriča); er ist aber wesentlich größer als die Schwalbe und zudem einfarbig, nämlich tiefschwarz (qapqara).

♦ Mit *qarluġač* wird vornehmlich die 19 cm lange Rauchschwalbe bezeichnet, die auf dem Rücken blauschwarz, am Bauch hingegen gelblichweiß ist. Der stahlblauglänzende schwarze Trauerdrongo, der eine Gesamtlänge von 30 cm erreicht, hat wie die Rauchschwalbe zugespitzte Flügel und einen tiefgegabelten Schwanz.

qarqara (142a, 164a) — Jungfernkranich, *Anthropoides virgo* (= Ardea virgo).

Steingass 965 *qarqara* 'name of a bird (Ardea Virgo)', afgh. AfRS 643 *qarqará*, kirg. KiRS 351 *qarqara* 'žuravl'-krasavka', usb. UzRS 607 *qarqara* 'caplja'.

Die Jungfernkraniche ziehen gegen Ende des Winters über den Hindukusch-Paß nach Zentralasien; solange Nordwind weht oder der Paß mit Wolken verhangen ist, halten sie sich im Baran-Tal auf, wo sie in großen Mengen mit Seilen eingefangen werden. Wie Bābur berichtet, trug Sulṭān Ḥusayn Mīrzā an Feiertagen einen kleinen schlechtgewundenen Turban, in den er eine *qarqara*-Feder gesteckt hatte.

♦ Beveridge (S. 224, Fn. 7) hält *qarqara* für den Seidenreiher, *Egretta garzetta* (= Ardea garzetta), da dessen Schmuckfedern als Aigretten dienen; zur Aigrettenherstellung werden aber auch die Schopffedern von Jungfernkranich und Graureiher (uqar) benutzt. Nach Räsänen 238 geht *qarqara* auf mong. *qarqara* 'eine aschfarbene Kranichart' zurück; der Jungfernkranich hat ein graues, an Flügelspitzen und Schwanz schwarzes Gefieder.

qaz (49a, 153a, 187a, 190b, 281a, 287a) — Gans.

PdC 404 *qaz* 'oie', Scully/Birds 213 *gház* 'the Grey Lag Goose, *Anser cinereus*', usb. UzRS 644 *ġåz* 'gus'; gtü.

Als Bābur im Jahre 1506 seine Herater Verwandten in ihrem Feldlager besuchte, gab es bei einem Weingelage am Spieß geröstetes Gänsefleisch. Während eines in Herat veranstalteten Festes wurde dem damals 24 Jahre alten Bābur eine gebratene Gans vorgesetzt. Er rührte sie nicht an, da er noch nie eine Gans tranchiert hatte. Auf die besorgte Frage seines Gastgebers Badʿīʾuz-zamān Mīrzā, ob ihm die Gans nicht zusage, antwortete er "Ich bin im Vorschneiden nicht geübt". Der Mīrzā zerlegte sofort die Gans und setzte sie Bābur erneut vor; wie Bābur anmerkt, kam niemand dem Mīrzā in solchen Dingen gleich. Unter den Annehmlichkeiten Bucharas hebt Bābur die gemästeten Gänse hervor.

Im Frühjahr 1505 konnte Bābur am Ab-i-istada ein einmaliges Naturschauspiel beobachten. Als er sich mit seinen Truppen auf den südöstlich von Ghasni gelegenen See zu bewegte, war aus größerer Entfernung zwischen Himmel und Wasserfläche ein leuchtendes Rot ähnlich der Morgenröte zu sehen, das sich in ständigem Wechsel zeigte und wieder verschwand; die wunderbare Erscheinung veränderte sich auch nicht beim Näherkommen. In unmittelbarer Nähe des Sees war zu erkennen, daß es sich um Gänseschwärme handelte, und zwar nicht um Schwärme von 10 000 oder 20 000, sondern von unzählbaren Gänsen, die im Flug beim Schlagen der Flügel manchmal rote Federn sichtbar werden ließen und manchmal nicht. Nach Bāburs Angabe brüten diese Vögel am Gestade des Ab-i-istada.

♦ Mit *qaz* ist vornehmlich die Wild- oder Graugans, *Anser Anser* (= Anser cinereus) gemeint, die wegen ihres sehr delikaten Fleisches gejagt wird. Auf die 75 cm lange Wildgans bezieht sich auch Bāburs Vergleich mit der ca. 65 cm langen Glanzente (šāh-murġ); die gemästeten Hausgänse erreichen wesentlich größere Ausmaße. Erskine hat zweifellos recht, wenn er die über dem Ab-i-istada kreisenden 'Gänse' mit Flamingos in Verbindung bringt (Beveridge, S. 240, Fn. 2), denn der See war früher ein bevorzugtes Brutgebiet dieser Vögel. Der im Mittelmeerraum heimische Rosaflamingo, *Phoenicopterus ruber roseus* hat schwarzgeränderte rosafarbene Flügel; ansonsten ist er schneeweiß. Er fliegt in riesigen Schwärmen, die sich am Himmel wie ein langes, wogendes Band ausnehmen. Die mit den Gänsen verwandten Flamingos werden mit usb. UzRS 611 *qizil ġåz* und afgh. AfRS 356 *husayní qāz* als 'rote Gans' bezeichnet.

qïlquyruq (49b) — Spießente, *Anas acuta.*

PdC 449 *qïl quyruġï* 'espèce d'oiseau qui vole par troupes', ttü. Stw 524 *kılkuyruk* 'Spießente, Anas acuta', tat. TaRS 309 *qïlqoyrïq*, ba. BRS 356 *qïlġoyroq*, kirg. KiRS 439 *qïl quyruq*, chak. XRS 291 *xïl xuzurux* 'šiloxvostka'.

Da die Spießente im Distrikt Karschi in unglaublich großen Mengen vorkommt, nennt man sie dort *murġak-i qaršī* 'Karschi-Vögelchen'. Vermutlich in Anspielung auf diesen Ausdruck bezeichnet Bābur die Spießente als *qušqïna* 'Vögelchen', hebt aber zugleich ihre Ähnlichkeit mit *baġrïqara* hervor.

♦ Kāšġarī kommentiert DLT 169–170 *qil quš* mit "Es ist ein entenartiger Vogel, der zu Frühlingsbeginn ankommt und den sich die Emire in dieser Jahreszeit zum Geschenk machen. Er wird auch *qil quḏruq* genannt, das bedeutet Haarschwanz". Seine Erläuterung paßt exakt zur Spießente, die den Winter in Indien verbringt, aber in nördlicher gelegenen Regionen brütet; ihr charakteristisches Merkmal sind zwei pfriemenartig verlängerte Schwanzfedern, auf die sich der Name *qïlquyruq*, wörtlich 'Haarschwanz', bezieht. Beveridge (Appendix B, S. v) hält *qïlquyruq* für eine kleinere Art des Steppenhuhns, *Syrrhaptes* und *baġrïqara* für das Sandflughuhn, *Pterocles arenarius*. Das Steppenhuhn wird zwar manchmal mit *qïlquyruq* erfaßt, s. kirg. KiRS 439 *qïl quyruq* 'sadža' und kas. XQBS 144 *qïlquyruq* 'Syrrhaptes paradoxus', doch Bābur versteht unter *qïlquyruq* zweifellos die Spießente und unter *baġrïqara* das Spießflughuhn, *Pterocles alchata*, das wie der Spießentenerpel zwei langgezogene Schwanzfedern hat. Ein Vergleich mit dem Steppenhuhn verbietet sich deshalb, weil bei ihm die erste Schwungfeder der Flügel borstenartig gestaltet, der Schwanz aber kurz gestutzt ist.

qïrġawul (2a, 4a, 5a, 19a, 71a, 239b, 245a, 277b, 279a–b) — Gemeiner Fasan, *Phasianus colchicus.*

PdC 446 *qïrġawul* 'faisan', Scully/Birds 213 *qirghaul* 'the Yarkand Pheasant, *Phasianus Shawi*', Ross 287, Nr. 131 *qirghul* 'a generic name for pheasants', usb. UzRS 616 *qirġåwul* 'fazan'.

In Andischan ist die Jagd auf Fasane sehr ergiebig; sie werden dort so fett, daß selbst vier Personen nicht in der Lage sind, einen mit einem einzigen Fasan zubereiteten Eintopf zu bewältigen. Auch in den Jagdgründen von Chodschent und Achsi gibt es viele Fasane; besonders reich ist das Vorkommen in den Dschungeln entlang des Ilamisch. Als Bābur in dieser Gegend im Winterquartier lag, ging er regelmäßig auf Fasanenjagd; die Fasane wurden in einem kleineren Dickicht eingezingelt, von Beizvögeln gestoßen und mit ungefiederten Pfeilen (gez) erlegt. Sie waren so zahlreich, daß es den ganzen Winter über nicht an Fasanenfleisch gemangelt hat. Bei der Rückkehr von einem Kriegszug gegen die Abdurrahmani Afghan beauftragte Bābur drei seiner Leute, am Tschaschma-i-Tara anzuhalten und von den Anwohnern einige Fasane zu verlangen; nach der Plünderung der Chizr-Chel Afghan wurden auf dem Lagerplatz in Qelaghu Fasanen gejagt. Von Sulṭān Aḥmad Mīrzā berichtet Bābur, daß er im Alter wegen seiner zunehmenden Korpulenz nicht mehr mit Pfeil und Bogen umgehen konnte und daher die Fasanen mit Kriegsflegeln erlegt hat.

Beim Halsbandfrankolin (durrāǰ) ist das Männchen (nar) auf dem Rücken, das Weibchen (māda) hingegen am ganzen Körper wie die Fasanenhenne (qïrġawul mādasï bzw. qïrġawulnïng bozlaġï) gefärbt. Das Bankivahuhn (ṣaḥrā'ī tawuq) fliegt wie *qïrġawul* und ebenso der Pfau (ṭāūs), dessen Flug allerdings kraftloser als der von *qïrġawul* verläuft.

♦ Fasane gleiten meist mit ausgebreiteten Schwingen dahin und erhöhen ab und zu die Geschwindigkeit durch schnelle Flügelschläge; werden sie verfolgt, dann setzen sie mehrfach zu kurzen Flügen an, während die Pfaue sehr schnell erlahmen. Die Fasanenhenne hat im Gegensatz zu dem farbenprächtigen männlichen Fasan nur ein schlichtes graubraunes Federkleid, das mit seinen dunklen Flecken und Bändern dem schwarzgesprenkelten bräunlichen Gefieder der Frankolinhenne gleicht. Der Ausdruck *bozlaq* < *boz* 'grau' bezeichnet keinen jungen Fasan, wie Beveridge und Thackston übersetzen, sondern das Fasanenweibchen, s. PdC 169 *bozlaġ* 'femelle du francolin et du faisan'. Mit den *qïrġawul* von Tschaschma-i-Tara und Qelaghu dürfte ein in Afghanistan heimischer Fasan gemeint sein, möglicherweise der rostgelbe Wallichfasan, *Catreus wallichii*, der ein ähnlich gefärbtes Gefieder und einen ebenso langen Schwanz wie der gemeine Fasan hat.

qïzïl käyik (141b) — Steppenschaf, *Ovis vignei.*

Zu *qïzïl käyik* s. **käyik**.

qočqar (165a, 276b, 352a) — Schafbock.

PdC 423 *qočqar* 'bélier de montagne ou outre', Blanford 496 *kuchkár* 'the Great Pamir Sheep, *Ovis poli* (male)', alt. ORS 89 *qočqor* 'dikij kamennyj baran', ttü. Stw 541 *koçkar* 'bes. großer und starker Widder (für Wettkämpfe)', kum. KuRS 201, nuig. URL 601 *qočqar*, usb. UzRS 638 *qočqår*, kirg. KiRS 410 *qočqor*, kas. KaRS 452, kkp. KkRS 406, nog. NRS 175, tuv. TuvRS 240 *qošqar*, ba. BRS 351 *qušqar* 'baran, baran-proizvoditel''.

Wie Bābur erwähnt, hat Sulṭān Ḥusayn Mīrzā Schafböcke gezüchtet, die speziell für Wettkämpfe bestimmt waren; bei einem prunkvollen Fest im *Čār-bāġ* von Agra wurden die Gäste vor dem Essen gleichfalls mit Widderkämpfen unterhalten. Nahezu dieselben Ausmaße wie der große Widder der Länder jenseits der Berge (ol yerlärning) hat die *gaynī*-Kuh, ein Zwergbuckelrind.

♦ Bei den Wettkampfwiddern hat es sich vermutlich um Fettsteißschafe gehandelt, denn deren Böcke tragen gewaltige schneckenförmig gedrehte Hörner, mit denen sie sich beim Stoßen ineinander verhakeln; die Böcke der Fettschwanzschafe haben lediglich ein unansehnliches Gehörn. Der große Widder, mit dem Bābur die *gaynī*-Kuh vergleicht, ist der Bock des Katschgar oder Pamir-Wildschafs, *Ovis ammon polii*.

qotan (142a) — Pelikan.

PdC 422 *qotan* 'pélican', Scully/Birds 214 *qodan* 'the Water Hen, *Gallinula chloropus*', usb. UzRS 638 *aq qotån* 'caplja belaja', *kök qotån* 'caplja seraja'.

Im Frühjahr ziehen die Pelikane in dichten Schwärmen von ihrem Winterquartier in Hindustan zu den Brutgebieten in Zentralasien. Wenn Nordwind weht, können sie nicht über den Hindukusch fliegen und halten sich deshalb eine Weile im Baran-Tal auf, wo sie mit Seilen eingefangen werden.

♦ Im Elphinstone-Kodex wird *qotan* interlinear mit *ḥawāṣil* 'Pelikan' erläutert, s. Steingass 433 *ḥawāṣil* 'a pelican'. Süleymān Buḫārī erklärt f. 231 den Begriff mit *saqa quši̇*, bei Kúnos 139 unzutreffend mit 'Stieglitz' übersetzt; *saqa quši̇*, wörtlich 'Wasserträgervogel', benennt im Osmanischen primär den Pelikan, s. Redhouse 1063 *saqa quši̇* '1. the pelican, *pelicanus onocrotalus*, 2. the goldfinch, *fringilla carduelis*'. Der Pelikan wird als Wasserträger bezeichnet, weil sein unterseits sackartig erweiterter Schnabel einem Wassersack ähnelt. Nach Beveridge handelt es sich bei Bāburs *qotan* wahrscheinlich nicht um den gemeinen Pelikan, *Pelecanus onocrotalus*, sondern um den schwarzen Kormoran, *Phalacrocorax carbo* (= Carbo comoranus). Zur Begründung führt sie an, daß der Kormoran während des Winters in Indien sehr häufig ist, *Pelecanus onocrotalus* hingegen nur in geringer Zahl überwintert (Appendix N, S. l–li). Dies trifft aber nicht für den Krauskopfpelikan, *Pelecanus crispus* zu, der sich vom gemeinen Pelikan kaum unterscheidet und zu Frühjahrsbeginn in großen Scharen von Indien nach Zentral- und Nordasien zieht.

qotas (32a, 100a, 272b, 276a) — Jak, *Bos mutus*.

PdC 422 *qotas* '...c'est un animal qui se trouve dans les montagnes qui sont entre la Chine et l'Inde; une espèce particulière de bœuf, à la queue large et touffue', kas. Shn 264 *qodas* 'yak', kirg. KiRS 410 *qotos*, usb. UzRS 638 *qotas*, nuig. URL 601 *qotaz* 'jak'.

Die in den Bergen zwischen Kaschghar und Fergana lebenden Dschakrak halten anstelle von Hausrindern (uy) zahlreiche Jaks, und die in den montanen Regionen südlich von Kaschmir beheimateten Kas handeln mit *baḥrī qotas*. Bei einer im Beisein von Sulṭān Maḥmūd Ḫān nach Moghul-Art veranstalteten Zeremonie waren an den Standarten Jakschwänze angebracht. Das lange Haarbüschel an der Kehle der männliche Nilgauantilope (nīlagāv) ähnelt dem buschigen Schwanz des Jaks.

♦ Der Jak ist im Hochland von Tibet heimisch; er wurde im ersten Jahrtausend v. Chr. im westlichen Kuenlun oder im östlichen Pamir domestiziert, aber erst sehr viel später im Himalaya und in den zentralasiatischen Gebirgen als Haustier eingeführt. Bābur gebraucht *qotas* bzw. *baḥrī qotas* sowohl für den Jak wie für den Jakschwanz. Mit dem nur im Hindustan-Teil belegten Ausdruck *baḥrī qotas* bezeichnet Bābur vermutlich die Jaks, die im westlichen Tibet am Oberlauf des Indus, des großen Flusses (baḥr), gezüchtet werden (Beveridge, Appendix M, S. xlv–xlvii). Die Kas, die mit ihren Waren bis nach Bengalen und zur Ozeanküste zogen, dürften die dort als Fliegenklatschen sehr begehrten Jakschwänze feilgehalten haben.

qoy (32a, 42b, 52b, 57a, 64a, 97a, 140b, 141a, 144b, 148b, 149b, 151b, 153a, 154b, 155a, 159a, 160b, 161b, 195b, 196b, 203a–b, 204a, 207b, 209a, 212a, 233a, 239b, 245a–b, 281b, 283a–b) — Hausschaf.

PdC 440 *qoy* 'brebis, mouton', usb. UzRS 634 *qoy* 'ovca; baran'; gtü.

Bei den Isa-Chel erbeuteten Bāburs Mannen viele Schafe und ebenso bei den Turkman Hazara, die zweimal geplündert wurden, wobei Bābur vier- bis fünfhundert Schafe eigenhändig weggetrieben hat. Der größte Coup gelang ihm bei den Ghilzai Afghan, denn dieser Raubzug brachte mehr Schafe ein als jeder andere zuvor. Da die Ausbeute immens war, behielt sich Bābur den Fünften (ḫums) vor; als Gunstbeweis erließ er ihn lediglich Qāsim Beg und einigen anderen Begs. Eine Zählung ergab, daß der Fünfte 16 000 Schafe betrug; einschließlich der Vergünstigungen und Verluste taxierte Bābur die gesamte Beute auf 100 000 Schafe. Dieselbe Menge fiel nur Walī Beg bei der Plünderung der Zardak Tschul in die Hände. In Kandahar wurden 1507 ebenfalls unzählige Schafe erbeutet; sie fanden aber wenig Aufmerksamkeit, weil das allgemeine Interesse den in der Festung vorgefundenen Schätzen galt. Bābur erwähnt noch weitere Raubzüge, die gegen die Afghan gerichtet waren und mehr oder weniger große Mengen von Schafen eingebracht haben. An diesen Aktionen nahmen auch viele Männer teil, die zu den aus Transoxanien eingewanderten Clans gehörten. Ihre Familien, die den Winter in Nangarhar und Laghman verbrachten, wurden von Nāṣir Mīrzā verjagt, der sie wie Schafe vor sich her getrieben hat. Mit denselben Worten beschreibt Bābur das Verhalten Bāqī Begs gegenüber den Verwandten des geschlagenen Šayḫ Bāyazīd.

Während der Belagerung von Andischan (1497) verteilte Ḫwāǰa-i-qāẓī, ein Gefolgsmann Bāburs, aus seinen eigenen Beständen 18 000 Schafe an die Besatzung und an die Familien, deren männliche Mitglieder sich bei Bābur befanden. Als Bābur 1504 nach dem Verlust seiner Besitztümer bar jeder Mittel ins Exil ging, schloß sich Bāqī Čaġāniyānī seiner Armee an, und zwar mit etwa dreißig- bis vierzigtausend Schafen. Obwohl die Soldaten von Hunger gepeinigt wurden, rückte er zunächst kein einziges Schaf heraus; erst nach mehreren Tagen stellte er fünfzig Schafe zur Verfügung. Zū'n-nūn Arġūn war gleichfalls ein bekannter Geizkragen; von ihm erhielt jedoch der wie Bābur mittellos gewordene Badī'u'z-zamān auf einen Schlag 40 000 Schafe zum Geschenk. Bei der Erstürmung von Kandahar konnte Bābur nur die Hälfte seiner Streitmacht in den Kampf führen, weil viele der von Hunger und Durst gepeinigten Soldaten die Gegend nach Schafen und Kühen (uy) absuchten. Nach den tagelangen Strapazen, die Bābur und seine Gefährten bei der Überquerung der eingeschneiten Hazara-Berge erdulden mußten, wußten sie nicht nur die erste warme Unterkunft, sondern auch die ihnen vorgesetzten fetten Schafe zu würdigen. Unvergeßlich war für Bābur ein Ausflug ins Barikao-Tal, wo es aus Anlaß der Weinlese am Spieß geröstetes Schaffleisch gab; an anderer Stelle gedenkt er eines einfachen Dilazak Afghan, der ihm zehn Schafe, zwei Eselsladungen Reis und acht große Käse überbracht hat.

Nach Bāburs Strafexpedition gegen die Chizr-Chel Afghan, die dabei fast ihrer gesamten Habe beraubt wurden, erschienen die meist tributsäumigen Waziri Afghan in Bāburs Lager und brachten ihm 300 Schafe. Ebenso stellten sich die Anführer der Ghilzai und Samu-Chel bei Bābur ein; er setzte ihren Tribut auf 4 000 Schafe fest und schickte umgehend Eintreiber los. Von den Sultan Mas'udi Hazara forderte er erfolglos einen hohen Tribut an Schafen. Auch die Dschakrak blieben den ihnen auferlegten Tribut schuldig; Bābur entsandte daraufhin eine Armee unter Führung von Qāsim Beg, der etwa 20 000 Schafe requiriert und sie sofort an die Soldaten verteilt hat.

Das dichte, hohe Gras in Laghman, Nidschrao und Swat ist nach Bāburs Ansicht für die Mästung von Schafen nicht geeignet, während das Gras in den Bergen von Ghur, Karnu und Hazara den Schafen, die dort in riesigen Herden gehalten werden, gut bekommt. Bābur fand es erstaunlich, daß die Bewohner von Dachkat wie die Türk Schafherden hielten, obwohl sie seßhafte Sart waren; er schätzte ihren Schafbestand auf ca. 40 000 Tiere.

♦ In Transoxanien werden sowohl Fettschwanz- wie Fettsteißschafe gezogen, in Afghanistan ausschließlich Fettschwanzschafe. Die aus dem transkaspischen Raum stammenden Fettschwanzschafe haben ein unansehnliches Gehörn und einen fast bis zum Boden reichenden Schwanz, in dem enorme Fettmengen abgelagert sind. Bei den Fettsteißschafen handelt es sich um eine turko-mongolische Züchtung mit schneckenförmig gedrehten Hörnern und einem halblangen Schwanz, dessen Fett am Steiß angesammelt ist. Die Schafzucht wird vornehmlich von Nomaden betrieben; eine wesentliche Voraussetzung für die erfolgreiche Mästung der Schafe sind die hochalpinen Futtergräser, die auf den an der oberen Baumgrenze gelegenen 'fetten' Weiden wachsen. Schafe waren für die Versorgung der Truppen unentbehrlich; sie wurden durch Raubzüge verschafft und als lebender Proviant mitgeführt. Tribut wurde häufig mit Schafen abgegolten, aber selten freiwillig geleistet.

qozï (164a, 190a) — Lamm.

PdC 430 *qozï* 'agneau', usb. UzRS 634 *qozi* 'jagnënok, barašek'; gtü.

Wie Bābur berichtet, pflegte Sulṭān Ḥusayn Mīrzā meist einen Börk aus schwarzem Lammfell zu tragen. Er selbst bekam bei seinem Aufenthalt am Herater Hof von Muẓaffar Mīrzā einen Überrock aus Lammfell geschenkt.

♦ Zur Herstellung der *börk* genannten Kappen werden die lockigen Felle der neugeborenen Lämmer von Fettschwanzschafen benutzt; hochgeschätzt sind die Vliese der schwarzen Karakul-Lämmer.

qulan (142a, 204a) — Onager, *Equus onager*.

Fazylov II: 644 *qulan* 'kulan, dikij osël', PdC 434 *qulan* 'onagre', ttü. Stw 563 *kulan* 'asiatischer Wildesel, Kulan', tkm. TuRS 208 *gulan* 'kulan, onagr', ba. BRS 336 *qolan* 'kulan', nog. NRS 186 *qulan* 'kulan', kas. KaRS 471 *qulan* 'dikij osël, kulan', kirg. KiRS 441 *qulan* 'kulan, dikij osël, onagr', kkp. KkRS 408 *qulan* 'dikij osël', usb. UzRS 629 *qulån* 'kulan', nuig. URL 616 *qulan* 'kulan, onagr, dikij osël'.

Wildesel gibt es in der Gegend von Churd Kabul und am Surch-ab; besonders zahlreich und fett sind sie in der Ebene von Katawaz – für Bābur der Anlaß zu einer Treibjagd. Er galoppierte hinter einem Onager her und schoß zwei Pfeile auf ihn ab, brachte ihn aber nicht zur Strecke; der verwundete Wildesel verlangsamte nur das Tempo. Aus nächster Nähe versetzte ihm Bābur dann einen so heftigen Schwerthieb auf das Genick, daß selbst die Luftröhre durchtrennt wurde. Der Onager überschlug sich, wobei er mit den Hinterläufen gegen Bāburs Steigbügel stieß. Er war unglaublich fett; die Dicke seines Bauchspecks betrug fast ein *qarïš* [ca. 20 cm]. Bābur erlegte noch einen weiteren Onager, der gleichfalls fett war, jedoch nicht so feist wie der Wildesel, den er zuerst getötet hatte.

♦ Mit dem türkischen Wort *qulan* wird primär der Kulan, *Equus hemionus* bezeichnet, ein in Zentralasien heimischer Wildesel. Bābur gebraucht den Ausdruck für den vom Indus bis nach Persien hin verbreiteten Onager, der dem Kulan an Schnelligkeit und Wendigkeit nicht nachsteht.

qūrātū (280a) — Schwarzbrustkampfwachtel, *Turnix suscitator*.

Zu *qūrātū* s. **bödänä**.

quš (19a, 21b, 22b, 25b, 49b, 71a, 139b, 140a, 141a, 142a–b, 143a, 153a, 162b, 170a, 172a, 190b, 202b, 280b) — Vogel; Jagdfalke.

PdC 430 *quš* 'oiseau', usb. UzRS 633 *quš* 'ptica'; gtü.

Die Zugvögel, die in Hindustan überwintert haben, nehmen im Frühjahr ihren Weg nach Norden über den Hindukusch-Paß, wobei sie zunächst den sehr schmalen Kura-Paß durchziehen und dann dem Lauf des Baran folgen. Wenn sie den Kura-Paß ansteuern, werden sie in großen Mengen eingefangen. Die Einwohner von Patschaghan spannen am Eingang zum Paß Netze aus, die am unteren Saum mit Steinen beschwert sind. Am oberen Netzrand ist bis zur Mitte hin ein langer Stock befestigt, der an einem seiner Enden von den hinter einer steinernen Blende versteckten Vogelfängern gehalten wird. Sobald sich die Vögel nähern, heben die Männer das Netz mit Hilfe des Stockes in die Höhe, und die Vögel geraten schnurstracks in die Falle. Manchmal fängt man mit dieser Vorrichtung so viele Vögel, daß die Zeit fehlt, um ihnen die Kehlen durchzuschneiden.

Falls Nordwind weht oder der Hindukusch wolkenverhangen ist, legen die riesigen Vogelschwärme – Enten (ördäk), Kraniche (turna), Jungfernkraniche (qarqara), Graureiher (uqar) und Pelikane (qotan) – am Baran einen Zwischenstop ein. Sie werden dort nach einer einzigartigen Methode gefangen, nämlich mit Seilen. Man dreht ein Seil, das so weit reicht, wie ein ungefiederter Pfeil (gez) fliegt, und befestigt am einen Ende einen *gez* und am anderen Ende eine Art Schlinge (bildürgä). Das Seil wird dann um ein armdickes, ein *qarïš* [ca. 20 cm] langes Holzstück gewickelt; anschließend zieht man das Holzstück heraus, so daß nur die Seilrolle verbleibt, behält die Schlaufe fest in der Hand und schießt den Pfeil auf den ankommenden Schwarm ab. Wenn sich das Seil um den Hals oder Flügel eines Vogels schlingt, zieht es den Vogel zu Boden. Diese Fangmethode ist sehr mühsam und kann nur in regnerischen, dunklen Nächten angewendet werden. In solchen Nächten lassen sich die Vögel aus Angst vor Raubtieren nicht nieder, sondern fliegen bis zur Dämmerung in geringer Höhe den weißschimmernden Fluß entlang. Auch Bābur schoß eines Nachts ein Seil ab, das aber beim Ziehen gerissen ist; der Vogel wurde ihm mitsamt des Seils am anderen Morgen gebracht. Im Baran-Gebiet gibt es zwei- oder dreihundert Familien, die den Fang von Zugvögeln gewerbsmäßig betreiben. Sie legen Teiche an, setzen Lockvögel darauf und breiten in der Teichmitte ein Netz aus; sie fangen alle Arten von Vögeln. Genauso verfährt aber jeder Bewohner dieser Gegend; man fängt die Vögel mit Seilen und Netzen oder auf eine andere Art.

Als Bābur in der Nähe des Ilamisch Winterquartier bezogen hatte, jagte er die Fasanen (qïrġawul), die sich in den Dschungeln entlang des Flusses aufhielten, mit Beizvögeln und ungefiederten Pfeilen (gez). Ein hervorragender Falkner (quščï) war Sulṭān Aḥmad Mīrzā; im Alter konnte er jedoch wegen seiner Leibesfülle nicht mehr Pfeil und Bogen handhaben und benutzte deshalb bei der Jagd auf Fasanen und Wachteln (bödänä) mit großer Gewandtheit einen Kriegsflegel. Versierte Falkner gab es ebenso unter den Emiren Sulṭān Aḥmad Mīrzās; Darveš Muḥammad Tarḫān verstand es ausgezeichnet, seine Falken zum Stoßen loszuschicken, und Bāqī Tarḫān soll 700 Jagdfalken besessen haben. Sulṭān Ḥusayn Mīrzā begeisterte sich in jungen Jahren für die Falkenjagd; später überließ er die Obhut der Falken seinem auf diesem Gebiet erfahrenen Emir J̌ahāngīr Barlas. Muḥammad Barandūq, gleichfalls ein Emir Sulṭān Ḥusayn Mīrzās, war in seine Jagdfalken völlig vernarrt; wenn ein Falke entflogen oder gestorben war, soll er sich gefragt haben, was ihm der Tod eines seiner Söhne im Vergleich zu dem Verlust dieses Falken bedeuten würde. Auf einen Falken ging die zeitweilige Verstimmung zwischen Bābur und seinem Halbbruder J̌ahāngīr Mīrzā zurück. In Gegenwart von einigen Begs, die Bābur ihm zur Begrüßung entgegengeschickt hatte, ließ J̌ahāngīr Mīrzā seinen Jagdfalken auf eine Wachtel los. Genau in dem Moment, als der Falke nach ihr greifen wollte, warf sich die Wachtel zu Boden. Die aufregende Frage, ob der Falke die Wachtel gepackt hatte oder nicht, beantwortete Qāsim Beg mit den Worten "Man läßt doch einen hilflosen Feind nicht entkommen – natürlich hat er sie gepackt". J̌ahāngīr Mīrzā hielt dies für eine gezielte Beleidigung und zog mit seinem Gefolge ab.

An indischen Vögeln, die auch in Laghman, Nidschrao, Badschaur oder Swat vorkommen, führt Bābur Papagei (ṭūṭī), Maina (šārak), Pfau (ṭāūs) und Glanzfasan (lūǰa) an, betont aber, daß in diesen Gegenden zudem Vögel heimisch sind, die es selbst in Hindustan nicht gibt. Außerdem hebt er die Vielzahl der Vögel am Ab-i-istada hervor; sie legen an dessen Gestade Unmengen von Eiern ab, die von den Afghan eingesammelt werden.

♦ Mit *quš* bezeichnet Bābur generell große Vögel, im Zusammenhang mit der Beizjagd jedoch speziell Falken; die Bejagung des Federwilds mit Beizvögeln (quš salmaq) wurde nur von Angehörigen der Oberschicht gepflegt. Für die Aufzucht und Abrichtung der Jagdfalken war ein Beg zuständig; entsprechende Amtstitel sind in QB 4068 mit *čawli beg* und *čaġri beg*, bei Hammer-Purgstall XXIV mit *tughandschi*, *schahindschi*, *tschakirdschi* und *atmadschi* belegt. Das Jagdritual schrieb vor, daß man unter dem Aussprechen der Formel *bi'smi'llāh* 'im Namen Allahs' den erlegten Vögeln die Kehlen durchgeschnitten hat. Bābur verwendet das Diminutiv *qušqïna* für einen zierlichen roten Vogel von der Größe der Schafstelze (sandulač). Er erfaßt aber auch die Spießente (qïlquyruq) mit *qušqïna*, obwohl deren Proportionen einer solchen Zuordnung widersprechen. Vermutlich versteht sich *qušqïna* hier als eine ironisch gemeinte Replik auf *murġak-i qaršī* 'Karschi-Vögelchen', den lokal gebräuchlichen Namen der Spießente.

Bāburs Angaben zum Vogelvorkommen am Ab-i-istada dokumentieren, daß dieser über 27 km lange See südwestlich von Ghasni einst ein bevorzugtes Brutgebiet von Schwimm- und Stelzvögeln war. Sie brüteten an seinen Ufern in riesigen Kolonien; bedingt durch die Umweltveränderungen finden sie sich heute nur noch in geringer Zahl und reduzierter Artenvielfalt ein (Kraus 73). Bereits James Broadfoot scheint 1842 relativ wenig Zugvögel am Ab-i-istada beobachtet zu haben, denn er zieht in seinen *Reports on parts of the Ghilzi country* (S. 350) die Zuverlässigkeit von Bāburs Daten in Zweifel.

rūbah-i parān (135a) — Flughörnchen, *Pteromys inornatus*.

Steingass 591 *rūbahi par* 'the flying fox'.

In den Wäldern von Nidschrao gibt es Flughörnchen; sie sind größer als der Flugfuchs (mūšak) und haben zwischen beiden Armen und Beinen einen Vorhang, der dem Flügel der Fledermaus (šabpara) ähnelt. Man erzählt, daß die Flughörnchen von Baum zu Baum fliegen, und zwar so weit, wie ein ungefiederter Pfeil (gez) fliegt. Bābur vermerkt, daß er einen solchen Flug nie gesehen hat; er konnte allerdings beobachten, daß ein eingefangenes Flughörnchen, das auf einen Baum gesetzt worden war, hurtig nach oben kletterte und verschwand, wieder aufgescheucht aber seine Flughäute ausbreitete und gleichsam fliegend unversehrt zu Boden kam.

♦ Thackston definiert *rūbah-i parān* mit 'flying fox'; da Fledertiere ein anderes Artverhalten zeigen, kann hier mit *rūbah-i parān* aber nicht der Flugfuchs, *Ptero-*

pus edwardsii, sondern nur das Flughörnchen gemeint sein. Vermutlich handelt es sich bei *rūbah-i parān* um eine in Nidschrao übliche metaphorische Bezeichnung für die Flughörnchen; der Ausdruck *mūšak* 'Fledermaus' dürfte hingegen im Sinne von 'Flugfuchs' gebraucht sein. Bābur zählt die Fledertiere zu den *ṭuyūr*, d.h. zu den Vögeln oder geflügelten Dingen, weil sie sich durch das Schlagen ihrer flügelartig gestalteten Extremitäten fortbewegen. Das Flughörnchen täuscht jedoch nur einen Flug vor, denn seine Flughaut wird wie eine Art Schirm zum Schweben benutzt. Gleichwohl kann das Flughörnchen auf diese Weise bis zu 40 m weit gleitend 'fliegen'.

ṣaḥrā'ī tawuq (279b) — Bankivahuhn, *Gallus gallus* (= Gallus ferrugineus).

"Im Unterschied zum Haushuhn (üy tawuġï) fliegt das wilde Huhn (ṣaḥrā'ī tawuq) wie ein Fasan (qïrġawul); auch hat es nicht alle Farben des Haushuhns. Das wilde Huhn ist in den Bergen von Badschaur sowie in den südlich davon gelegenen Bergen verbreitet, findet sich aber nicht oberhalb von Badschaur."

♦ Beveridge (S. 497, Fn. 2) definiert *ṣaḥrā'ī tawuq* als das Sonnerathuhn, *Gallus sonneratii*, dessen Vorkommen sich jedoch auf Mittel- und Südindien beschränkt. Der fasanenähnliche Flug ist ein typisches Merkmal des Bankivahuhns, der Stammform des Haushuhns. Während die Geschlechter beim Haushuhn stets verschieden gefärbt sind, verliert der Bankivahahn nach der Balz seine langen bunten Schmuckfedern; sie werden durch kurze schwarze Federn ersetzt. Da Bābur sich im Winter in Badschaur aufhielt, hat er den Bankivahahn im unauffälligen Ruhekleid gesehen, das sich farblich nur wenig vom Gefieder der Bankivahenne unterscheidet. Ebenfalls im Winter zog Bābur durch das Dschaswan-Tal, in dem es viele Hühner gab, die einem Haushuhn glichen, aber meist eine einzige Farbe hatten; auch unter diesen Hühnervögeln dürften Bankivahühner zu verstehen sein.

sandulač (281a) — Schafstelze, *Motacilla flava* (= Motacilla borealis).

PdC 350 *sandulač* 'petit oiseau à peu près de la taille du rossignol, dont le mâle est vert et la femelle jaune, avec une longue queue'.

"Es gibt einen kleinen Vogel (qušqïna), der etwa so groß wie *sandulač* ist. Er hat eine wundervolle rote Färbung; auf den Flügeln sind einige schwarze Streifungen (qaralar)."

♦ Thackston liest *sanduvač* 'nightingale' anstelle von *sandulač*, das bei Räsänen 401 als eine Variante von *sanduvač* angeführt wird. Wie Beveridge (S. 501, Fn. 2) anmerkt, ist der Begriff *sandulač* in der persischen Übersetzung mit *mamūla* ergänzt, s. Steingass 1316 *mamolā* 'a wagtail (Motacilla)'. Sie identifiziert deshalb *sandulač* als die Schafstelze, s. *Sanglaḫ* 235v, 26 *sandalač* ~ *sandulač* 'a small bird, rather bigger than a nigthingale; the male is green (*sabz*) and the female yellow (*zard*); it has a long tail' (zitiert nach EDPT 837). Die langgeschwänzte Schafstelze mißt 17 cm; sie ist ein wenig größer als die Nachtigall und hat eine olivgrüne Ober- sowie eine gelbe Unterseite, unterscheidet sich jedoch nicht in den Geschlechtern.

Von Größe und Gestalt her entspricht ihr der 18 cm lange Bergmennigvogel, *Pericrocotus brevirostris*, der ein karmesinrotes, an den Flügeln schwarzgeschecktes Federkleid trägt. Beveridge hält das indische Vögelchen für den 14 cm langen Rotschwanz, *Phoenicurus ochruros*, der aber nur an Bauch und Schwanz eine orangerote Tönung hat; auf dem Rücken ist er aschgrau.

sār (280b, 281a) — Bussard, *Buteo buteo*.

PdC 334 *sār* 'milan', Scully/Birds 212 *sá* 'the name given to Buzzards, Harriers and Kites', Ross 272, Nr. 63 *sár* 'the Buzzard, *Buteo vulgaris*', usb. UzRS 378 *sår* 'saryč; kanjuk'.

Der Bussard stimmt in der Größe annähernd mit dem Warzenibis (buzak) überein; in Hindustan gibt es einen Bussard, dessen Schwanz und Rücken rot gefärbt sind.

♦ Den Warzenibis dürfte Bābur vom Körperumfang her mit dem in Zentralasien häufigen 60 cm langen Mäusebussard, *Buteo buteo* (= Buteo vulgaris) vergleichen. Bei dem als *sār* bezeichneten indischen Vogel kann es sich allerdings um keinen Bussard handeln, denn der in Hindustan heimische dunkelbraune Adlerbussard, *Buteo rufinus* ist lediglich an Kopf, Hals und Brust rötlichbraun. Offensichtlich meint Bābur hier mit *sār* den an Kopf und Bauch weißen, an Rücken und Schwanz jedoch kastanienbraunen Brahminen-Milan, *Haliastur indus*. Sein Schwanz zeigt nicht die für Milane typische Gabelung, sondern ist wie beim Bussard abgerundet.

sāras (280b) — Saruskranich, *Grus antigone* (= Ardea antigone).

Platts 624 *sāras* 'the Indian crane, *Ardea antigone*', VocIB 75 *sāras* 'the Sarus Crane (Grus antigone)'.

"Der *sāras* wird von den in Hindustan lebenden Türk *tewä turna* genannt. Er ist kleiner als der Marabu (denk), hat aber einen längeren Hals; sein Kopf ist leuchtend rot (qïpqïzïl). Die Leute halten ihn im Haus; er wird sehr zahm."

♦ Der Saruskranich ist wegen seines langen Halses in aufrechter Haltung höher als der von den Körperausmaßen her größere Marabu; hingegen reicht der Indische Riesenstorch (mānik), der zwar einen kleineren Körper, aber gleichfalls ein langen Hals hat, beinahe an die hohe Statur des Saruskranichs heran. Abgesehen von dem weißen Federscheitel ist der Kopf des Saruskranichs bis zum Hals hin von einer grellroten nackten Haut bedeckt. Weil der Saruskranich seinem Partner lebenslange Treue bewahrt, wird er allgemein geachtet und geschützt; dies hat zur Folge, daß er den Menschen gegenüber ungemein zutraulich ist.

sarïġ quš (219a) — Zwergohreule, *Otus scops* (= Scops giu).

PdC 336 *sarïġ quš* 'espèce d'oiseau de nuit', Ross 280, Nr. 95 *sarigh quš* '? the Scops Owl, *Scops giu*'.

Bei einer Jagd in den winterlichen Bergen zwischen Badschaur und Dschandol wurde ein *sarïġ quš* aufgestöbert, der zu Bāburs Überraschung dunkel (qara) gefärbt war und sogar dunkle Augen hatte.

♦ Die Passage ist im Zusammenhang mit den vorhergehenden Zeilen zu sehen, in denen Bābur konstatiert, daß in dieser Gegend die Maralhirsche (buġu-maral) sehr dunkel (qapqara) getönt sind, d.h., daß sie ebenso wie *sarïġ quš* eine andere Färbung als in seiner Heimat haben. Der Ausdruck *sarïġ quš*, wörtlich 'gelber Vogel', ist als Eulenbenennung bereits bei Muhenna 176 mit 'al-būm' *sārū quš* belegt. Beveridge (S. 373, Fn. 4) verbindet *sarïġ quš* mit Ross 266, Nr. 39 *sarigh quš* '?the Yellow Crane'; ein Kranich läßt sich jedoch nicht mit dem Kontext vereinbaren, denn er ist kein Waldbewohner, und seine Augen dominieren nicht die Gesichtspartie. Thackston identifiziert *sarïġ quš* gleichfalls nicht als Eulenvogel; er übersetzt die Stelle mit 'a yellow-bird was felled, and it too was black'.

Mit *sarïġ quš* ist vermutlich die in Zentralasien weitverbreitete Zwergohreule gemeint, die ein rostgelbes, von schwarzen, braunen und weißen Sprenkeln durchzogenes Gefieder hat. Da die rötlichgelbe Färbung meist überwiegt, wird der Vogel als gelb wahrgenommen. Bei Bāburs *sarïġ quš* dürfte es sich um die der Zwergohreule sehr ähnliche und mitunter zu *Otus scops* gezählte Spezies *Otus sunia* handeln. Sie kommt auch in einer dunklen Phase vor, bei der die hellen Tönungen auf ein Minimum reduziert sind; *Otus scops* hat eine goldgelbe, *Otus sunia* hingegen eine dunkelbraune Iris.

sïčqan (135b, 240b, 277a) — Maus.

PdC 365 *sïčġan* 'souris', usb. UzRS 373 *sičqån* 'myš''; gtü.

Bei einem Ausflug nach Istalif wurde in der Nähe der Chwadscha Seyaran-Quelle eine große Schlange (yïlan) getötet. Sie hatte kurz zuvor eine dünnere und etwas kleinere Schlange verschlungen, in deren Bauch eine große, noch völlig unversehrte Maus war. Eine Maus, die nach Moschus riecht und deshalb *mūš-i miškīn* genannt wird, soll in Nidschrao vorkommen. In Hindustan gibt es eine Maus, die ständig an den Bäumen hinauf- und hinunterläuft; sie heißt *gilāhrī*.

♦ Unter *mūš-i miškīn* ist die Braune Moschusspitzmaus, *Suncus murinus* (= Sorex caerulescens) zu verstehen; mit *gilāhrī* wird das Palmenhörnchen, *Funambulus palmarum* (= Sciurus palmarum) bezeichnet.

siyah-sār (281b, 282a) — Leistenkrokodil, *Crocodylus porosus*.

Steingass 714 *siyāh-sār* 'a crocodile'.

"Das Leistenkrokodil ähnelt dem Wüstenwaran (käläs) und ist in allen Flüssen Hindustans zu finden. Ein Tier wurde eingefangen und mir gebracht; es war vier bis fünf *qarï* [2,4–3 m] lang und etwa so dick wie ein Schaf (qoy). Angeblich wird es aber noch größer. Seine Schnauze ist über ein halbes *qarï* [ca. 30 cm] lang; im Ober- und Unterkiefer befinden sich ganz schmale Reihen von kleinen Zähnen. Es verläßt das Wasser und legt sich an morastigen Stellen nieder."

♦ Der Name *siyah-sār*, wörtlich 'Schwarzkopf', bezieht sich auf die dunkelolivgrünen oder schwarzen Hornplatten, mit denen der Kopf des bis zu 10 m langen Leistenkrokodils gepanzert ist.

sona-borčin (281a) — Stockente, *Anas platyrhynchos* (= Anas boschas).

PdC 362 *sona-borčin* 'espèce de canard'.

Größer als *sona-borčin* ist die Fleckschnabelente (ġarm-pāy); bei ihr haben Männchen (nar) und Weibchen (māda) jedoch dieselbe Farbe.

♦ Das Hendiadyoin *sona-borčin* setzt sich aus den für die wilde Ente gebräuchlichen geschlechtsspezifischen Bezeichnungen zusammen und benennt die weitverbreitete Stockente; wie *buġu-maral* erfaßt der Ausdruck die Art als Gesamtheit. Wahrscheinlich ist *sona-borčin* eine Entlehnung aus dem Mongolischen, s. mong. *borcin sono* 'Entenart' (Schönig 74 s.v. *borǰin*). Mit *sona* wird der Erpel benannt, s. PdC 362 *sona* 'canard mâle', Ross 291, Nr. 147 *sona urdak* 'the Mallard, *Anas boschas*', usb. UzRS 393 *sona* 'dikaja utka'. Die weibliche Stockente heißt *borčin*, s. PdC 165 *borčin* 'femelle du canard' sowie mong. *borǰin* 'wilde Ente (Weibchen)' (Schönig 74–75 s.v. *borǰin*). Männchen und Weibchen der 58 cm langen Stockente sind unterschiedlich gefärbt; die Fleckschnabelente ist etwa 5 cm länger als die Stockente.

šabpara (135a, 281a) — Fledermaus.

Steingass 730 *shab-para* 'a bat', usb. UzRS 532 *šabparak* 'letučnaja myš''.

Den Flugfuchs (čamgiddar), einen 30 cm langen Verwandten der zierlichen Fledermaus, beschreibt Bābur als *uluġ šabpara* 'große Fledermaus'; die zwischen den Vorder- und Hintergliedmaßen der Flughörnchen (rūbah-i parān) ausgespannte behaarte Haut vergleicht er mit der Flughaut des Fledermausflügels.

♦ Bei den älteren Autoren wird die Fledermaus zu den *ṭuyūr*, den Vögeln oder geflügelten Dingen, gezählt, und auch Bābur ist dieser Vorstellung verhaftet, denn er führt den Flugfuchs, dessen Vordergliedmaßen wie bei der Fledermaus zu Flügeln umgebildet sind, unter den indischen Vögeln an.

šaġāl (277b) — Goldschakal, *Canis aureus*.

Steingass 747 *shaghāl* 'a jackal', usb. UzRS 538 *šaġål* 'gal'ka; šakal'.

In den Dschungeln Hindustans wimmelt es von Goldschakalen; da der Dschungel auch der Lebensbereich des Pfaus (ṭāūs) ist, wirft Bābur die Frage auf, wie ein Vogel, der einen solch langen Schwanz hat und lediglich unbeholfen fliegt, seinen Standort wechseln kann, ohne von den Schakalen angefallen zu werden.

♦ Der Schakal ist meist dämmerungs- oder nachtaktiv, so daß sich wenig Berührungspunkte mit dem Pfau ergeben; außerdem reißt er im allgemeinen nur Kleintiere. Dem Pfau dürfte zugute kommen, daß er sehr schnell rennen kann.

šāhmurġ (281a) — Glanzente, *Sarkidiornis melanonotos*.

"Die *šāhmurġ* genannte Ente ist kleiner als eine Gans (qaz); auf dem Schnabel hat sie einen Höcker. Ihre Brust ist weiß und der Rücken schwarz; ihr Fleisch eignet sich ausgezeichnet zum Verzehr."

♦ Bābur vermittelt die Ausmaße der 65 cm langen Glanzente anhand der 10 cm größeren Wildgans und macht damit indirekt deutlich, daß die Glanzente mehr einer Gans als einer Ente ähnelt. Sie hat unterseits ein weißes, auf dem Rücken ein grün- oder blauglänzendes schwarzes Gefieder; ihr charakteristisches Merkmal ist die schwarze fleischige Verdickung am Schnabelansatz, auf die sich *šāhmurġ*, wörtlich 'Hornvogel', bezieht.

šām (279b) — Schwarzfasan, *Gennaeus leucomelanos*.

"Der Schwarzfasan ist so groß wie das Haushuhn (üy tawuġï); seine Farben sind ohnegleichen (ġayr mukarrar). Man findet ihn in den Bergen von Badschaur."

♦ Beveridge (S. 497, Fn. 4) hält *šām* für das Bankivahuhn, *Gallus gallus* (= Gallus ferrugineus), das Bābur jedoch mit *ṣaḥrā'ī tawuq* anführt; außerdem läßt sich die Färbung des Bankivahahns kaum als einzigartig bezeichnen. Der einschließlich Schwanz 60 cm lange Schwarzfasanenhahn zeigt hingegen eine für Hühnervögel ungewöhnliche Tönung. Er trägt ein schwarzes Federkleid, das partiell purpurblau, stahlblau, grün oder bräunlich schillert, sowie einen weißen Federschopf; seine Augen sind von einem breiten karmesinroten Hautstreifen umgeben. Die Henne hat nur ein schlichtes rötlichbraunes Gefieder mit dunklen und hellen Sprenkeln. Vermutlich ist *šām*, wörtlich 'der Schwarze', ein in Badschaur gebräuchlicher Ausdruck; in Hindustan wird der Schwarzfasan nach FBrI V: 320 mit *kalij* bezeichnet, das sich von *kālā* 'schwarz' herleiten dürfte.

šārak (141a, 278a-b) — Maina.

Steingass 723 *shārak* 'a species of talking-bird; a grackle', Platts 717 *shārak* 'a starling; a *mainā*'.

Die Maina kommt oft in Laghman vor; weiter südlich und in ganz Hindustan ist sie in großen Mengen verbreitet. Es gibt sehr viele Arten; die in Laghman häufige Art hat einen schwarzen Kopf, gescheckte Flügel und einen Körper, der etwas größer und dicker als der des gemeinen Stars (čuġurčuq) ist; man kann ihr Wörter beibringen. Als Bābur im Jahre 1527 während seines Feldzugs gegen die Afghan eine Brücke über den Ganges schlagen ließ, wurde bei Laknau und Oudh erstmals eine Maina mit weißer Brust, gescheckten Kopf und schwarzem Rücken gesehen; diese Art kann man nicht das Sprechen lehren.

♦ Von der muslimischen Bevölkerung Indiens werden diverse Vertreter aus der Familie der Sturniden mit *mainā* bezeichnet (Balfour II: 1029 s.v. *myna*), s. usb. UzRS 247 *mayna* 'skvorec indijskij'; die Mainas oder *šārak* sind kräftige, gedrungene Stare mit abgerundetem Schwanz. Mit der in Laghman zahlreich vertretenen Art meint Bābur den 25 cm langen Hirtenstar, *Acridotheres tristis*; sein Kopf ist schwarz, und seine dunkelbraunen Flügel haben am Ansatz einen großen weißen Fleck. Er läßt sich leicht zähmen und lernt sehr schnell, Wörter und ganze Sätze nachzuplappern. Sowohl Beveridge wie Thackston identifizieren diese Maina als den 19–20 cm langen Himalaya-Star, *Sturnus humii*, der aber – abgesehen von einigen feinen gelblichen Sprenkeln – völlig schwarz und zudem kleiner als der 22 cm lange gemeine Star ist. Bei der unweit von Laknau und Oudh gesichteten Maina handelt es sich um den Elsterstar, *Sturnus contra* (= Sturnopastor contra), der heutzutage in dieser Region überall vorkommt. Der Elsterstar hat an Kopf, Flügeln und Schwanz eine schwarzweiße Scheckung; Brust und Bauch sind weiß, der Rücken ist schwarz. Bābur hielt vermutlich das plötzliche Auftauchen der weißgezeichneten Mainas für ein glückverheißendes Omen; tatsächlich konnte er anschließend die Afghan in die Flucht schlagen.

šer (164a, 364a–b) — Löwe, *Panthera leo*.

Steingass 772 *sher* 'a lion; a tiger', Platts 739 sher 'a tiger; a lion', Blanford 56 *sher* 'the Lion, *Felis leo*', usb. UzRS 539 *šer* 'lev'.

Als Bābur 1529 in der Nähe von Tschunar kampierte, erfuhr er, daß sich in einem unweit des Lagers an einer Ganges-Schleife gelegenen Dschungel Nashörner (karg) und Löwen aufhalten sollten. Eine daraufhin angesetzte Treibjagd blieb jedoch erfolglos, denn man konnte weder Nashörner noch Löwen aufstöbern. Über Sulṭān Ḥusayn Mīrzā berichtet Bābur, daß er die Statur eines Löwen hatte und abwärts der Taille schmal war.

♦ Bābur unterscheidet sehr genau zwischen *šer* 'Löwe' und *babr* 'Tiger'; gleichwohl übersetzt Beveridge *šer* im Hindustan-Teil des *Bābur-nāme* mit 'tiger', weil sie offenbar das Vorkommen von Löwen im Ganges-Gebiet ausschließt. Der Löwe bewohnt zwar vornehmlich Wüstenstriche, mitunter aber auch den Dschungel, d.h. den Bereich des Tigers. Noch um die Mitte des 19. Jahrhunderts gab es zahlreiche Löwen in Gwalior sowie beidseits des Ganges; seit Beginn des 20. Jahrhunderts ist der Lebensraum des Löwen in Indien auf die Kathiawar-Halbinsel beschränkt.

šer-i ābī (281b) — Sumpfkrokodil, *Crocodylus palustris*.

Steingass 772 *sheri ābī* 'an alligator', Platts 739 *sher-ĕ-ābī* 'Lion of the water; an alligator'.

"Das Sumpfkrokodil kommt in langsam fließenden Gewässern vor; es ähnelt dem Wüstenwaran (käläs). Man erzählt, daß es Menschen und sogar Büffel (gāvmeš) wegschleppt."

♦ Den auf die Gefährlichkeit des Sumpfkrokodils verweisenden Namen *šer-i ābī* übersetzt Beveridge mit 'water-tiger'; die Komponente *šer* dürfte jedoch auch hier die Bedeutung 'Löwe' haben.

šiqrāq (281b) — Blauracke, *Coracias garrulus*.

Steingass 750 *shiqrāq* 'a green magpie'.

"Es gibt einen Vogel wie *šiqrāq*, der sich an Bäume klammert und daran hochläuft. Er hat etwa die Größe von *šiqrāq* und ist grün wie ein Papagei (ṭūṭī)."

♦ Mit *šiqrāq* meint Bābur die in Afrika und Europa sowie von Westasien bis zum Pandschab hin verbreitete 28 cm lange Blauracke, deren Federkleid ein wundervolles Blaugrün zeigt; zu *šiqrāq* s. auch Schapka 157, Nr. 497. Beveridge definiert *šiqrāq* als die 38 cm lange grüne Jagdelster, *Cissa chinensis*, die zwar zur selben Familie wie die Blauracke gehört, aber in Bengalen sowie weiter östlich beheimatet ist. Der *šiqrāq*-artige Vogel könnte der etwa 30 cm lange Netzbauchspecht, *Picus vittatus* (= Gecinus striolatus) sein, der ein grasgrünes, an der Unterseite gesprenkeltes Gefieder hat.

šunqar (6b, 96b) — Gerfalke, *Falco rusticolus* (= Falco gyrfalco).

PdC 378 *šunqar* 'faucon, proprement le gerfaut', Scully/Birds 212 *shunqár* 'the Shunkar Falcon, *Falco Hendersoni*', ba. BRS 660 šoṅqar, kirg. KiRS 913 *šunqar*, usb. UzRS 549 *šunqår*, nuig. URL 551 *šuṅqar* 'krečet'.

Bābur umschreibt den Tod seines Großvaters Yūnus H̱ān sowie seines Vaters ʿUmar Šayḫ Mīrzā metaphorisch mit *šunqar boldï* 'er wurde ein Gerfalke'.

♦ Die bei den Völkern Zentralasiens verbreitete Vorstellung, daß die Seele nach dem Tod die Gestalt eines Vogels annimmt, ist bereits in den Orchon-Inschriften dokumentiert, denn 'sterben' wird dort mit *učmaq* 'fliegen' umschrieben (Roux 26–27). Im Tschaghataischen steht *šunqar boldï* für den Tod eines Herrschers, s. *Sanglaḫ* 259v, 19 *šunqar* 'a hunting bird of the hawk species, which is long-lived, also called *šunqur*, also used of the deaths of emperors and kings …' (zitiert nach EDPT 839). Die Verwandlung in einen *šunqar* entspricht der Stellung, die der Tote im Leben innegehabt hat, denn der Gerfalke wird als König der Falken angesehen, s. Muhenna 175 'malik al-buzāt' *sunqur*. Bābur verbindet *šunqar boldï* allerdings nicht mit dem Tod eines jeden Herrschers, sondern nur mit dem Hinscheiden von Yūnus H̱ān und ʿUmar Šayḫ Mīrzā. Der Gerfalke, der in einer dunklen und in einer hellen Phase vorkommt, ist der größte Edelfalke. Den Winter verbringt er in Zentralasien, aber seine Brutgebiete liegen im hohen Norden. Nach TMEN I: 237 ist *suṅqur* ~ *šunqar* ein altes Wanderwort, das vermutlich aus dem Mongolischen ins Türkische entlehnt wurde; s. auch Schönig 166 s.v. *singqor*.

ṭāūs (141a, 260b, 277a–b, 353a) — Pfau, *Pavo cristatus*.

Steingass 807 *ṭāūs* 'a peacock', usb. UzRS 439 *tåwus* 'pavlin'.

"Der Pfau ist ein farbenprächtiges und reichgeschmücktes Tier, dessen Gestalt jedoch keineswegs Färbung und Schönheit gleichkommt. Sein Körper ist etwa so groß wie der des Kranichs (turna), aber der Pfau hat nicht dessen hohe Statur. Auf dem Kopf von Hahn (nar) und Henne (māda) befinden sich 20 bis 30 Federn, die zwei bis drei *elig* [ca. 5–7,5 cm] in die Höhe ragen. Die Pfauenhenne zeichnet sich weder durch Farbigkeit noch durch Schönheit aus. Den Kopf des Hahns umschließt ein irisierendes Band; der Hals zeigt ein wunderbares Blau. Unterhalb des Halses ist der Rücken in gelben, papageiengrünen, blauen und veilchenfarbenen Tönen bemalt. Die Blumen auf dem Rücken sind nur sehr klein, die Blumen unterhalb des Rückens bis zum Schwanzende hin aber sehr groß und in denselben Farben gemalt; der Schwanz einiger Pfauen wird ein *qulač* [ca. 90 cm] lang. Unter den geblümten Federn hat der Pfau einen kürzeren Schwanz wie andere Vögel auch; dieser eigentliche Schwanz und die Flügel sind rot. Der Pfau kommt in Badschaur und Swat sowie weiter südlich vor, nicht jedoch in Kunur und Laghman oder an irgendeiner Stelle oberhalb davon. Er fliegt wie der Fasan (qïrġawul), aber wesentlicher kraftloser, denn er schafft nur ein oder zwei kurze Flüge. Wegen seines mangelnden Flugvermögens sucht er Dickichte auf; dies ist merkwürdig, denn in den Dickichten, in denen der Pfau sich aufhält, gibt es sehr viele Schakale (šaġāl). Wie kann er mit seinem ein *qulač* langen Schwanz von Dickicht zu Dickicht wechseln, ohne den Schakalen zur Beute zu fallen? Die Hindustani nennen den Pfau *mor*. Nach der Lehrmeinung von Imām Abū Ḥanīfa ist der Verzehr von Pfauenfleisch erlaubt; es schmeckt nicht schlecht, etwa wie das Fleisch des Halsbandfrankolins (durrāj), wird aber wie Kamelfleisch mit einem unwillkürlichen Widerstreben gegessen."

Bābur berichtet, daß es im Dschaswan-Tal, das er bei seinem Einmarsch in Hindustan passiert hat, außerhalb der Siedlungen sehr viele Pfauen gibt. An anderer Stelle schildert er ein Kunststück, das Akrobaten während eines Festes in Agra vorgeführt haben; sie imitierten die Haltung eines radschlagenden Pfaus, wobei sie sich mit einer Hand auf den Boden stützten, die andere Hand sowie beide Beine nach oben spreizten und dann drei Ringe um Hand und Füße wirbeln ließen.

♦ Der Pfau entspricht in den Körperausmaßen dem Kranich, nicht aber in der Statur, da er weder den langen Hals noch die hohen Beine eines Kranichs hat; der Kranich erreicht in aufrechter Haltung eine Höhe von 90–120 cm. Sowohl Hahn wie Henne tragen auf dem Kopf eine Aigrette von 24 aufgerichteten Federn; von dem graubraungetönten Weibchen unterscheidet sich das Männchen durch sein farbenprächtiges Federkleid und die lange Schwanzschleppe. Unterhalb der Augenpartie ist ein metallisch glänzender grünblauer Federring, von dem sich die tiefblaue Färbung des Halses und der Brust abhebt. Rücken und Schwanzdeckfedern schimmern goldgrün; die verlängerten Schwanzdeckfedern haben an den Spitzen leuchtendblaue augenförmige Flecke mit violetter, kupferfarbener und grüner Umrahmung, die Bābur als Blumen beschreibt. Der unter den verlängerten Deckfedern liegende eigentliche Schwanz sowie die äußeren Schwungfedern der Flügel sind kastanienbraun.

Die Länge der Schwanzschleppe wird von Bābur mit einem *qulač* angegeben; in Entsprechung zu Zenker 720 *qulač* 'so viel als man mit beiden Armen in die Länge erspannt' setzt Beveridge ein *qulač* mit 'the length of a man's extended arms' gleich, Thackston mit 'as long as a human being'. Die Länge der Schwanzschleppe beträgt demnach ca. 180 cm; dies ist insofern unmöglich, als der Pfau nur eine Gesamtlänge von 183–228 cm erreicht. Bāburs Angabe kommt jedoch den tatsächlichen Ausmaßen der Schwanzschleppe (90–120 cm) nahe, wenn man den in der östlichen Turcia verbindlichen Wert des *qulač*, nämlich ca. 90 cm ansetzt, s. Zenker 720 *qulač* (osttürkisch) 'so viel sich ein Bogen spannen läßt'. Bei Gefahr verläßt sich der Pfau vor allem auf seine Beine, denn trotz des langen Schwanzes ist er ein ausgezeichneter Renner. Der wilde Pfau, insbesondere der junge Vogel, liefert ein erstaunlich schmackhaftes Wildpret.

tawuq (49a, 135a, 165a, 187a, 260b, 279b) — Haushuhn.

PdC 211 *tawuġ* 'poule', usb. UzRS 439 *tåwuq* 'kurica'; gtü.

In der Stadt Buchara werden die Hühner gemästet; ebenso verfährt man während des Winters in Nidschrao. Bei einem Weingelage im Feldlager der Mīrzās von Herat gab es am Spieß geröstetes Hühnerfleisch. Wie Bābur erwähnt, war Sulṭān Ḥusayn Mīrzā ein Freund von Hahnenkämpfen. Vom domestizierten Huhn unterscheidet sich das wilde Huhn vor allem darin, daß es nicht alle Farben des Haushuhns hat; als Bābur beim fünften Hindustan-Feldzug durch das Dschaswan-Tal zog, bemerkte er außerhalb der Siedlungen viele Hühner, die genau wie Haushühner aussahen, jedoch vorwiegend von einer Farbe waren. Das Schwarzkopf-Satyrhuhn (pulpaykār) stimmt mit dem Haushuhn (üy tawuġï) in der Gestalt überein und hat auch dessen Farben; der Schwarzfasan (šām) ist etwa so groß wie das Haushuhn, aber von einzigartiger Färbung.

♦ Mit *tawuq* bzw. *üy tawuġï* benennt Bābur generell das Haushuhn, im Zusammenhang mit Sulṭān Ḥusayn Mīrzās Hobby jedoch den Haushahn (tawuq ham urušqa salur edi). Ansonsten benutzt er *tawuq* nur noch für das Bankivahuhn, das er in seiner Beschreibung der indischen Fauna als *ṣaḥrā'ī tawuq* 'wildes Huhn' anführt. Unter den Hühnern des Dschaswan-Tales sind vermutlich Bankivahühner zu verstehen, weil der Bankivahahn sich außerhalb der Balzzeit farblich kaum von der Henne unterscheidet. Wenn Bābur von den Farben des Haushuhns spricht, meint er nicht bestimmte Tönungen, sondern die unterschiedliche Färbung von Hahn und Henne. Im Gegensatz zur meist einfarbigen Henne trägt der Haushahn lange bunte Schmuckfedern, die er auch nach der Balz beibehält, während der Bankivahahn sie verliert.

tawušqan (4a, 5a, 71a, 306a) — Hase.

PdC 210 *tawušqan* 'lièvre', ttü. Stw 906 *tavşan* 'Hase, Lepus', as. ARS 135 *dovšan*, tkm. TuRS 636 *tovšan*, kkp. KkRS 627 *tawšan*, nuig. URL 316 *tošqan*, jak. DSJaJa 233 *tabïsxaan* 'zajac'.

Viele Hasen gibt es in den Jagdgründen von Chodschent, in den Dschungeln auf der Andischan-Seite des Syr-Darja, wo sie besonders fett sind, und in den verstreut liegenden Dickichten in der Nähe des Ilamisch. Bābur bevorzugte die Küche seiner Heimat und ließ sich deshalb in Agra nur selten ein indisches Gericht servieren. Als sich einmal eine solche Gelegenheit ergab, versuchte man, Bābur zu vergiften. Da er bereits größere Mengen geschmortes Hasenfleisch gegessen hatte, nahm er nur einige Bissen von der vergifteten indischen Speise zu sich; er mußte sich zwar mehrfach übergeben, kam aber mit dem Leben davon.

♦ Der Hasen-Name *tawušqan* wurde bei vielen Türkvölkern durch den erstmals im 13. Jahrhundert belegbaren Ausdruck *qoyan* ersetzt, s. usb. UzRS 628 *quyån* 'zajac; krolik'.

tewä (17a, 42a, 57a, 81b, 124b, 147b, 149a, 153b, 160b, 195b, 212a, 221a, 222b, 231b, 260a, 275a, 277b, 311b, 338a, 350b, 352a, 354b, 363b, 366b) — Kamel.

PdC 269 *tewä* 'chameau', usb. UzRS 420 *tewa* 'verbljud'; gtü.

Im Jahre 1506 war Bābur bei seinen Verwandten in Herat zu Besuch. Auf dem Rückweg nach Kabul geriet er in den schroffen Hazara-Bergen in einen furchtbaren Schneesturm; tagelang kämpfte er sich mit seinen Männern bei klirrender Kälte durch ungeheure Schneemassen. Es grenzte für Bābur nahezu an ein Wunder, daß die Lastkamele diese gefahrenreiche Strecke bewältigen konnten; seines Erachtens wären sie ohne den tiefen Schnee schon am ersten Steilhang steckengeblieben. Eine solche Erfahrung hatte Bābur beim Aufstieg zum Sary Tag-Paß gemacht, wo er gezwungen war, bereits auf den schmalen und abschüssigen Straßen des Kumrud-Tals viele Kamele zurückzulassen.

Während des ersten Pandschab-Vorstoßes (1505) überstanden die Lastkamele den über einen unwegsamen Steilhang und durch einen langen Engpaß führenden Gewaltmarsch von Thal nach Bannu zwar erschöpft, aber unbeschadet. Nach der Unterwerfung von Bannu beschloß Bābur, auch in Dascht einzufallen; es verging eine ganze Nacht und ein Vormittag, bevor alle Tragtiere einschließlich der Kamele in dem zwischen Bannu und Dascht aufgeschlagenen Lager eingetroffen waren. Als die Truppen nach Kabul zurückkehrten, stießen sie auf einen von den Frühjahrsregen stark angeschwollenen Gießbach, den die Kamele durchschwimmen mußten.

Bei der ersten Indus-Überschreitung 1519 wurden die Tragkamele an einer Furt über den Indus geführt; nachdem der Sohan überquert war, ordnete Bābur eine Zählung der im Lager vorhandenen Kamele an, die etwa 570 Stück ergab. Anfang des Jahres 1529 brach Bābur zum Ostfeldzug auf; sowohl Pferde wie Lastkamele durchschritten auf dem Weg zum Ganges eine am Grund sehr steinige und unebene Furt im Tons. Den Platz, auf dem dann unterhalb von Tschausa das Feldlager eingerichtet wurde, hatte Bābur bereits im Jahr zuvor inspiziert. Er selbst war bei dieser Aktion über den Ganges geschwommen; einige seiner Begleiter hatten es jedoch vorgezogen, das andere Ufer auf dem Rücken von Kamelen zu erreichen.

In Kandahar wurden 1507 reihenweise (qiṭār qiṭār) Kamelhengste und -stuten (nar u māda tewälär) erbeutet; Nāṣir Mīrzā zweigte von den dort gefundenen Silbermünzen die Ladung einer Kamelreihe für sich ab. Nach der Einnahme von Malot (1526) fand im Lager ein rauschendes Fest statt, bei dem mehrere Kamelladungen Ghasni-Weine konsumiert wurden. Vor der Schlacht von Kanua (1527) traf Bābā Dost mit drei Kamelreihen ein, beladen mit exzellenten Weinen aus Ghasni; er war eigens nach Kabul geschickt worden, um die Weinvorräte im Lager zu ergänzen. Da Bābur sich plötzlich zur Einhaltung des Alkoholverbots entschloß, ließ er jeglichen im Kamp vorhandenen Wein ausschütten; die von Bābā Dost gebrachten Ghasni-Weine wurden eingesalzen und zu Essig verarbeitet. Zu den Insignien, die ʿAskarī als Kommandeur der Ostarmee zukamen, gehörte u.a. eine Kamelreihe. Der tägliche Futterbedarf von zwei Kamelreihen entspricht dem eines einzigen Elefanten.

Bei einer Attacke auf die Turkman Hazara, die in Dara-i-chusch überwinterten, schnappten sich Bāburs Soldaten ein fettes Kamel und schlachteten es. Das Fleisch wurde teils am Spieß geröstet, teils in einer Wasserkanne gekocht. Wie Bābur anmerkt, hatten sie noch nie so gutes Kamelfleisch gegessen; einige seiner Mannen konnten es nicht von Hammelfleisch (qoy eti) unterscheiden. An anderer Stelle erwähnt Bābur, daß Kamelfleisch ebenso wie das Fleisch des Pfaus (ṭāūs) von vielen Leuten mit einem gewissen Widerwillen verzehrt wird. Auf eine intensive Kamelzucht läßt Bāburs Angabe schließen, daß Walī Beg den Zardak Tschul etwa 3 000 Kamele geraubt hat.

♦ Bābur bezeichnet mit *tewä* sowohl das zweihöckrige Trampeltier, *Camelus ferus bactrianus* wie das einhöckrige Dromedar, *Camelus dromedarius*. Das vorwiegend in Zentralasien verbreitete Trampeltier ist empfindlich gegen Hitze, verträgt jedoch sehr tiefe Temperaturen, weil es von seinem dichten, langen Fell vor der Kälte geschützt wird. Trampeltiere können mühelos hohe Berge erklimmen – im Gegensatz zu den Dromedaren, die schlecht klettern und deshalb im Gebirge nur begrenzt einsetzbar sind. Dromedare werden vor allem im südlichen Asien gehalten, denn sie brauchen zu ihrem Wohlbefinden ein gemäßigtes oder warmes Klima. Kamele sind als Tragtiere unentbehrlich, da sie selbst unter extremen Bedingungen ihre Aufgabe erfüllen. Bei Feldzügen werden sie im Troß mitgeführt, der sich im Vergleich zur berittenen Truppe nur langsam fortbewegt. Die Lastkamele gehen in einer Reihe (qiṭār), die aus fünf bis sieben durch Nasenriemen verbundenen Tieren besteht. Mit *qiṭār* wird zum einen eine bestimmte Menge von Kamelen beziffert, zum andern der Umfang der Ladung angezeigt.

Das Kamel verfügt über eine beachtliche Aggressivität, die es offenbar selbst vor Elefanten nicht zurückschrecken läßt. Während eines großen Festes im *Čār-bāġ* von Agra fanden zur Unterhaltung der Gäste auf einer gegenüberliegenden Insel Schaukämpfe statt, bei denen auch wütende Kamele und Elefanten aufeinander gehetzt wurden. Beveridge merkt dazu an, daß die Tiere vermutlich durch *bhang* oder eine andere aufreizende Droge in Wut versetzt worden waren (S. 631, Fn. 7). Falls dies zutreffen sollte, kann es sich kaum um das Aggressionen abbauende Haschisch gehandelt haben, sondern eher um Stechapfelsamen, die in höherer Dosierung Wutanfälle hervorrufen. Das Verhalten der Tiere läßt sich aber auch einfacher erklären; das Fest fand am 18. Dezember 1528 statt, d.h. kurz vor der Brunftzeit der Kamele und damit zu einem Zeitpunkt, an dem die Kamelhengste in äußerst gereizter Stimmung sind. Sie gehen dann auf jeden vermeintlichen Gegner los und attackieren ihn mit Bissen, worauf ein Elefant ebenso wütend reagiert, da er zwar eine dicke, aber sehr tastempfindliche Haut hat.

tewä turna (280b) — Saruskranich, *Grus antigone*.

Die in Hindustan ansässigen Türk gebrauchen für den Saruskranich (sāras) die Benennung *tewä turna* 'Kamelkranich'.

♦ Das Kamel symbolisiert physische Größe; es verweist auf die imposante Statur und den langen Hals des Saruskranichs, der mit einer Höhe von bis zu 150 cm die größte Kranichspezies ist.

tonguz (71a, 133b) — Schwein.

PdC 249 *toṅuz* 'porc', usb. UzRS 465 *tonġiz* 'svinja; kaban'; gtü.

Die Dschungel entlang des Ilamisch, in dessen Nähe Bābur im Winter 1499/1500 Quartier bezogen hatte, sind gute Jagdgründe, in denen es zahllose Wildschweine gibt. Mit kaum verhohlenem Widerwillen berichtet Bābur, daß die Einwohner von Dara-i Nur früher Schweine hielten. Er fügt hinzu, daß sie zu seiner Zeit – d.h. vermutlich auf seine Anordnung hin – dies jedoch aufgegeben haben.

♦ Die Pirsch auf Keiler war gefährlich und eine Herausforderung für den Jäger; sie wurde aber nicht aus Nahrungsgründen betrieben, denn der Koran verbietet den Genuß von Schweinefleisch. Bei vielen Türkvölkern wurde aus Tabugründen das schon *Irk Bitig* 6 belegte *tonguz* durch *čočqa* ersetzt.

topïčaq (21a–b, 42a, 149b, 190a, 191a, 211a, 212a, 225b, 237a, 276a, 296b, 297a, 309a, 350b, 367b, 376a, 377a, 382a) — ein Rennpferd.

PdC 221 *topčaq* 'cheval gras, aux larges flancs; cheval dont la robe est de plusieurs couleurs', usb. UzRS 461 *tobičåq* 'skakun'.

Bābur vermerkt, daß Aḥmad Ḥājī, ein Emir seines Onkels Sulṭān Aḥmad Mīrzā, exzellente *topïčaq* gehalten und geritten hat, und zwar meist aus eigener Zucht; auch Bad'ī'uz-zamān Mīrzā, ein Verwandter Bāburs, hatte unzählige *topïčaq*. Außerdem erwähnt Bābur, daß nach der Einnahme von Kandahar (1507) eine große Menge vorzüglicher *topïčaq* erbeutet wurde. Den geschlagenen Šāh Šujā' Arġūn sah er auf einem grauen *topïčaq* unentschlossen an den Bergsäumen hin und her reiten; einige Jahre später schickte Šāh Šujā' Arġūn ein *topïčaq*-Pferd nach Kabul, um Bābur seine Ehrerbietung zu bezeugen. Als Bāburs Truppen während des ersten Hindustan-Vorstoßes (1505) die durch die Dascht-Region ziehenden Afghan-Kaufleute ausraubten, fielen ihnen viele *topïčaq* in die Hände. Nach der ersten Indus-Überschreitung im Jahre 1519 eilten die in Bhera und Chuschab ansässigen Baloschi herbei und brachten Bābur als Zeichen der Unterwerfung einen mandelblütenfarbenen *topïčaq*. Anläßlich seines Besuchs in Herat erhielt Bābur sowohl von Bad'ī'uz-zamān Mīrzā wie von Muẓaffar Mīrzā einen *topïčaq*, von Muẓaffar Mīrzā jedoch einen grauen *topïčaq*. Nach der Eroberung von Agra schenkte er seinem Sohn

Humāyūn einen *topïčaq* mit einem vergoldeten Sattel; ʿAskarī wurde bei der Ernennung zum Kommandeur der Ostarmee mit einer *ṭavīla* von *topïčaq* bedacht. Verdienten Männern wie Muḥammad-i-zamān Mīrza, Aīsān-tīmūr Sulṭān, Tūẖta-būġā Sulṭān, Šāh Muḥammad und Ismāʿīl J̌alwānī übertrug Bābur nicht nur Ländereien, sondern stattete sie zudem mit *topïčaq* aus. Ustād ʿAlī-qulī, der einen großen Mörser gegossen hatte, aus dem die Steinkugeln 1 600 Schritt weit geschleudert wurden, bekam als Zeichen der Anerkennung gleichfalls einen *topïčaq*.

♦ Bei einem *topïčaq* handelt es sich um ein zentralasiatisches Rassepferd, eventuell um das noch heute in Samarkand und den östlich davon gelegenen Gebieten gezüchtete Kokand-Pferd. Es hat eine hohe, kräftige Statur und zeichnet sich durch ungewöhnliche Schnelligkeit sowie enorme Belastbarkeit aus. Bereits die chinesischen Kaiser der Han-Zeit sollen keine Mühe gescheut haben, um in den Besitz der 'blutschwitzenden' Pferde von Fergana (= Kokand) zu kommen; in dem auf das Ende des 14. Jahrhunderts datierten Chinesisch-uigurischen Wörterbuch wird der Begriff *tobïčaq* mit 'ein großes Pferd aus dem Westen' erläutert (WB III: 1233). Ein grauer *topïčaq*, d.h. ein Eisenschimmel, war hochrangigen Personen vorbehalten, denn Bābur hebt hervor, daß er von einem seiner Herater Verwandten einen *boz topïčaq* zum Geschenk erhielt und daß er Šāh Šujāʿ Arġūn nach der Eroberung von Kandahar auf einem *boz topïčaq* gesehen hat. Der Besitz von *topïčaq* erhöhte das Ansehen; dies ergibt sich auch daraus, daß Bābur *topïčaq* vornehmlich im Zusammenhang mit Gunsterweisen erwähnt. Dem Rang von ʿAskarī entsprach eine aus sechs bis acht *topïčaq* bestehende *ṭavīla*. Unter einem mandelblütenfarbenen *topïčaq* ist vermutlich ein Schimmel zu verstehen, der in Analogie zur weißen, mit einem rosigen Schimmer überzogenen Mandelblüte ein reinweißes Fell und eine rötliche Haut hat; die Schimmelfarbe gilt zudem als glückverheißend.

toqlï (276b) — ein sechs Monate bis ein Jahr altes Lamm.

Nog. NRS 355 *toqlï* 'godovalyj jagnënok', usb. UzRS 468 *toqli* 'barašek, jarka'; gtü.

Eine an den Bergrändern Hindustans vorkommende kleinere Antilope (käyik) ist etwa so groß wie das einjährige Lamm (bir yïllïq toqlï) des Steppenschafes (arqarġalča).

♦ Bei PdC 237 ist *toġlï* mit 'agneau de trois mois' definiert; Lämmer, die noch gesäugt werden, d.h. Lämmer unter sechs Monaten, heißen jedoch generell *qozï*. Im Alter von einem Jahr ist ein *toqlï* sehr viel größer als mit sechs Monaten, da ein der Milch entwöhntes Lamm selbständig weidet und folglich schnell an Gewicht zunimmt. Die Altersangabe *bir yïllïq* vermittelt deshalb eine genaue Vorstellung von der Größe des indischen *käyik*, bei dem es sich um die Indische Gazelle, *Gazella bennetti* handeln dürfte, die lediglich eine Schulterhöhe von 65 cm erreicht.

tuġdāq (280a) — Großtrappe, *Otis tarda.*

PdC 236 *tuġdāq* 'espèce d'outarde', ba. BRS 546 *tuġazaq*, kum. KuRS 129 *duwadaq*, usb. UzRS 448 *tuwalåq* ~ 461 *tuġdåq* 'drofa', kirg. KiRS 749 *toodaq* 'drofa, dudak', chak. XRS 230 *todax* 'drofa (stepnaja ptica)'.

Die Großtrappe hat dieselben gewaltigen Körperausmaße wie die Hindutrappe (ḫarčal), die nach Bāburs Meinung Hindustans *tuġdāq* zu sein scheint.

♦ Die in Zentralasien häufige Großtrappe hat gleich der Hindutrappe einen weißlichen Bauch und eine rostfarbene Oberseite mit schwarzem Wellenmuster. Sie trägt aber keinen Federschopf wie die Hindutrappe, sondern einen Federbart, der beidseits des Schnabels herabhängt. Von der Gestalt her ähneln Großtrappe und Hindutrappe einem jungen Strauß. Die Benennung *tuġdāq* geht vermutlich auf mong. *toodog* 'Trappe' zurück.

tuġdārī (280a) — Kragentrappe, *Chlamydotis undulata* (= Otis houbara).

Steingass 311 *tughdarī* 'a bustard', afgh. AfRS 241 *təġdarí* 'džek, drofa-vixljaj'.

Die Kragentrappe ist größer als die Flaggentrappe (čarz), deren Hahn (nar) auf dem Rücken dasselbe Muster wie die Kragentrappe hat.

♦ Die von Nordwestindien bis nach Afghanistan hin verbreitete Kragentrappe ist 62,5–75 cm lang, die Flaggentrappe hingegen nur 45–47,5 cm. Sowohl Kragentrappe wie Flaggentrappenhahn haben auf dem Rücken ein marmoriertes Gefieder; beide Vögel sind mit Schopffedern geschmückt. Bei *tuġdārī* handelt es sich möglicherweise um eine Abwandlung von *tuġdāq*, s. FBrI VI: 64 *tugdar* (Punjab) 'the Great Indian Bustard', tkm. TuRS 637 *toġdarï* 'drofa', ttü. Stw 948 *toydarı* 'große Trappe, Otis tarda'.

turna (142a, 233a, 277a) — Kranich.

PdC 229 *turna* 'grue', Ross 259, Nr. 8 *turna* 'probably the Siberian Crane, *Grus leucogeranus*', usb. UzRS 454 *turna* 'žuravl''; gtü.

Zu Ende des Winters treffen riesige Kranichschwärme am Baran ein, um über den Hindukusch nach Norden zu ziehen. Bei ungünstigen Wetterverhältnissen sind sie gezwungen, einen Zwischenaufenthalt im Baran-Tal einzulegen, und werden dann in großen Mengen von der ansässigen Bevölkerung mit Seilen eingefangen. Auch Bābur machte Jagd auf den *turna*, und zwar insbesondere mit einem Wanderfalken (baḥrī), der im Stoßen von Kranichen und Störchen (laklak) sehr geübt war.

♦ Mit *turna* werden Grauer Kranich, *Grus grus*, Nonnenkranich, *Grus leucogeranus* und Jungfernkranich, *Anthropoides virgo* bezeichnet. Alle drei Kranicharten verbringen den Winter in Indien; bei Frühjahrsbeginn fliegen sie zu den in Zentralasien und Südsibirien gelegenen Brutgebieten. Die Kraniche werden vornehmlich wegen der langen, gekräuselten Schmuckfedern an den oberen Armschwingen gejagt, die Jungfernkraniche auch wegen der weißen Schopffedern, aus denen man Aigretten herstellt.

ṭūṭī (141a, 277b, 278a, 281b) — Papagei.

Steingass 821 *ṭūṭī* 'a parrot', usb. UzRS 467 *toti* 'popugaj'.

"Papageien gibt es in Badschaur sowie in den weiter südwärts gelegenen Regionen; wenn im Sommer die Maulbeeren reifen, kommen sie nach Nangarhar und Laghman, aber nur zu dieser Zeit. Der Papagei hat sehr, sehr viele Arten; eine davon ist die Spezies, die man in die Länder jenseits der Berge (ol vilāyatlarġa) bringt und das Sprechen lehrt. Eine andere Art, die kleiner als die vorige ist und gleichfalls zu sprechen lernt, wird *ǰangalī ṭūṭī* genannt; sie ist in Badschaur, Swat und den benachbarten Gebieten in großen Mengen verbreitet. Selbst wenn sie in Schwärmen von Fünf- bis Sechstausenden fliegen, läßt sich zwischen diesen beiden Arten ein Unterschied in der Gestalt erkennen; in der Färbung stimmen sie jedoch überein. Eine weitere Spezies, die noch kleiner als *ǰangalī ṭūṭī* ist, hat einen tiefroten (qïpqïzïl) Kopf. Das obere Ende ihrer Flügel ist rot, und am Schwanzende befindet sich eine zwei *elig* [ca. 5 cm] breite weiße Stelle; einige davon haben einen irisierenden Kopf. Diese Spezies lernt nicht zu sprechen; man nennt sie *Kašmīr ṭūṭīsi*. Eine Art, die *ǰangalī ṭūṭī* gleicht, aber kleiner ist, hat einen schwarzen Schnabel und einen breiten schwarzen Ring um den Hals. Ihre Flügel sind am oberen Ende rot; sie lernt sehr gut zu sprechen. Zudem gibt es eine Art mit einem wundervollen tiefen Rot; ihre übrigen Farben vermag ich nicht zu beschreiben, weil ich mich nicht mehr genau daran erinnern kann. Der rote Papagei ist sehr schön gestaltet, und auch ihn lehrt man das Sprechen; er hat allerdings den Nachteil, daß seine Stimme unangenehm und schrill klingt – wie ein Stück zerbrochenes Porzellan, das über eine Kupferplatte gezogen wird."

Bābur war stets der Meinung, daß sowohl *ṭūṭī* wie *šārak* nur die ihnen beigebrachten Wörter nachplappern, aber keine eigenen Gedanken äußern können. Einer seiner engsten Vertrauten erzählte ihm jedoch von einem einzigartigen Vorfall; ein Papagei, dessen Käfig abgedeckt war, sagte nämlich zu diesem Mann: "Decke mich auf, ich bin am Ersticken". Als einmal die Träger seines Käfigs eine Rast einlegten, soll derselbe Papagei, der vermutlich die hin und her eilenden Passanten hörte, mit den Worten "Leute sind vorbeigegangen, geht ihr nicht los?" die Träger zum Aufbruch gemahnt haben.

♦ Mit den beiden erstgenannten Papageien, die sich nur in der Größe, nicht aber in der Färbung unterscheiden, meint Bābur den Großen Alexandersittich, *Psittacula eupatria* und den Kleinen Alexandersittich, *Psittacula krameri*; sie sind grasgrün und haben einen roten Schnabel sowie einen rosa- und schwarzgefärbten Halsring. Diese Sitticharten bilden riesige Schwärme und verursachen bei einem massenhaften Auftreten große Schäden am Obst; sie lernen zu sprechen und werden deshalb als Käfigvögel gehalten. Den Kleinen Alexandersittich bezeichnet Bābur als *ǰangalī ṭūṭī*, wörtlich 'Dschungel-Papagei'. Die Beschreibung von *Kašmīr ṭūṭīsi*, wörtlich 'Kaschmirpapagei', deutet auf den Pflaumenkopfsittich, *Psittacula cyanocephala* hin. Er hat einen bläulichroten Kopf und rotbraune Schulterflecken; seine beiden mittleren Schwanzfedern enden in einer weißen Spitze. Bei dem Papagei, der dem

Kleinen Alexandersittich ähnelt, jedoch kleiner ist, könnte es sich um das 13 cm große Grünköpfchen, *Agapornis swinderniana* handeln; Schnabel und Halsring sind schwarz, die wie das übrige Federkleid grünen Flügel am Ansatz rötlich gefärbt. Der rote Papagei mit der häßlichen Stimme ist das Frühlingspapageichen, *Loriculus vernalis*, von dessen grasgrünem Gefieder sich sehr effektvoll der rote Schnabel und der karmesinrote Bürzel abheben; sein dreisilbiger scharfer Schrei klingt wie 'tschie, tschie, tschie'.

Im allgemeinen gibt Bābur kuriose Geschichten so wieder, wie sie ihm zugetragen worden sind; manchmal meldet er auch leise Zweifel an oder macht eine ironische Bemerkung. Bei der Papageien-Anekdote weist er jedoch nachdrücklich jede Verantwortung für deren Wahrheitsgehalt von sich und stellt fest, daß jemand, der kein Ohrenzeuge war, derlei nicht zu glauben vermag.

tuyġun (248a) — Weißer Habicht, *Accipiter gentilis albidus*.

PdC 250 *tuyġun* 'oiseau blanc, faucon blanc', afgh. AfRS 268 *tujġún* 'belyj jastreb, sokol i drugaja lovčaja ptica beloj okraski', usb. UzRS 451 *tuyġun* 'staryj jastreb-samec'.

An einem Novembertag des Jahres 1519 wurde Bābur ein *tuyġun* gebracht, den einer seiner Gefolgsleute eingefangen hatte; Bābur erwähnt dies als einzigen Vorfall des Tages.

♦ Nach Pallas I: 367 wird bei fast allen Tataren der Habicht mit *Chartzigàn* oder *Kartscheja*, die weiße Varietät aber mit *Tuigun* benannt. Auch Phillott 1908: 3 definiert pers. *tīqūn* < *tuyġun* mit 'white goshawk', fügt allerdings (S. 4, Fn. 4) hinzu: "Some Afghan falconers call albinos of any species *taiġūn* (*tīqūn*)". Beveridge setzt *tuyġun* mit 'white falcon' gleich (S. 418, Fn. 1); ein auch in einer weißen Phase vorkommender Falke ist lediglich der im hohen Norden beheimatete Gerfalke, *Falco rusticolus*, der zwar den Winter in Zentralasien verbringt, aber nicht bis nach Afghanistan zieht. Der Fang eines *tuyġun*, der äußerst seltenen weißen Phase des Habichts, wird für ein Glückszeichen gehalten.

tülkü (71a) — Fuchs.

PdC 244 *tülkü* 'renard', usb. UzRS 451 *tulki* 'lisa, lisica'; gtü.

Auf den Hügeln in der Nähe des Ilamisch gibt es sehr viele Füchse; sie haben mehrere Farben und laufen schneller als die Füchse andernorts.

♦ Mit *tülkü* kann Bābur nur den Steppenfuchs, *Alopex corsac* (= Vulpes corsac) gemeint haben, der sich mit wesentlich größerer Geschwindigkeit als der Rotfuchs, *Vulpes vulpes* fortbewegt. Sein Pelz ist am Kopf grau oder bräunlich, auf dem Rücken zimtbraun und an der Unterseite weiß; die im Sommer rötlich-sandfarbenen Flanken sind im Winter hellgrau bis ockerfarben schattiert. Da Bābur unweit des Ilamisch im Winterquartier war, hat er den winterlich gefärbten Steppenfuchs beobachtet.

uqar (142a–b, 280b) — Graureiher, *Ardea cinerea.*

PdC 69 *uqar* 'héron', Scully/Birds 209 *auqár* 'the Grey Heron, *Ardea cinerea*'.

Wenn die Graureiher im Frühjahr nach Norden ziehen, fliegen sie auf ihrem Weg zum Hindukusch-Paß den Baran entlang. Bei Nordwind müssen sie im Baran-Tal einen Aufenthalt einlegen und werden dann in großen Mengen mit Seilen eingefangen. Aus den schwarzen Schopffedern der Graureiher macht man Turban-Aigretten und verschickt sie von Kabul aus zum Verkauf nach Irak und Chorasan. Dem Graureiher ähnelt ein Vogel, der kleiner als der Weißstorch (laklak) ist und einen dickeren und längeren Schnabel als der Graureiher hat.

♦ Bei dem reiherartigen Vogel dürfte es sich um den gleichfalls mit Schopffedern ausgestatteten 80 cm langen Löffler, *Platalea leucorodia* handeln; sein Schnabel ist 5 cm länger und wesentlich breiter als der Schnabel des Graureihers.

uy (32a, 97b, 100a–b, 147b, 149b, 151b, 209a, 221b, 274a, 276a–b, 300b, 301a) — Hausrind,Kuh, Ochse.

PdC 84 *uy* 'bœuf ou vache', kirg. KiRS 799, alt. ORS 166 *uy* 'korova', nuig. URL 139 *uy* 'vol; byk'.

Bābur erwähnt, daß die in den Bergen zwischen Kaschghar und Fergana lebenden Dschakrak keine Rinder, sondern Jaks (qotas) halten. Beim ersten Vorstoß in den Pandschab (1505) wurden herdenweise Rinder erbeutet; in der Dascht-Region fielen den Truppen Unmengen von Rindern in die Hände, und entlang des Indus-Ufers gab es so viele Rinder, daß mehr Tiere zurückgelassen als mitgenommen wurden. Auf dem Marsch nach Bannu führte der Weg unversehens über einen Steilhang und durch einen langen Engpaß, so daß die bei den Afghan in Thal geraubten Rinder zurückbleiben mußten. Die Klauen der Nilgauantilope (nīlagāv) vergleicht Bābur mit den gespaltenen Hufen der Rinder.

Bei einer in Gegenwart Bāburs von Sulṭān Maḥmūd Ḫān nach Moghul-Art veranstalteten Standartenzeremonie wurde am Bein einer Kuh ein langer Streifen aus weißem Tuch befestigt. Das andere Ende des Streifens hielt ein Moghul, der sich in Richtung der Standarten wandte, einige Worte sprach und dann ein Zeichen gab. Daraufhin wurde von Sulṭān Maḥmūd Ḫān sowie den neben ihm stehenden Personen Kumyß versprengt, Oboen und Trommeln ertönten, und die Armee brach in Kriegsgeschrei aus. Während einer Wanderung in den rund um Dachkat gelegenen Bergen waren Bābur und sein Begleiter vom Weg abgekommen; sie folgten deshalb einer Kuh, die einen kaum auszumachenden Pfad hinablief. Vor der Schlacht von Kandahar (1507) verfügte Bābur über eine Streitmacht von 2 000 Mann; als er sich plötzlich zum Angriff entscheiden mußte, konnte er jedoch nur die Hälfte seiner Leute um sich scharen, weil viele der durch Hunger und Durst demoralisierten Soldaten auf der Suche nach Schafen (qoy) und Kühen in der Gegend umherstreiften. Von den Afghan berichtet Bābur, daß sie in einer aussichtslosen Lage mit Gras zwischen den Zähnen auf ihren Gegner zugehen und damit zum Ausdruck bringen, daß sie sich als dessen Kuh betrachten. Unter den indischen Tieren führt Bābur die *gaynī*-Kuh (gaynī uy) an; sie ist nur so groß wie der Widder des Pamir-Wildschafes.

In Lahore, Dipalpur und Sirhind sowie in den angrenzenden Gebieten bewässert man junge Bäume und Gemüse mit Hilfe von Schöpfrädern. An dem einem Achsenende des Schöpfrads ist ein zweites Rad angebracht, nahe dem sich auf einer senkrechten Achse ein weiteres Rad befindet, das von einem Ochsen gedreht wird. Dabei greifen die Zähne der beiden Räder ineinander und bringen so das Schöpfrad in Bewegung. Auch im Brunnenhaus des Forts von Agra drehte ein Ochse in einem Gewölbe das Rad, mit dem das für den Burggarten benötigte Wasser nach oben geschafft wurde. In Agra, Tschandwar, Bayana und in deren Umgebung wird auf sehr mühsame Weise mit Eimern bewässert. Am Brunnenrand richtet man eine Holzgabel auf, zwischen deren Zinken eine Rolle verankert ist. Dann befestigt man an einem Seil einen großen Eimer, wirft das Seil über die Rolle und bindet sein freies Ende an einem Ochsen fest. Einer führt den Ochsen im Kreis, einer anderer leert den Eimer. Wenn der Ochse den Eimer aus dem Brunnen gezogen hat, wird er in umgekehrter Richtung geführt, wobei das Seil jedesmal über den von ihm mit Urin und Kot besudelten Boden schleift.

Nach dem Verlust seiner Länder war Bābur völlig mittellos; gleichwohl überließen ihm, wie er f. 200b bitter vermerkt, seine reichen Verwandten weder eine einzige Ortschaft noch ein paar *qoš*. Mit *qoš* wird ein Ochsengespann benannt, s. usb. UzRS 638 *qoš* 'para volov, zaprjažënnyx v plug'. Bābur berichtet f. 223a, daß die Bewohner der Kohi-i-Dschud-Region an die Clans der Dschud und Dschandschua pro Ochsengespann einen *šāhrūḫī* zahlen mußten.

♦ Den Ausdruck *uy*, den Kāšġarī DLT 34 mit *ūḏ* 'al-baqar' anführt, gebraucht Bābur als Sammelbegriff für Hausrinder, die in einer Herde leben, und für ein einzelnes Rind, d.h. für eine Kuh oder einen Ochsen; welche Bedeutung *uy* zukommt, ergibt sich aus dem Kontext. Die beiden länglich-ovalen Rinderklauen, die sehr dicht beieinanderstehen, betrachtet Bābur als einen gespaltenen Huf. Bei der *gaynī*-Kuh handelt es sich um eine wilde Zwergform des Buckelrindes, *Bos indicus*. Ein *šāhrūḫī* ist eine Goldmünze aus der Regierungszeit von Šāh Rūḫ (1405–1447), einem Sohn Tīmūrs.

van-šārak (278b) — Ufermaina, *Acridotheres ginginianus*.

Die *van-šārak* genannte Maina ist zierlicher als die in Bengalen heimische Hügelatzel (pindvāy) und um die Augen herum rot; sie lernt nicht zu sprechen.

♦ Die im Ganges-Gebiet verbreitete 25 cm lange Ufermaina, *Acridotheres ginginianus* ist wesentlich kleiner als die 38–39 cm lange Hügelatzel und hat rund um die Augen einen ziegelrot gefärbten Hautstreifen. Beveridge und Thackston definieren *van-šārak*, wörtlich 'Dschungel-Maina', als den rotäugigen Malaien-Star, *Lamprocorax panayensis* (= Calornis chalybeius), dessen Vorkommen sich jedoch auf Hinterindien und den Malayischen Archipel beschränkt. Die Ufermaina ist ein Kulturfolger; sie hält sich heute vornehmlich in der Nähe von Eisenbahnstationen auf.

yapalaq (281a) — Waldohreule, *Asio otus*.

PdC 517 *yapalaq* 'hibou', Scully/Birds 215 *yápáláq* 'the Short-eared Owl, *Otus brachyotus*', tat. TaRS 698 *yabalaq*, nog. NRS 466 *yapalaq*, kas. KaRS 161, kirg. KiRS 231, kkp. KkRS 228 *žapalaq*, usb. UzRS 573 *yapalåqquš* 'sova'.

Dieselbe Größe wie *yapalaq* hat der Flugfuchs (čamgiddar).

♦ Mit *yapalaq*, einer Kontraktion von *yapāqulaq*, das DLT 468 in der Bedeutung 'al-hāma' (eine kleine Eule) belegt ist, werden generell Ohreulen benannt. Bābur zählt den Flugfuchs zu den Vögeln und vergleicht ihn deshalb auch mit einem Vogel. Da der Flugfuchs 30 cm lang ist, kann mit *yapalaq* nur die 36 cm große Waldohreule gemeint sein, keinesfalls aber der Uhu. Den großen Ohrmuscheln des Flugfuchses entsprechen die ohrenartigen Federbüschel am Kopf der Waldohreule.

yïlan (4a, 240a–b) — Schlange.

PdC 557 *yïlan* 'serpent', usb. UzRS 176 *ilån* 'zmeja'; gtü.

Viele Schlangen soll es auf dem Munughul geben, einem Berg nördlich von Chodschent. Bei einer Exkursion Bāburs zur Chwadscha Seyaran-Quelle unweit von Istalif wurde eine große Schlange getötet; sie war etwa so dick wie ein Unterarm und ein *qulač* [ca. 90 cm] lang. Aus ihrem Inneren kam völlig unversehrt eine dünnere und kürzere Schlange hervor, die sie offenbar gerade verschlungen hatte. Und aus dem Inneren der dünneren Schlange kam eine große Maus (sïčqan) hervor, die gleichfalls unversehrt und unverdaut war.

♦ Wenn Bābur die bei Istalif erlegte Schlange als *uluġ yïlan* bezeichnet, dann meint er dies vermutlich nicht im Sinne von 'huge snake', wie Thackston übersetzt, sondern in Relation zu den zierlichen Nattern, die ihm aus den Steppen seiner Heimat bekannt waren. Bābur gibt die Länge der Schlange von Istalif mit einem *qulač* an, von Beveridge und Thackston mit 180 cm gleichgesetzt. Nach osttürkischem Gebrauch entspricht ein *qulač* allerdings einer Spanne von ca. 90 cm, d.h. der durchschnittlichen Länge einer Natter oder Viper.

zāġča (281b) — Dohle, *Corvus mondedula*.

Steingass 606 *zāg͟hcha* 'a small crow, a daw', Scully/Birds 212 *zaghcha* 'the Andijani name for the Jackdaw', as. ARS 160 *zaġǰa*, usb. UzRS 169 *zåġča* 'galka'.

So groß wie eine Dohle, aber beträchtlich schlanker ist der Koël (koyal).

♦ Sowohl Beveridge wie Thackston übersetzen *zāġča* mit 'crow'; unter *zāġča* ist jedoch keine beliebige Krähe zu verstehen, sondern die nur 34 cm lange Dohle. Im Gegensatz zur stattlichen Nebelkrähe stimmt sie mit dem Koël in den Körperausmaßen annähernd überein; der Koël hat jedoch einen wesentlich längeren Schwanz. Bābur benutzt für die Dohle den noch heute im Usbekischen gebräuchlichen Terminus *zāġča*, ein Diminutiv von *zāġ*, s. Steingass 606 *zāg͟h* 'a crow, raven, rook'.

zummaǰ (281a) — eine Adlerart, *Aquila nipalensis*.

Steingass 621 *zummaj* 'name of a bird (of the eagle kind)', Eisenstein 174 *zummaǰ* 'Habichtsadler'.

"Ein *zummaǰ* hat dieselbe Größe wie der Steinadler (bürküt) und ist dunkel (qara) gefärbt."

♦ Der Steinadler erreicht eine Länge von 79–84 cm, so daß mit *zummaǰ* kaum der 74 cm lange Habichtsadler, *Hieraëtus fasciatus* gemeint sein kann, dessen braunes Gefieder zudem mit Weiß vermischt ist und an den unteren Partien eine rötlichgelbe oder weiße Tönung annimmt. Bāburs Angaben treffen auf die Adlerspezies *Aquila nipalensis* zu, die in der Größe dem Steinadler entspricht und tiefdunkelbraun gefiedert ist. Nach FBrI V: 70 wird *Aquila nipalensis* in Hindustan *jumiz* genannt; bei *jumiz* könnte es sich um eine Metathese von *zummaǰ* handeln.

Abkürzungen für Sprachen

afgh.	afghanisch
alt.	altaitürkisch
ar.	arabisch
as.	aserbaidschanisch
ba.	baschkirisch
chak.	chakassisch
gr.	griechisch
gtü.	gemeintürkisch
jak.	jakutisch
kas.	kasachisch
kirg.	kirgisisch
kkp.	karakalpakisch
kum.	kumükisch
mong.	mongolisch
nog.	nogaisch
nuig.	neuuigurisch
pers.	persisch
r.	russisch
tat.	tatarisch
tkm.	türkmenisch
tsch.	tschuwaschisch
ttü.	türkeitürkisch
usb.	usbekisch

LITERATUR

AfRS = ASLANOV, M. G. (Sost.) 1966. *Afgansko-russkij slovar′ (puštu)*. Moskva.

ALI, S. 1977. *The book of Indian birds*. 10th ed. (Revised and enlarged.) Bombay.

ARS = AZIZBEKOV, CH. A. (Sost.) 1965. *Azerbajdžansko-russkij slovar′*. Baku.

BAYTOP, T. 1984. *Türkiyede bitkiler ile tedavi*. (*Geçmişte ve bugün*.) İstanbul.

BAL = NABIEV, M. M. 1969. *Botanika atlas luġati*. Tåškent.

BALFOUR, E. 1885. *The Cyclopædia of India and of Eastern and Southern Asia*. 3rd ed. Vol. I–III. London.

BAZIN, L. 1957. Noms de la 'chèvre' en turc et en mongol. In: *Studia Altaica*. Wiesbaden: 28–32.

—. 1970. Les noms du 'yak' chez les peuples turcs et mongols. In: R. Stiehl & E. Stier (Hrsg.), *Beiträge zur Alten Geschichte und deren Nachleben*. Bd. 2. Berlin: 213–221.

—. 1971. Les noms turcs de l' 'aigle'. *Turcica* 3: 128–132.

BEAVAN, R. 1982. *Handbook of the freshwater fishes of India*. Delhi.

BEDEVIAN, A. K. 1936. *Polyglottic dictionary of plant names*. Cairo.

BEVERIDGE, A. S. 1922. *Bābur-nāma (Memoirs of Bābur)*. Transl. from the original Turki text of Zahiru'd-dīn Muḥammad Bābur Pādshāh Ghāzī. London.

BLANFORD, W. T. 1888–1891. *The fauna of British India. Mammalia*. London.

BOEHME, R. L. & FLINT, V. E. 1994. *Dictionary of animal names in five languages. Birds*. Moscow.

BONAVIA, E. 1973 [1890]. *The cultivated oranges and lemons etc. of India and Ceylon*. Dehra Dun.

BRANDIS, D. 1971 [1906]. *Indian trees*. Dehra Dun.

Brehms Tierleben. Allgemeine Kunde des Tierreichs. 4., vollständig neubearbeitete Auflage. Bd. 1–13. Leipzig-Wien 1911–1918.

BROADFOOT, J. S. 1885. *Reports on parts of the Ghilzi country*. Ed. by William Broadfoot. (Royal Geographical Society. Suppl. Papers. I/3.) S.l.

BRS = AXMEROV, K. Z. & AL. (Sost.) 1958. *Baškirsko-russkij slovar′*. Moskva.

BUDAGOV, L. 1869–1871. *Sravnitel′nyj slovar′ turecko-tatarskix narěčij*. T. I. II. SanktPeterburg.

CAPUS, M. G. 1884. Sur les plantes cultivées qu'on trouve à l'état sauvage ou subspontané dans le Thian-schân occidental. *Annales des Sciences Naturelles*. Sér. 6. *Botanique* 18: 278–292.

ČVS = SKVORCOV, M. I. (Sost.) 1982. *Čăvašla-vyrăsla slovar′*. Muskav.

DAY, F. 1963 [1889]. *The fauna of British India. Fishes*. Vol. I. II. New Delhi.

DLT = KÂŞGARLI MAHMUD 1990. *Dîvânü lûgati't-Türk*. Tıpkıbasım. Ankara.

DOERFER, G. 1995. Türkische Farbbezeichnungen und Pferdezucht. *Central Asiatic Journal* 39: 208–227.

DRAGENDORFF, G. 1898. *Die Heilpflanzen der verschiedenen Völker und Zeiten*. Stuttgart.

DRURY, H. 1982–1983 [1864–1869]. *Hand-book of the Indian flora*. Vol. I–III. New Delhi.

DSJaJa = AFANAS'EV, P. S. & AL. (Sost.) 1976. *Dialektologičeskij slovar' jakutskogo jazyka*. Moskva.

EDPT = CLAUSON, SIR G. 1972. *An etymological dictionary of pre-thirteenth-century Turkish*. Oxford.

EI2 = *Encyclopédie de l'Islam*. Nouv. éd. T. I–XI. Leiden–Paris 1960–2002.

EISENSTEIN, H. 1990. *Einführung in die arabische Zoographie*. Berlin.

Elphinstone-Kodex = National Library of Scotland (Edinburgh) MS. Adv. 18.3.18.

FA = *Flora Azerbajdžana*. T. I–VIII. Baku 1950–1961.

FAZYLOV, Ė. 1966–1971. *Starouzbekskij jazyk. Xorezmijskie pamjatniki XIV veka*. T. I. II. Taškent.

FBrI = BAKER, E. C. STUART. 1922–1929. *The fauna of British India. Birds*. (2nd ed.) Vol. I–VI. London.

FK = *Flora Kazaxstana*. T. I–IX. Alma-Ata 1956–1966.

Flora SSSR. T. 1–30. Leningrad 1934–1960.

FOUST, C. M. 1992. *Rhubarb: the wondrous drug*. Princeton, N.J.

FU = *Flora Uzbekistana*. T. I–VI. Taškent 1941–1962.

GERTH VAN WIJK, H. L. 1971. *A dictionary of plant-names*. (Repr. on reduced size of the ed. Haarlem 1911–16.) Vol. 1. 2. Vaals-Amsterdam.

GÖRNER, M. & HACKETHAL, H. 1988. *Säugetiere Europas*. Stuttgart.

GRØNBECH, K. 1942. *Komanisches Wörterbuch. Türkischer Wortindex zu Codex Cumanicus*. (Monumenta Linguarum Asiae Maioris. Subsidia 1.) Kopenhagen.

Grzimeks Tierleben. Enzyklopädie des Tierreiches. Bd. 1–13. Zürich 1968–1972.

Haidarabad-Kodex = BEVERIDGE, A. S. 1905. *The Bábar-náma. Being the autobiography of Emperor Bábar, the founder of the Moghul dynasty in India, written in Chaghatáy Turkish; now reproduced in facsimile ... and edited with a preface and indexes*. (E. J. W. Gibb Memorial series. 1.) London.

HAMMER-PURGSTALL 1840. *Falknerklee, bestehend in drey ungedruckten Werken über die Falknerey*. 1. *Bāznāme das ist: das Falkenbuch*. Pesth.

HAUENSCHILD, I. 1989. *Türksprachige Volksnamen für Kräuter und Stauden*. Wiesbaden.

—. 1994. Botanica im *Dīvān luġāt at-turk*. *Journal of Turkology* 2/1: 27–100.

—. 1998. Türksprachige Benennungen für Eidechsen. *Acta Orientalia Academiae Scientiarum Hungaricae* 51: 131–158.

—. 2000. Pferdefarben und Pferdeabzeichen im *Dīvān luġāt at-turk*. *Acta Orientalia Academiae Scientiarum Hungaricae* 53: 203–218.

HAUENSCHILD, I. 2003. *Die Tierbezeichnungen bei Mahmud al-Kaschgari. Eine Untersuchung aus sprach- und kulturhistorischer Sicht.* (Turcologica. 53.) Wiesbaden.

HEGI, G. 1907–1931. *Illustrierte Flora von Mitteleuropa.* Bd. 1–7. München.

HEHN, V. 1911. *Kulturpflanzen und Haustiere in ihrem Übergang aus Asien nach Griechenland und Italien sowie in das übrige Europa.* 8. Auflage. Berlin.

HEIN, J. 1925–1926. Bogenhandwerk und Bogensport bei den Osmanen. *Der Islam* 14: 289–360; 15: 1–78, 233–294.

HINZ, W. 1955. *Islamische Maße und Gewichte.* (Handbuch der Orientalistik. Erg. Bd. 1, H. 1.) Leiden.

HUBBARD, CH. E. 1985. *Gräser. Beschreibung, Verbreitung, Verwendung.* 2., überarbeitete u. ergänzte Auflage. (UTB. 233.) Stuttgart.

ILMINSKIJ, N. 1857. *Baber-nameh diagataice ad fidem codicis Metropolitani.* Cazani.

Irk Bitig = TEKIN, T. 1993. *Irk Bitig. The book of omens.* (Turcologica. 18.) Wiesbaden.

JaRS = SLEPCOV, P. A. (Red.) 1972. *Jakutsko-russkij slovar´.* Moskva.

Jerdon/Birds = JERDON, T. C. 1862–1864. *The birds of India.* Vol. I. II. Calcutta.

Jerdon/Mammals = JERDON, T. C. 1874. *The mammals of India.* London.

KARRYEV, M. O. 1996. *Lekarstvennye rastenija Turkmenistana.* Ašgabat.

KaRS = MAXMUDOV, X. & MUSABAEV, G. 1954. *Kazaxsko-russkij slovar´.* Alma-Ata.

KIRCHHOFF, A. 1899. *Pflanzen- und Tierverbreitung.* Wien-Prag-Leipzig.

KiRS = JUDAXIN, K. K. (Sost.) 1965. *Kirgizsko-russkij slovar´.* Moskva.

KkRS = BASKAKOV, N. A. (Sost.) 1958. *Karakalpaksko-russkij slovar´.* Moskva.

KOBERT, R. 1905. *Über Giftfische und Fischgifte.* Stuttgart.

KRAUS, W. (Hrsg.) 1972. *Afghanistan.* Tübingen-Basel.

KÚNOS, I. 1902. *Šejx Sulejman Efendi's Čagataj-Osmanisches Wörterbuch.* (Publications de la Section Orientale de la Société Ethnographique Hongroise. 1.) Budapest.

KuRS = BAMMATOV, Z. Z. (Red.) 1969. *Kumykskо-russkij slovar´.* Moskva.

KW = RAMSTEDT, G. J. 1935. *Kalmückisches Wörterbuch.* (Lexica Societas Fenno-Ugricae. 3.) Helsinki.

Lane = LANE, E. W. 1863–1893. *An Arabic-English lexicon.* P. I–VIII. London-Edinburgh.

LE COQ, A. V. 1914. Bemerkungen über türkische Falknerei. *Baessler-Archiv* 4: 1–13.

— 1922. Eine Liste osttürkischer Pflanzennamen. *Baessler-Archiv* 6: 118–129.

LEMOINE, E. 1998. *Guide de fruits du monde.* Lausanne.

LESSING, F. D. 1960. *Mongolian-English dictionary.* Berkeley-Los Angeles.

LEYDEN, J. & ERSKINE, W. 1826. *Memoirs of Zahir ad Din Baber Emperor of Hindustan.* London.

LÖW. I. 1967 [1924–1934]. *Die Flora der Juden*. Bd. I–IV. Hildesheim.
MACURA, P. 1979. *Elsevier's dictionary of botany*. P. 1: *Plant-names*. Amsterdam-Oxford-New York.
—. 1982. *Russian-English botanical dictionary*. Columbus, Ohio.
MANO, E. (ed.) 1995. *Bābur-nāma (Vaqāyi')*. Critical edition based on four Chaghatay texts. With introduction and notes. Vol. 1. 2. Kyoto.
MENGES, K. 1935. Die Wörter für "Kamel" und einige seiner Kreuzungsformen im Türkischen. *Ungarische Jahrbücher* 15: 517–528.
Muhenna = RIF'AT, K. M. 1922. *Ibn-i Mühennā luġati*. İstanbul.
NRS = BASKAKOV, N. A. (Sost.) 1963. *Nogajsko-russkij slovar´*. Moskva.
ORS = BASKAKOV, N. A. & TOŠČAKOVA, T. M. (Sost.) 1947. *Ojrotsko-russkij slovar´*. Moskva.
ÖÖA = HAMIDÅV, A., NABIEV, M. & ÅDILÅV, T. 1987. *Ozbekistån osimliklari aniqlagiči*. Tåškent.
PALLAS, P. S. 1811. *Zoographia Rosso-Asiatica*. T. I–III. Petropoli.
PdC = PAVET DE COURTEILLE 1870. *Dictionnaire turk-oriental*. Paris.
PHILLOTT, D. C. (ed.) 1908. Ḥusām ad-Daula Tēmūr Mīrzā. *The Bāz-nāma-i nāṣirī*. London.
—. 1910. Vocabulary of technical falconry terms in Urdu, Persian, and Arabic. *Journal & Proceedings of the Asiatic Society of Bengal*. N.S. 6: 315–380.
PLATTS, J. T. 1965. *A dictionary of Urdū, Classical Hindī, and English*. London.
QB = ARAT, R. R. 1947. *Kutadgu bilig*. 1. İstanbul.
QSE = *Qazaq sovet ènciklopediyasï*. T. I–XII. Almatï 1972–1978.
RÄSÄNEN, M. 1969. *Versuch eines etymologischen Wörterbuchs der Türksprachen*. Helsinki.
REDHOUSE, SIR J. W. 1974. *A Turkish and English lexicon*. Beirut.
RK = ARYSTANGALIEV, S. A. & RAMAZANOV, E. P. 1977. *Rastenija Kazaxstana. Narodnye i naučnye nazvanija*. Alma-Ata.
ROSS, E. D. 1907. Polyglot list of birds – Turki, Manchu and Chinese. *Memoirs of the Asiatic Society of Bengal* 2: 253–340.
ROUX, J.-P. 1959. Le chameau en Asie Centrale. *Central Asiatic Journal* 5: 35–76.
—. 1966. *Faune et flore sacrées dans les sociétés altaïques*. Paris.
—. 1971. Le lièvre dans la tradition turque. *Turcica* 3: 40–48.
ROXBURGH, W. 1975 [1920–1924]. *Flora Indica or Description of Indian plants*. Vol. 1. 2. New York.
RUzS = *Rusča-ozbekča luġat*. T. I. Tåškent 1983.
Sanglaẖ = MUḤAMMAD MAHDĪ XĀN 1960. *Sanlax. A Persian guide to the Turkish language*. Ed. by G. Clauson. London. [Zitiert nach EDPT.]
ŠČERBAK, A. M. 1961. Nazvanija domašnix i dikix životnyx v tjurkskix jazykax. In: E. I. Ubrjatova (Sost.), *Istoričeskoe razvitie leksiki tjurkskix jazykov*. Moskva: 82–172.
SCHAPKA, U. 1972. *Die persischen Vogelnamen*. Diss. Würzburg.

SCHÖNIG, C. 2000. *Mongolische Lehnwörter im Westoghusischen*. (Turcologica. 47.) Wiesbaden.
SCHWARZ, H. G. 1992. *An Ujghur-English dictionary*. (East Asian research aids & translations. 3.) Bellingham, Wash.
Scully/Birds = SCULLY, J. 1880. Turki names of birds. In: R. B. Shaw, *A sketch of the Turki language as spoken in Eastern Turkistan (Kàshghar and Yarkand)*. P. 2. (= *Journal of the Asiatic Society of Bengal*. 47.) Calcutta: 209–215.
Scully/Plants = SCULLY, J. 1880. Turki names of plants. In: R. B. Shaw, *A sketch of the Turki language as spoken in Eastern Turkistan (Kàshghar and Yarkand)*. P. 2. (= *Journal of the Asiatic Society of Bengal*. 47.) Calcutta: 215–226.
Shn = SHNITNIKOV, B. N. 1966. *Kazakh-English dictionary*. London-The Hague-Paris.
SIEVERS, W. 1904. *Asien*. 2. Auflage. Leipzig-Wien.
STEINGASS, F. 1970. *A comprehensive Persian-English dictionary*. Beirut.
Stw = STEUERWALD, K. 1972. *Türkisch-deutsches Wörterbuch*. Wiesbaden.
SÜLEYMĀN BUḪĀRĪ 1298. *Luġat-i čaġatāy ve türkī-i ʿos̱mānī*. İstanbul.
TaRS = GOLOVKINA, O. V. (Sost.) 1966. *Tatarsko-russkij slovar´*. Moskva.
THACKSTON, W. M. JR. 1993. *Bâburnâma. Chaghatay Turkish text with Abdul-Rahim Khankhanan's Persian translation*. Vol. I–III. (Sources of Oriental Languages & Literatures. 18.) Cambridge.
TMEN = DOERFER, G. 1963–1975. *Türkische und mongolische Elemente im Neupersischen*. Bd. I–IV. Wiesbaden.
TR = NIKITIN, V. V. & KERBABAEV, B. B. 1962. *Narodnye i naučnye turkmenskie nazvanija rastenij*. Ašxabad.
TRYJARSKI, E. 1979. The dog in the Turkic area. *Central Asiatic Journal* 23: 279–319.
—. 1990. Pigeons on the Turkic roof. Some historical and linguistic remarks. In: B. Brendemoen (ed.), *Altaica Osloensia*. Oslo. 361–370.
TS = *XIII. yüzyıldan beri Türkiye Türkçesiyle yazılmış kitaplardan toplanan tanıklarıyle tarama sözlüğü*. I–VIII. Ankara 1963–1977.
TTDS = MAXMUTOV, L. T. (Red.) 1969. *Tatar teleneñ dialektologik süzlege*. Kazan.
TuRS = BASKAKOV, N. A. (Sost.) 1968. *Turkmensko-russkij slovar´*. Moskva.
TuvRS = PAL´MBAX, A. A. (Sost.) 1955. *Tuvinsko-russkij slovar´*. Moskva.
URL = NÄJIB, Ä. 1968. *Uyġurčä-rusčä luġät*. Moskva.
UzRS = BOROVKOV, A. K. (Sost.) 1959. *Uzbeksko-russkij slovar´*. Moskva.
VAUCHER, H. 1986. *Elsevier's dictionary of trees and shrubs*. Amsterdam-Oxford-New York.
VocIB = PHILLOTT, D. C. & GOBIN LAL BONNERJEE, P. 1908. Hindustani-English vocabulary of Indian birds. *Journal & Proceedings of the Asiatic Society of Bengal*. N.S. 4: 55–79.

VULLERS, J. A. 1855–1867. *Lexicon persico-latinum etymologicum*. Vol. I. II. Bonn.

WARBURG, O. 1913–1922. *Die Pflanzenwelt*. Bd. 1–3. Leipzig-Wien.

WB = RADLOFF, W. 1893–1911. *Versuch eines Wörterbuches der Türk-Dialecte*. Bd. I–IV. Sanktpeterburg.

WEHR, H. 1985. *Arabisches Wörterbuch für die Schriftsprache der Gegenwart. Arabisch-deutsch*. Unter Mitwirkung von L. Kropfitsch neu bearbeitete u. erweiterte 5. Auflage. Wiesbaden.

XQBS = TÜSİPBEK SİLÄMQUL 1983–1984. *Xanzuča-qazaqča biologialïq sözdik*. Ürümči.

XRS = BASKAKOV, N. A. & INKIŽEKOVA-GREKUL, A. I. (Sost.) 1953. *Xakassko-russkij slovar´*. Moskva.

ZANDER, R. 1980. *Handwörterbuch der Pflanzennamen*. F. Encke, G. Buchheim, S. Seybold (Bearb.). 12. Auflage. Stuttgart.

ZENKER, J. TH. 1866–1876. *Türkisch-arabisch-persisches Handwörterbuch*. Leipzig.